T0224838

Elektrische Maschinen und Antriebe

Lizenz zum Wissen.

Sichern Sie sich umfassendes Technikwissen mit Sofortzugriff auf tausende Fachbücher und Fachzeitschriften aus den Bereichen: Automobiltechnik, Maschinenbau, Energie + Umwelt, E-Technik, Informatik + IT und Bauwesen.

Exklusiv für Leser von Springer-Fachbüchern: Testen Sie Springer für Professionals 30 Tage unverbindlich. Nutzen Sie dazu im Bestellverlauf Ihren persönlichen Aktionscode C0005406 auf *www.springerprofessional.de/buchaktion/*

Jetzt 30 Tage testen!

Springer für Professionals.
Digitale Fachbibliothek. Themen-Scout. Knowledge-Manager.

- Zugriff auf tausende von Fachbüchern und Fachzeitschriften
- Selektion, Komprimierung und Verknüpfung relevanter Themen durch Fachredaktionen
- Tools zur persönlichen Wissensorganisation und Vernetzung

www.entschieden-intelligenter.de

Springer für Professionals

 Springer

Andreas Kremser

Elektrische Maschinen und Antriebe

Grundlagen, Motoren und Anwendungen

5., aktualisierte und erweiterte Auflage

Mit 18 Beispielaufgaben mit Lösungen

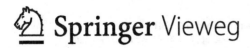

Prof. Dr.-Ing. Andreas Kremser
Technische Hochschule Nürnberg
Georg Simon Ohm
Nürnberg, Deutschland

ISBN 978-3-658-15074-7

Die Deutsche Nationalbibliothek verzeichnet diese Publikation in der Deutschen Nationalbibliografie;
detaillierte bibliografische Daten sind im Internet über http://dnb.d-nb.de abrufbar.

Springer Vieweg
© Springer Fachmedien Wiesbaden GmbH 1997, 2004, 2008, 2013, 2017
Das Werk einschließlich aller seiner Teile ist urheberrechtlich geschützt. Jede Verwertung, die nicht ausdrücklich vom Urheberrechtsgesetz zugelassen ist, bedarf der vorherigen Zustimmung des Verlags. Das
gilt insbesondere für Vervielfältigungen, Bearbeitungen, Übersetzungen, Mikroverfilmungen und die Ein-
speicherung und Verarbeitung in elektronischen Systemen.
Die Wiedergabe von Gebrauchsnamen, Handelsnamen, Warenbezeichnungen usw. in diesem Werk be-
rechtigt auch ohne besondere Kennzeichnung nicht zu der Annahme, dass solche Namen im Sinne der
Warenzeichen- und Markenschutz-Gesetzgebung als frei zu betrachten wären und daher von jedermann
benutzt werden dürften.
Der Verlag, die Autoren und die Herausgeber gehen davon aus, dass die Angaben und Informationen in
diesem Werk zum Zeitpunkt der Veröffentlichung vollständig und korrekt sind. Weder der Verlag noch
die Autoren oder die Herausgeber übernehmen, ausdrücklich oder implizit, Gewähr für den Inhalt des
Werkes, etwaige Fehler oder Äußerungen.

Gedruckt auf säurefreiem und chlorfrei gebleichtem Papier.

Springer ist Teil von Springer Nature
Die eingetragene Gesellschaft ist Springer Fachmedien Wiesbaden GmbH
Die Anschrift der Gesellschaft ist: Abraham-Lincoln-Strasse 46, 65189 Wiesbaden, Germany

Vorwort

Das deutsche Produktionsvolumen im Bereich der Antriebstechnik, das sich nach der Wirtschaftskrise gut erholt hatte, ist 2014 deutlich gesunken. Durch die hohe Innovationskraft deutscher Unternehmen bietet die Zukunft der elektrischen Antriebstechnik gute Perspektiven.

Ich konnte mich während meiner beruflichen Tätigkeit häufig davon überzeugen, dass es zur Lösung von Antriebsproblemen oft nicht hinreichend ist, die elektrischen Maschinen als „black box" oder als Reihenschaltung von Induktivität und induzierter Spannung zu betrachten. Für den Ingenieur, der antriebstechnische Aufgabenstellungen zu bewältigen hat, sind Grundkenntnisse auch über die elektromagnetisch-mechanische Energiewandlung hilfreich. Daher hat in elektrotechnischen Studiengängen die Grundlagenausbildung im Fachgebiet elektrischer Maschinen und Antriebe durchaus ihre Berechtigung.

Dieses Buch soll einerseits den Studierenden bei dieser Ausbildung Hilfestellung geben, andererseits denjenigen in der Praxis tätigen Ingenieuren, die nicht als Entwickler elektrischer Maschinen arbeiten, zur Weiterbildung dienen.

Seit 16.06.2011 dürfen in Europa nur noch Motoren der Effizienzklassen IE2 oder IE3 erstmalig in Verkehr gebracht werden. Der Gültigkeitsbereich der Norm zur Wirkungsgradklassifizierung (IEC 60034-30) wurde erweitert (Leistungen 0,12 kW bis 1000 kW). Die neuen Mindestwirkungsgrade wurden in Kapitel 4 ergänzt. Seit 2015 ist die Energieeffizienz von Antriebssystemen genormt (EN 50598). In Kapitel 4 wurden die Effizienzklassen für Umrichter und Antriebssysteme ergänzt.

Im Kapitel 5 (Synchronmaschinen) wurde ein Abschnitt über Synchron- Reluktanzmaschinen ergänzt. Ich danke Herrn M. Eng. Thomas Hubert für die Unterstützung bei der Aufbereitung dieses Themas.

Weiterhin wurde der aktuelle Stand der Normung von explosionsgeschützten Motoren dokumentiert. Mein Dank gilt Herrn Dipl.- Ing. Dirk Arnold für wertvolle Hinweise zu diesem Themenkreis.

Meine eigene Ausbildung im Fachgebiet elektrischer Maschinen verdanke ich Herrn Professor Dr.- Ing. H. O. Seinsch, der sich in hervorragender Weise bemüht hat, die elektrotechnischen Grundlagen am Beispiel der elektrischen Maschinen und Antriebe zu vertiefen.

In meiner Vorlesung „Leistungselektronik, Antriebe und Maschinen", die ich an der Technischen Hochschule Nürnberg Georg Simon Ohm für die Studierenden der Elektrotechnik und Informationstechnik halte, habe ich mich in der Darstellung einiger Themenkreise, wie zum Beispiel des Luftspaltfeldes elektrischer Maschinen, an die meines Lehrers angelehnt.

Mein Werkmeister, Herr Gerhard Kißkalt, der leider viel zu früh verstorben ist, hat mich bei der Erstellung der Bilder für die erste Auflage unterstützt. Weiterhin gilt mein Dank Herrn Thomas Schuster, der mir sehr dabei geholfen hat, mein Vorlesungsskript in eine reproduktionsfähige Druckvorlage zu überführen.

Nürnberg, im Sommer 2016   Andreas Kremser

Inhaltsverzeichnis

1 Einführung

Elektrische Energie hat gegenüber anderen Energieträgern den Vorzug besonders einfacher Umformung bzw. Umwandlung und lässt sich über große Entfernungen mit geringen Verlusten übertragen. Je nach Art der Energiewandlung werden die elektrischen Einrichtungen unterschieden.

Tabelle 1.1
Bezeichnungen der elektrischen Einrichtungen nach Art der Energiewandlung

Umwandlung	mechanisch	→	elektrisch	Generator
	elektrisch	→	mechanisch	Motor
Umformung	Gleichstrom	→	Wechselstrom	statische oder rotierende Umformer
	Wechselstrom	→	Gleichstrom	Gleichrichter
	Wechselstrom	→	Wechselstrom	Transformator, rotierende Umformer, Umrichter

Energieumwandlung und -umformung ist stets mit Verlusten in Form von Wärme verbunden. Bei elektrischen Maschinen erfolgt die Energiewandlung jedoch mit im Vergleich zu anderen energetischen Prozessen hohem Wirkungsgrad, insbesondere bei elektrischen Maschinen großer Leistung (z. B. $\eta > 99\%$ bei einem 1000 MVA-Transformator).

Die Einbindung der elektrischen Maschinen in den Übertragungsweg elektrischer Energie von der Erzeugung (Kraftwerk) bis zum Verbraucher (Industriebetriebe, Haushalte) ist beispielhaft in Bild 1.1 zu sehen.

Kraftwerksgeneratoren werden in der Regel für eine Bemessungsspannung von 21 kV ausgeführt. Man unterscheidet schnelllaufende Generatoren (Turbogeneratoren, $2p = 2, 4$, Antrieb durch Dampf- oder Gasturbinen, Grenzleistungen bis etwa 2000 MVA) und langsamlaufende Generatoren (bis zu $2p = 100$, Antrieb durch Wasserturbinen, Grenzleistungen bis etwa 800 MVA). Den (Turbo-) Generatoren nachgeschaltet sind Maschinentransformatoren, die direkt in das 220 kV oder 380 kV-Netz einspeisen (Westeuropa; Kanada und GUS z. T. für große Entfernungen auch bis 750 kV).

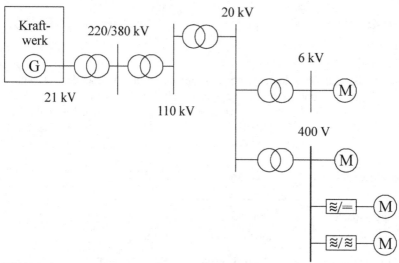

Bild 1.1
Elektrische Maschinen im Übertragungsweg elektrischer Energie

Zur weiteren Verteilung der elektrischen Energie dienen Umspannwerke, in denen auf Spannungsebenen von 110 kV, 20 kV, 6 kV transformiert wird. Hochspannungsmotoren als industrielle Antriebe werden bis zu Spannungen von 13,8 kV (üblich: 6 kV) eingesetzt. Es handelt sich bei Leistungen bis etwa 10 MW hauptsächlich um Asynchronmotoren. Im Leistungsbereich unter 1 kW bis maximal ca. 1000 kW werden Niederspannungsasynchronmotoren mit Bemessungsspannungen von 230/400/(500)/690 V entweder direkt an das Netz angeschlossen oder über Umrichter am Netz betrieben (Netznormspannungen nach DIN IEC 60038). In geringerem Umfang dienen auch Gleichstrommotoren als industrielle Antriebe.

Die Aufteilung des deutschen Produktionsvolumens liegt bei etwa 80% elektrischen Antrieben und ca. 20% Transformatoren.

Bild 1.2 zeigt für die wirtschaftlich bedeutenderen elektrischen Antriebe die Aufteilung des deutschen Produktionsvolumens, das 2014 etwa 7,9 Mrd. € betrug.

Der deutsche Marktanteil bei den elektrischen Motoren im Leistungsbereich bis 75 kW in Europa beträgt ca. 33%.

Die Exportquote der produzierten Motoren und Umrichter ist mit 67% (2005) sehr hoch.

Die Aufteilung des deutschen und des europäischen Marktes 2002 nach Gleichstrom- und Drehstrommotoren ist in Bild 1.3 dargestellt. Die Daten für den europäischen Markt [1] beziehen sich auf den Leistungsbereich bis 75 kW.

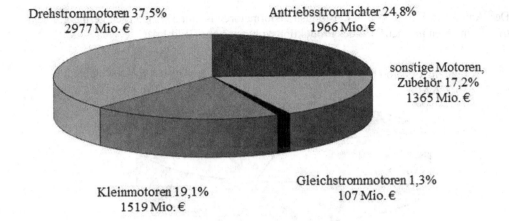

Drehstrommotoren 37,5%
2977 Mio. €

Antriebsstromrichter 24,8%
1966 Mio. €

sonstige Motoren,
Zubehör 17,2%
1365 Mio. €

Kleinmotoren 19,1%
1519 Mio. €

Gleichstrommotoren 1,3%
107 Mio. €

Bild 1.2
Elektrische Antriebe: Produktionsvolumen 2014 (gesamt 7934 Mio. €, Deutschland, Quelle: ZVEI)

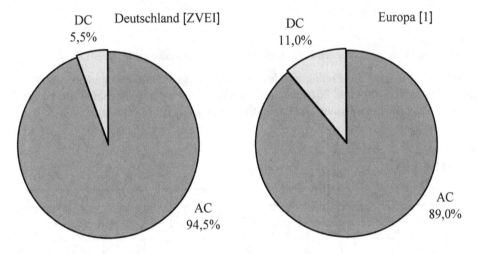

DC   Deutschland [ZVEI]
5,5%

AC
94,5%

DC   Europa [1]
11,0%

AC
89,0%

Bild 1.3
Anteile der Drehstrom- und Gleichstrommotoren (deutscher und europäischer Markt 2002, Quelle: ZVEI,[1])

Der Anteil der Gleichstrommotoren ist in Deutschland deutlich geringer als in Europa. Sowohl für Deutschland als auch für den europäischen Markt wird ein weiterer Rückgang der Gleichstrommaschinen prognostiziert.

Elektromotoren dienen überwiegend als Pumpen- oder Kompressorantriebe (etwa 30%), daneben jedoch auch als Ventilatorantriebe (ca. 14%) sowie als Antriebe für Druckmaschinen, Textilmaschinen und Papiermaschinen (ca. 15%).

In Deutschland wurden 2002 Transformatoren im Wert von etwa 1,5 Mrd. € produziert. Fast die Hälfte des Produktionsvolumens entfiel auf Drosseln, Vorschaltgeräte und Messwandler.

Der Anteil von Verteiler- und Leistungstransformatoren ist mit 32% deutlich geringer. Klein-transformatoren machen 21% des Produktionsvolumens aus (Bild 1.4).

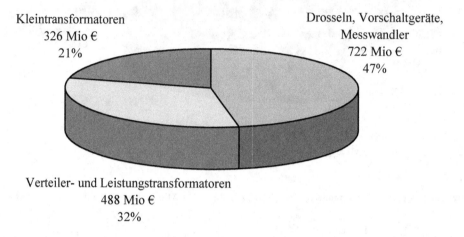

Kleintransformatoren
326 Mio €
21%

Drosseln, Vorschaltgeräte,
Messwandler
722 Mio €
47%

Verteiler- und Leistungstransformatoren
488 Mio €
32%

Bild 1.4

Transformatoren: Produktionsvolumen 2002: 1,536 Mrd. € (Deutschland, Quelle: ZVEI)

Von 2001 bis 2008 stieg die Produktion des Industriezweigs Elektromaschinenbau kontinu-ierlich; in den Jahren 2009 und 2010 machten sich die Folgen der Wirtschaftskrise bemerk-bar. Bild 1.5 zeigt die Entwicklung des Produktionsvolumens „Antriebstechnik" von 2001 bis 2014.

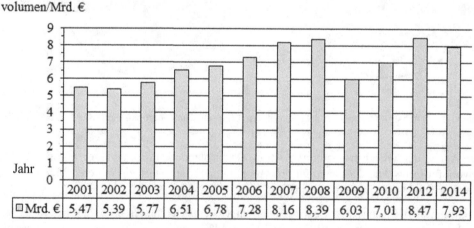

	2001	2002	2003	2004	2005	2006	2007	2008	2009	2010	2012	2014
☐ Mrd. €	5,47	5,39	5,77	6,51	6,78	7,28	8,16	8,39	6,03	7,01	8,47	7,93

Bild 1.5

Entwicklung des Produktionsvolumens „Antriebstechnik" von 2001 bis 2014 (Quelle: ZVEI)

Nach diesem Überblick über die Einbindung der elektrischen Maschinen in die industrielle Produktion sowie über die enorme wirtschaftliche Bedeutung der Antriebstechnik seien einige Vorbemerkungen gestattet, bevor theoretische Grundlagen und technische Ausführung der elektrischen Maschinen erläutert werden.

Obwohl der Elektromaschinenbau eine vergleichsweise "alte" Disziplin der Elektrotechnik ist (die physikalisch-technischen Grundlagen des Elektromotors sind seit über 100 Jahren bekannt), handelt es sich dennoch nicht um einen "innovationslosen" Industriezweig. Das Berufsbild der Elektromaschinenbauer wird heute entscheidend durch den ständigen Zwang zur technischen Weiterentwicklung geprägt. Ausgelöst werden die Neu- und Weiterentwicklungen zum Teil durch Verschärfung der gesetzlichen Vorschriften, wie zum Beispiel die 3. Verordnung zur Schallemission oder den amerikanischen "Energy Independence & Securities Act" (EISA), der unter anderem für Elektromotoren leistungsabhängig Mindestwirkungsgrade vorschreibt, die von den marktüblichen Motorenreihen zum Teil nicht erreicht wurden. Für den Bereich der 2- bis 6- poligen Normmotoren mit Bemessungsleistungen bis 375 kW gibt es die **VERORDNUNG für Europa (EG) Nr. 640/2009** über die Einführung von Mindestwirkungsgraden. Der Gültigkeitsbereich der Verordnung 640/2009 wurde durch die neue Verordnung (EG) Nr. 4/2014 erweitert.

Weitere Auslöser für Produktinnovationen im Bereich der Antriebstechnik sind Weiterentwicklung auf den Gebieten der Leistungselektronik sowie der Steuerungs-, Regelungs- und Automatisierungstechnik.

Als Beispiel der stetigen Weiterentwicklung ist in Bild 1.6 die Entwicklung des Leistungsgewichts eines vierpoligen oberflächengekühlten Industriemotors mit einer Bemessungsleistung von 30 kW vom Jahr 1900 bis heute dargestellt. In diesem Zeitraum wurde das Maschinengewicht um mehr als 80% reduziert.

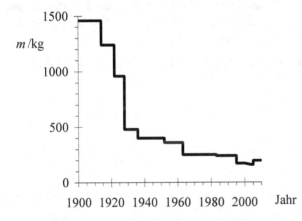

Bild 1.6
Entwicklung des Maschinengewichts eines 4-poligen, oberflächengekühlten 30 kW- Industriemotors von 1900 bis heute [2]

Der Elektromaschinenbau verbindet wohl enger als die meisten übrigen Disziplinen der Elektrotechnik Grundlagen aus unterschiedlichsten Gebieten: neben den physikalischen Grundgesetzen Induktionsgesetz und Durchflutungsgesetz, deren Kenntnis von fundamentaler Bedeutung für das Verständnis der Funktionsweise der elektrischen Maschinen ist, ist zur analytischen Betrachtung von Antriebsproblemen **Grund**wissen aus anderen Gebieten, wie beispielsweise aus Mathematik (z. B. Differential- und Integralrechnung, Fourierreihen, Ortskurventheorie) und Physik (insbesondere Mechanik) sowie aus dem Maschinenbau (Festigkeitslehre, Werkstoffkunde) erforderlich.

Die Gleichstrommaschinen sind zwar vom Aufbau weit komplexer als die Drehstromasyn-chronmaschinen, können jedoch in ihrem wesentlichen Betriebsverhalten durch einige wenige einfache Gleichungen beschrieben werden.

Im vorliegenden Buch werden daher zunächst die Gleichstrommaschinen behandelt. Das dritte Kapitel hat Einphasen- und Drehstromtransformatoren zum Inhalt. Den größten Umfang nimmt das vierte Kapitel "Asynchronmaschinen" ein. Abschließend werden die Syn-chronmaschinen behandelt. In Kapitel 6 werden die Grundlagen der Antriebsregelungen vor-gestellt. Die Drehmomentübertragung bei starrer und bei elastischer Kupplung ist Gegenstand von Kapitel 7. Kapitel 8 gibt einen kurzen Überblick über die Arbeitsmaschinen.

Die elektrischen Motoren mit kleinen Leistungen ("fractional horsepower", kleiner als 0,75 kW) betreffend, wird auf die weiterführende Literatur (z. B. [3], [4]) verwiesen.

Bei der Behandlung der theoretischen Grundlagen des Betriebsverhaltens der elektrischen Maschinen werden Einzelheiten des konstruktiven Aufbaus oder des Maschinenentwurfs nur soweit erläutert, wie es zum grundsätzlichen Verständnis der Funktionsweise erforderlich ist. Weitgehende Vereinfachungen sollen das Verständnis erleichtern.

Die Gleichungen werden durchwegs als Größengleichungen geschrieben; als Einheiten wer-den ausschließlich SI- Einheiten verwendet.

Weitestgehend wurden die Formelzeichen nach DIN EN 60027 (Teil 1: Allgemeines, Teil 4: Drehende elektrische Maschinen) verwendet. Begriffe wie zum Beispiel "Nennleistung" oder "Nennspannung" sind auch heute noch durchaus üblich, so dass die Begriffe "Nenngröße" und "Bemessungsgröße" gleichermaßen verwendet werden. Als Index zur Kennzeichnung der Bemessungsgrößen wurde durchwegs "N" verwendet (DIN EN 60027 Teil 4). Ständer- und Läufergrößen bei rotierenden Maschinen wurden ebenso wie Primär- und Sekundärgrößen bei Transformatoren mit den Indizes "1" und "2" gekennzeichnet.

An Beispielen wird die Anwendung der vorgestellten Grundlagen gezeigt. Die Lösungen sind in Kapitel 9 zu finden.

2 Gleichstrommaschinen

Das dynamoelektrische Prinzip wurde 1866 von Werner von Siemens entdeckt. Die ersten wirtschaftlich brauchbaren Generatoren und Motoren waren Gleichstrommaschinen. Erst 1889 gelang es Dolivo Dobrowolski als erstem, einen brauchbaren Asynchronmotor mit Kurzschluss- oder Käfigläufer zu entwickeln. Heute sind über 95% aller Elektromotoren Asynchronmotoren. Trotz des hohen Anteils von Drehstrommotoren werden auch heute noch Gleichstrommaschinen, überwiegend als stromrichtergespeiste Motoren für drehzahlveränderbare Antriebe, eingesetzt.

Vorteile der Gleichstrommotoren sind der einfachere und damit auch kostengünstigere Aufbau der Stromrichter, die hohe Regeldynamik und die hohe Leistungsdichte.

Nachteilig ist der höhere Wartungsaufwand (Kommutator, Bürsten). Mit umrichtergespeisten Drehstromasynchronmotoren sind höhere Drehzahlen und Leistungen erreichbar.

Haupteinsatzgebiete sind Hütten- und Walzwerke, Werkzeugmaschinen, Papiermaschinen, Hebezeuge und Krananantriebe, Traktionsantriebe (z. B. Straßenbahntriebwagen N8 der Verkehrs- AG Nürnberg (VAG): zwei Reihenschlussmotoren 600 V, 125 kW; bis 2011 im Einsatz). Neuentwicklungen von Straßenbahntriebwagen oder Lokomotiven werden in der Regel mit Drehstrommotoren ausgerüstet (z. B. Straßenbahntriebwagen GT6 N der VAG: drei Drehstrommotoren 490 V, 120 kW).

In großen Stückzahlen werden Gleichstrommotoren als so genannte Universalmotoren in tragbaren Elektrowerkzeugen und Haushaltsgeräten eingesetzt (s. Abschnitt 2.14).

Da die grundlegende Funktionsweise der Gleichstrommaschine leichter verständlich ist, als die einer Asynchronmaschine, soll mit der Gleichstrommaschine begonnen werden. Der innere Aufbau der GM wird dabei nur so weit, wie zum Verständnis der Funktionsweise unbedingt erforderlich, beschrieben. Das Betriebsverhalten der Gleichstrommaschine wird dagegen ausführlicher behandelt.

2.1 Induktionsgesetz

Zur Einführung soll zunächst eine Spule mit N Windungen betrachtet werden, die sich mit der Geschwindigkeit v in einem äußeren Magnetfeld bewegt (Bild 2.1).

Aus den Grundlagen der Elektrotechnik ist das Induktionsgesetz bei mechanischer Bewegung bekannt.

$$u_L = N \cdot \frac{d\Phi}{dt} \tag{2.1}$$

Die induktive Spannung[1] ist proportional zur Änderung des Flusses mit der Zeit. Im vorliegenden Fall kommt die Flussänderung durch eine Flächenänderung zustande.

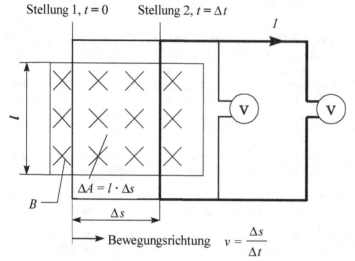

Bild 2.1
Bewegte Spule im äußeren Magnetfeld

$$u_L = N \cdot B \cdot \frac{dA}{dt} = N \cdot B \cdot l \cdot \frac{ds}{dt} = N \cdot B \cdot l \cdot v \qquad (2.2)$$

Durch die Änderung des Spulenflusses wird in der Spule eine Spannung induziert, die

    - proportional zur Flussdichte

    - proportional zur Spulengeschwindigkeit

ist.

Wenn die Leiterschleife an den Enden beschaltet ist, so fließt ein Induktionsstrom, der immer so gerichtet ist, dass sein Magnetfeld der Flussänderung entgegenwirkt (Lenzsche Regel). Im vorliegenden Fall wird sich wegen der Flussabnahme die Stromrichtung so einstellen, dass das magnetische Feld des Leiterstroms das äußere Magnetfeld verstärkt und somit der Flussabnahme entgegenwirkt.

Es ist offensichtlich, dass die in Bild 2.1 gezeigte lineare Anordnung der Induktionsspule praktisch nicht einsetzbar ist. Aus diesem Grund soll die Drehung einer Spule mit der Fläche A mit konstanter Drehzahl in einem äußeren magnetischen Feld betrachtet werden (Bild 2.2).

---

[1] Im Elektromaschinenbau werden Spannungen an Induktivitäten als Spannungsabfälle beschrieben und daher induktive Spannungen nach Gl. (2.1) häufig - nicht ganz exakt - als „induzierte Spannungen" bezeichnet.

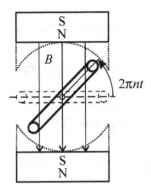

Bild 2.2
Drehende Spule im äußeren Magnetfeld

Zur Berechnung der induktiven Spannung nach Gl. (2.1) wird die zeitliche Änderung der Spulenfläche senkrecht zu den Feldlinien benötigt. Die Projektion der Spulenfläche senkrecht zu den Feldlinien ergibt

$$A_\perp = A \cdot \cos(2\pi nt),$$

wenn die Spule zum Zeitpunkt $t = 0$ senkrecht zu den Feldlinien steht.

Die Ableitung der Projektionsfläche nach der Zeit beträgt

$$dA_\perp / dt = -2\pi n \cdot A \cdot \sin(2\pi nt),$$

Demnach ist die induktive Spannung der Spule sinusförmig:

$$u_L(t) = -N \cdot B \cdot 2\pi n \cdot A \cdot \sin(2\pi nt). \tag{2.3}$$

Verbindet man nun die Enden der rotierenden Spule (1, 2) mit mitrotierenden Kommutatorstegen, von denen die Spannung über feststehende Bürsten (I, II) abgegriffen wird, so wird die Wechselspannung gleichgerichtet. Im Spannungsnulldurchgang ändert sich die Zuordnung der Spulenenden zu den Bürsten (Bild 2.3, Spulenstellungen für $2\pi n\, t = 90°$, $180°$ und $225°$).

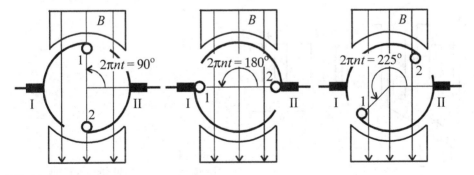

Bild 2.3
Zuordnung zwischen den Kommutatorstegen 1, 2 und den Bürsten I, II für $2\pi nt = 90°$, $180°$, $225°$

Um die Welligkeit der Spannung zu vermindern, werden industriell gefertigte Gleichstrommaschinen mit mehreren, gleichmäßig am Umfang verteilten Spulen ausgeführt (Größenordnung 8 bis 12 Nuten je Pol).

Wenn an die Spulenenden über die Kommutatorstege und die Bürsten ein Widerstand angeschlossen ist, so fließt aufgrund der induzierten Spannung ein Strom.

Wegen der sich ändernden Zuordnung der Spulenseiten zu den Bürsten ($2\pi n t = 0°$, $180°$, $360°$, ...) muss sich zu diesen Zeitpunkten die Stromrichtung ebenfalls umkehren. Dieser Vorgang wird als Kommutierung bezeichnet.

Im folgenden Abschnitt wird ein kurzer Überblick über die Grundlagen der Wicklungsausführung der industriell gefertigten Gleichstrommaschinen gegeben, ohne die große Zahl möglicher Wicklungsvarianten erschöpfend zu behandeln.

2.2   Ankerwicklungen von Gleichstrommaschinen

Wie schon in Abschnitt 2.1 angesprochen, werden Gleichstrommaschinen mit mehr als einer Spule ausgeführt, um möglichst kleine zeitliche Schwankungen der induzierten Spannung zu erreichen.

Zur Aufnahme der Spulen werden Nuten in die Ankerbleche gestanzt. Der Aufbau des rotierenden Teils der Maschine, des Ankers, aus Blechen ist wegen Ummagnetisierung als Folge der Stromumkehr bei der Kommutierung erforderlich (Wirbelstromverluste). Die Wicklungsenden jeder Spule werden auf Kommutatorstege geführt. Ankernuten und -spulen sowie die Kommutatorstege werden fortlaufend durchnummeriert. Die Wicklungen werden als Zweischichtwicklungen ausgeführt, wobei sich jeweils eine Spulenseite in der oberen Nuthälfte (Oberlage) und die andere Spulenseite in der unteren Nuthälfte (Unterlage) einer um den Wicklungsschritt Y_1 entfernten Nut befindet. Bild 2.4 verdeutlicht die Systematik der Nummerierung sowie die Lage der Spulenseiten in den Nuten (Ausschnitt aus dem Wicklungsplan einer Schleifenwicklung mit $Y_1 = 4$).

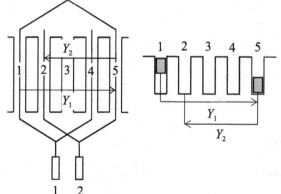

Bild 2.4
Erste Spule einer Schleifenwicklung

Wicklungen aus Spulen mit der Windungszahl 1 werden als Stabwicklungen, solche mit mehr als einer Windung pro Spule als Spulenwicklungen bezeichnet. Bei Schleifenwicklungen wird die zweite Spulenseite an den zweiten Kommutatorsteg geführt, der dem ersten räumlich benachbart ist. Die erste Spulenseite der zweiten Spule wird mit Steg 2 verbunden, die zweite Spulenseite der zweiten Spule mit Steg 3 usw.

Der Abstand von der zweiten Spulenseite der ersten Spule zur ersten Spulenseite der zweiten Spule wird als Wicklungsschritt Y_2 bezeichnet. In jeder Nut können in Ober- und Unterschicht auch mehrere Spulenseiten nebeneinander liegen.

Mit der Zahl der in einer Nut nebeneinander liegenden Spulenseiten u lautet der Zusammenhang zwischen der Nutzahl N und der Zahl der Kommutatorstege k

$$k = u \cdot N.$$

Der resultierende Wicklungsschritt der Schleifenwicklung beträgt

$$Y = Y_1 - Y_2 = \pm 1 \tag{2.4}$$

und bezeichnet den Abstand der Kommutatorstege zweier benachbarter Spulen (Pluszeichen für ungekreuzte, Minuszeichen für gekreuzte Wicklungen, selten ausgeführt; nur bei Wellenwicklungen).

Die Entstehung des Wicklungsplans kann schrittweise nachvollzogen werden. Bei Beginn der Wicklung in Nut 1 (Spule 1 an Steg 1) geht es bei der Schleifenwicklung abwechselnd um die Schritte Y_1 und $-Y_2$ am Umfang weiter, wie es nachfolgend symbolisch dargestellt ist.

Oberschicht   1   2   3.....12   13   14   15   16   1

$$+Y_1 \ -Y_2 +Y_1 \ -Y_2 \quad\quad +Y_1 \ -Y_2 +Y_1 \ -Y_2 +Y_1 \ -Y_2 \ +Y_1 -Y_2 +Y_1 \ -Y_2$$

Unterschicht   5   6...   ...16   1   2   3   4

Bei der Wellenwicklung wird der zweite Wicklungsschritt Y_2 nicht am Umfang zurück, sondern weiter fortschreitend ausgeführt; die Wicklung erstreckt sich wellenförmig am Umfang. Erst nach einem kompletten Umlauf wird der dem ersten Kommutatorsteg benachbarte Steg (in Bild 2.5: Steg 15, ungekreuzte Wicklung) erreicht.

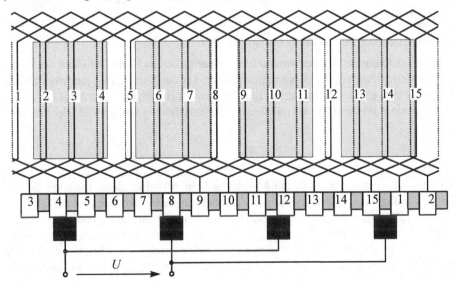

Bild 2.5
Wicklungsplan einer vierpoligen Wellenwicklung mit $N = k = 15$

Bild 2.5 zeigt den Wicklungsplan einer Wellenwicklung mit $N = 15$ Spulen und $k = 15$ Kommutatorstegen. Die kleine Zahl von Kommutatorstegen in Bild 2.5 wurde wegen der besseren Übersichtlichkeit der Darstellung gewählt. In Bild 2.5 ist die Lage der Hauptpole, die das für die Spannungsinduktion erforderliche Feld erregen, eingezeichnet (Nord und Südpol jeweils abwechselnd).

Der resultierende Wicklungsschritt Y der Wellenwicklung kann nach folgender Überlegung berechnet werden: Nach p Wicklungsschritten Y wird der dem ersten Kommutatorsteg benachbarte Steg erreicht:

$$p \cdot Y = p \cdot (Y_1 + Y_2) = k \pm 1 \quad \Rightarrow \quad Y = \frac{k \pm 1}{p} \tag{2.5}$$

Das negative Vorzeichen in Gl. (2.5) bezeichnet die ungekreuzten Wicklungen, das positive die gekreuzten. Im Beispiel nach Bild 2.5 ist $k = 15$, $p = 2$ und daher

$$Y = \frac{k-1}{p} = \frac{15-1}{2} = 7 \quad \Rightarrow \quad Y_1 = 4, Y_2 = 3$$

Bei Schleifen - und Wellenwicklung werden stets $2p$ Bürsten zur Stromzuführung aufgesetzt. Zwischen je zwei Bürsten liegen $k/2p$ Kommutatorstege. Üblicherweise betragen bei der Schleifenwicklung sowohl der erste als auch der zweite Wicklungsschritt

$$Y_1 \approx k/2p \qquad Y_2 = Y_1 - 1 \approx k/2p.$$

Wicklungen mit

$$Y_1 = k/2p$$

werden als Durchmesserwicklungen bezeichnet.

Bei der Schleifenwicklung teilen die parallelgeschalteten Bürsten gleicher Polarität die Wicklung in

$$2a = 2p \tag{2.6a}$$

parallele Zweige auf. Der Bürstenstrom beträgt jeweils $I/2a$.

Bei der Wellenwicklung beträgt der Abstand von einer positiven Bürste zu einer negativen wie bei der Schleifenwicklung $k/2p$ Kommutatorstege. Da der Nachbarsteg jedoch erst nach p Wicklungsschritten erreicht wird, liegen zwischen zwei benachbarten Bürsten $k/2p \cdot p = k/2$ Spulen. Bei einer Wellenwicklung existieren daher unabhängig von der Zahl der Polpaare stets

$$2a = 2 \tag{2.6b}$$

parallele Zweige.

Wellenwicklungen werden vor allem bei Maschinen kleiner und mittlerer Leistung (in der Regel $2p = 4$- polig) ausgeführt, da sie im Vergleich zur Schleifenwicklung bei gleicher Ankerwindungszahl wegen der geringeren Zahl der parallelen Zweige auf größere Leiterquerschnitte und damit bessere Nutfüllung führen (insbesondere bei Ausführung als Stabwicklung mit Spulenwindungszahl $N_s = 1$). Ausnahme sind kleine zweipolige Maschinen, die mit Schleifenwicklungen ausgeführt werden, da Wellenwicklungen mit $2p = 2$ Polen nicht möglich sind.

Schleifenwicklungen werden vor allem bei großen Maschinen (in der Regel $2p = 6$ oder mehr Pole), insbesondere für hohe Ströme und kleine Spannungen, eingesetzt; sie bieten Vorteile in Bezug auf die maximal zulässige Stegspannung (s. Abschnitt 2.11).

2.3   Spannungsgleichung der Gleichstrommaschine

Aus Gl. (2.2) folgt für die in einem Leiter, der sich mit der Geschwindigkeit $v = 2\pi n R$ in einem Magnetfeld B bewegt, induzierte Spannung

$$U_i = B \cdot l \cdot v .$$

In den $N = k/u$ Nuten des Ankers liegen insgesamt

$$z = 2 \cdot N_S \cdot k$$

Ankerleiter, wobei N_s die Windungszahl einer Ankerspule bezeichnet. Bild 2.5 lässt erkennen, dass sich die Pole einer Gleichstrommaschine nicht über die gesamte Polteilung

$$\tau = \frac{2\pi R}{2p} \tag{2.7}$$

erstrecken, sondern nur über die so genannte Polbedeckung α. Die Fläche eines Pols beträgt

$$A = \alpha \tau l , \tag{2.8}$$

und damit der Fluss pro Pol

$$\Phi = A \cdot B = \alpha \tau l \cdot B. \tag{2.9}$$

Die in der Ankerwicklung induzierte Spannung ergibt sich aus der in einem im Feld der Pole bewegten Leiter induzierten Spannung durch Multiplikation mit der Zahl der im Feld bewegten Ankerleiter eines Zweiges.

$$U_i = \alpha \cdot \frac{z}{2a} \cdot B \cdot l \cdot v = \alpha \cdot \frac{z}{2a} \cdot B \cdot l \cdot 2\pi R \cdot n. \tag{2.10}$$

Mit dem Fluss pro Pol nach Gl. (2.9) lautet die induzierte Spannung schließlich

$$U_i = \frac{z}{a} p \cdot \Phi \cdot n = k_1 \cdot \Phi \cdot n \tag{2.11}$$

Die in der Ankerwicklung induzierte Spannung ist proportional zum Fluss, zur Drehzahl und zu einer von der Wicklungsauslegung abhängigen Konstante

$$k_1 = \frac{z}{a} p. \tag{2.12}$$

Der resultierende ohmsche Widerstand aller $2a$ parallelgeschalteten Zweige der Ankerwicklung wird mit R_a bezeichnet. Zur Ankerwicklung kann ein Vorwiderstand in Reihe geschaltet sein, so dass im Folgenden mit R_A stets der resultierende Ankerkreiswiderstand bezeichnet wird.

$$R_A = R_a + R_V$$

Wird an die Bürsten eine Spannungsquelle mit der Klemmenspannung U angeschlossen, so lautet der kirchhoffsche Maschensatz bei Vernachlässigung der Bürstenübergangsspannung

$$U = U_i + R_A \cdot I. \tag{2.13}$$

Die Spannungsgleichung gleicht der einer belasteten Spannungsquelle mit Innenwiderstand. Daher ist auch das Ersatzschaltbild der Gleichstrommaschine gleich dem einer Ersatzspannungsquelle (Bild 2.6).

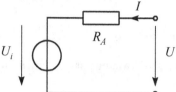

Bild 2.6
Ersatzschaltbild der Gleichstrommaschine (Ankerkreis)

Sowohl die Spannungsgleichung als auch das Ersatzschaltbild gelten unabhängig von der tatsächlichen Stromrichtung. Für $I > 0$ (Strom fließt in der eingezeichneten Richtung) ist die aufgenommene elektrische Leistung positiv (Motorbetrieb). Für $I < 0$ (Strom fließt entgegengesetzt zur eingezeichneten Richtung) ist die aufgenommene elektrische Leistung negativ; es wird elektrische Leistung abgegeben (Generatorbetrieb). Daher ist die Verwendung einer Spannungsgleichung und eines Ersatzschaltbildes zur Beschreibung von Motor- **und** Generatorbetrieb ausreichend.

Durch Multiplikation der Spannungsgleichung (2.13) mit dem Ankerstrom ergibt sich eine Leistungsgleichung.

$$U \cdot I = U_i \cdot I + R_A \cdot I^2. \tag{2.14}$$

Die einzelnen Terme der Leistungsgleichung (2.14) können folgendermaßen gedeutet werden:

$\quad U \cdot I \qquad$ aufgenommene ($I > 0$) bzw. abgegebene ($I < 0$) elektrische Leistung

$\quad R_A \cdot I^2 \qquad$ Stromwärmeverluste im Ankerkreis

Der Ausdruck $U_i \cdot I$ wird als innere Leistung bezeichnet. Aus energetischen Betrachtungen folgt, dass dieser Ausdruck die mechanisch abgegebene ($I > 0$) bzw. zugeführte ($I < 0$) Leistung darstellt.

$$P_{mech} = P = U_i \cdot I \tag{2.15}$$

Das Drehmoment kann aus der mechanischen Leistung berechnet werden.

$$M = \frac{P_{mech}}{2\pi n} = \frac{U_i \cdot I}{2\pi n} = \frac{k_1}{2\pi} \cdot \Phi \cdot I$$

Zur Abkürzung wird für den Ausdruck $k_1/2\pi$ die Bezeichnung k_2 verwendet.

$$M = k_2 \cdot \Phi \cdot I \tag{2.16}$$

Das Drehmoment eines Gleichstrommotors ist proportional zum Fluss pro Pol und zum Ankerstrom

Anmerkungen:

1. Bei der energetischen Deutung von Gl. (2.15) wurde das zur Überwindung der Luft- und Lagerreibung erforderliche Drehmoment vernachlässigt. Den Eisenverlusten im Anker kann ebenfalls ein Drehmoment zugeordnet werden; auch dieses wurde vernachlässigt. Streng genommen handelt es sich bei dem Drehmoment nach Gl. (2.16) um das innere Drehmoment, das am Ankermantel angreift.

2. Die Gleichung (2.16) lässt erkennen, dass das Nennmoment die Baugröße bestimmt. Mit dem Fluss nach Gl. (2.9),

$$\Phi = A \cdot B = \alpha \tau l \cdot B = \alpha \cdot \pi D / 2p \cdot l \cdot B,$$

und $k_2 = \dfrac{k_1}{2\pi} = \dfrac{p}{\pi} \cdot \dfrac{z}{2a}$

folgt aus Gl. (2.16)

$$M_N = k_2 \cdot \Phi \cdot I_N = \frac{p}{\pi} \cdot \frac{z}{2a} \cdot \alpha \cdot \frac{\pi D}{2p} \cdot l \cdot B \cdot I_N = \alpha \cdot \frac{\pi}{2} \cdot D^2 \cdot l \cdot B \cdot \frac{I_N \cdot z / 2a}{\pi D}$$

Der Bruch, die Gesamtdurchflutung des Ankers, bezogen auf den Ankerumfang, ist gleich dem Nennstrombelag (vergl. Abschnitt 2.10), der lediglich von der Kühlung der Maschine abhängt. Da die magnetische Induktion mit Rücksicht auf die Sättigung des Eisens begrenzt ist, folgt, dass das Drehmoment der Maschine proportional zum Läufervolumen ist.

2.4 Nebenschlussverhalten

Bei der Herleitung der Gleichungen des vorigen Abschnitts wurden keinerlei Annahmen über die Erregung des erforderlichen Feldes getroffen. Im Folgenden soll angenommen werden, dass das Erregerfeld unabhängig von Ankerstrom und Ankerspannung durch Speisung aus einer fremden Spannungsquelle eingestellt werden kann. Derartige Motoren werden als fremderregte Motoren bezeichnet.

Bei leer laufender Maschine ist der Ankerstrom $I = 0$. Aus den Gleichungen (2.11), (2.13) kann die Leerlaufdrehzahl berechnet werden.

$$U = U_i = k_1 \Phi n_0 \quad \Rightarrow \quad n_0 = \frac{U}{k_1 \Phi} \tag{2.17}$$

Die Leerlaufdrehzahl ist somit proportional zur Ankerspannung und umgekehrt proportional zum Fluss Φ. Aus Gl. (2.17) wird deutlich, dass bei leer laufender Maschine niemals die Erregung abgeschaltet werden darf, da die Maschine sonst "durchgeht" ($n \to \infty$).

Im Nennpunkt der Gleichstrommaschine ist die magnetische Induktion und damit auch der Fluss pro Pol zur Erreichung eines hohen Drehmoments so groß, dass er wegen der Sättigungserscheinungen nicht dauernd über den Nennfluss hinaus gesteigert werden kann. Die Auslegung des Isolationssystems der Ankerwicklung erfolgt nach den Beanspruchungen bei Nennspannung. Daneben ergibt sich eine weitere Grenze durch die so genannte Stegspannung, die maximal zwischen zwei benachbarten Kommutatorstegen zulässige Spannung. Aus diesen Gründen kann im allgemeinen die Ankerspannung nicht über die Nennspannung hinaus gesteigert werden. Zur Veränderung der Drehzahl bestehen, ausgehend von der Nenndrehzahl, daher nur zwei Möglichkeiten:

- Drehzahlstellen nach **unten** durch Verringerung der **Ankerspannung** U,

- Drehzahlstellen nach **oben** durch Verringerung des **Flusses** Φ (Feldschwächung).

Die Veränderung des Flusses setzt voraus, dass die Wicklung zum Aufbau des Hauptfeldes (Erregerwicklung) aus einer eigenen Spannungsquelle gespeist werden kann (fremderregte Gleichstrommaschinen). Eine Stromrichterschaltung (gesteuerter Drehstrombrückengleichrichter, B6), mit der die Stellung von Anker- und Erregerspannung realisiert werden kann, wird in Abschnitt 2.12 vorgestellt.

Aus Gleichung (2.16) soll mit Hilfe der Spannungsgleichung (2.13) eine Beziehung zur Beschreibung der Drehmoment-Drehzahl-Kennlinie abgeleitet werden.

$$M = k_2 \Phi I = k_2 \Phi \cdot \frac{U - U_i}{R_A} = k_2 \Phi \cdot \frac{U - k_1 \Phi n}{R_A}$$

Hieraus ergibt sich für die Abhängigkeit der Drehzahl vom Drehmoment

$$n = n_0 - M \cdot \frac{R_A}{k_1 k_2 \Phi^2} \, . \tag{2.18}$$

Bei Belastung der Maschine ändert sich die Drehzahl, ausgehend von der Leerlaufdrehzahl n_0 nach Gl. (2.17), linear mit dem Drehmoment. (Bild 2.7).

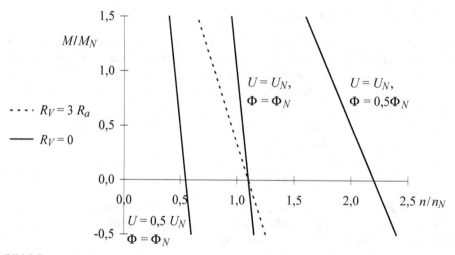

Bild 2.7

Drehmoment-Drehzahl-Kennlinien eines fremderregten Gleichstromnebenschlussmotors

Bei motorischem Drehmoment M sinkt die Drehzahl; wird die Maschine angetrieben ($M < 0$), so steigt die Drehzahl. Zusätzlich zur Kennlinie für Nennspannung und Nennfluss sind die Drehmoment-Drehzahl-Kennlinien bei halbem Fluss, bei halber Spannung sowie für volle Spannung und vollen Fluss mit Vorwiderstand $R_V = 3\,R_a$ eingetragen.

Die Steigung der Kennlinie kann durch Vorwiderstände im Ankerkreis vergrößert werden ($R_A = R_a + R_V$). Diese Art der Drehzahlverstellung führt jedoch zu hohen Verlusten und ist daher in der Regel wirtschaftlich nicht sinnvoll.

Aus den Kennlinien nach Bild 2.7 werden einige der typischen Merkmale des Nebenschluss-verhaltens erkennbar:

- bei konstantem Fluss tritt bei Belastung nur eine relativ kleine Änderung der Drehzahl auf,

- der Nebenschlussmotor geht ohne Schaltungsänderung vom Motor- in den Generatorzu-stand über (generatorische Nutzbremsung für $n > n_0$).

Neben der generatorischen Nutzbremsung ist auch die so genannte Widerstandsbremsung möglich. Die mechanisch zugeführte Energie wird dabei in Stromwärme umgesetzt.

Wenn der Beschleunigungsvorgang untersucht werden soll, muss sowohl das zur Beschleuni-gung der Masse als auch das zur Beschleunigung des Motorläufers erforderliche Drehmoment berücksichtigt werden. Für Beschleunigungsvorgänge bei drehenden elektrischen Maschinen gilt in Analogie zu

$$\Sigma F \; = \; m \cdot a = m \cdot dv/dt$$

die Bewegungsgleichung

$$\Sigma M = \; J \cdot d\omega/dt = J \cdot 2\pi \cdot dn/dt. \tag{2.19}$$

In Gl. (2.19) bedeuten:

ΣM: Summe aller Drehmomente, $\Sigma M = M_M - M_L$

M_M: Motormoment

M_L: Gegenmoment der Arbeitsmaschine (Lastmoment)

J: Trägheitsmoment, Einheit kgm^2, z.B. für Vollzylinder mit Durch-messer D und Dichte ρ:
$$J = 1/8 \cdot m\, D^2 = 1/8 \cdot \rho\, l\, \pi\, D^2/4 \cdot D^2 = 1/32 \cdot \rho\, l\, \pi\, D^4$$

$d\omega/dt$:   Winkelbeschleunigung

Für eine Antriebsprojektierung mit translatorisch bewegten Massen, Getriebe und rotatorisch bewegten Massen werden die translatorisch bewegten Massen zweckmäßigerweise in ein äquivalentes, auf die Motordrehzahl bezogenes Trägheitsmoment umgerechnet. Der Umrech-nungsfaktor kann auf einfache Weise aus den kinetischen Energien berechnet werden. Die kinetische Energie eines mit der Winkelgeschwindigkeit ω rotierenden Körpers mit dem Trägheitsmoment J beträgt

$$W = \frac{1}{2} J\omega^2 , \tag{2.20}$$

während die kinetische Energie einer mit der Geschwindigkeit v bewegten Masse m durch

$$W = \frac{1}{2} mv^2 \tag{2.21}$$

beschrieben wird. Durch Gleichsetzen von (2.20) und (2.21) folgt

$$J = m \cdot \left(\frac{v}{\omega} \right)^2 .$$

Für den Seilbahnantrieb mit Getriebe (Übersetzung $\ddot{u}$) aus Beispiel 2.1 lautet der Zusammen-hang zwischen Drehzahl und Fahrgeschwindigkeit

$$v = \pi \cdot D \cdot n / \ddot{u},$$

woraus

$$J = m \cdot (D/2)^2 \cdot 1/\ddot{u}^2$$

folgt. Durch die Getriebeübersetzung erscheint das auf die Motordrehzahl bezogene Trägheitsmoment mit dem Faktor $1/\ddot{u}^2$ "übersetzt".

Beispiel 2.1

Die Seilbahnanlage „Gletscherbus 3" ist mit 4 fremderregten Gleichstrommaschinen ausgerüstet (Doppeltandemantrieb).

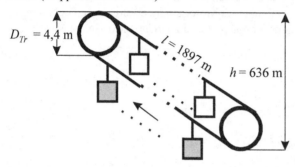

Bild 2.8
Prinzipdarstellung des Seilbahnantriebs

Motordaten:

$P_N = 362$ kW $U_N = 400$ V $I_N = 972$ A $n_N = 1371$ 1/min

Treibrad: $D_{Tr} = 4,4$ m $J_{Tr} = 8000$ kgm^2

Seilgewicht $m_{Seil} = 64,5$ t

gesamtes Reibmoment (auf Treibrad bezogen): $M_R = 146$ kNm (= konst.)

Gondelgewicht   voll: $m_{Gv} = 4420$ kg (24 Personen)

                                 leer: $m_{Gl} = 2500$ kg

10 volle Gondeln fahren bergauf, 10 leere Gondeln fahren bergab.

Getriebeübersetzung $\ddot{u} = n_{Mot}/n_{Tr} = 54,5$

Die Ankerspannung kann stufenlos im Bereich $0 \leq U \leq 1,2\ U_N$ verstellt werden. Die Motoren werden stets mit Nennerregung betrieben.

Alle Verluste außer den Stromwärmeverlusten im Ankerkreis sowie Sättigungserscheinungen dürfen vernachlässigt werden

a) Berechnen Sie das Nennmoment M_N, den Ankerkreiswiderstand R_A und die induzierte Spannung U_{iN}.

Die Gondeln sollen mit $v_G = 6$ m/s fahren (Normalbetrieb).

b) Berechnen Sie die Motordrehzahl n_M und das resultierende Lastmoment M_M je Motor. Berechnen Sie den Motorstrom I und die einzustellende Ankerspannung U. Wie viele Personen können im Normalbetrieb je Stunde transportiert werden?

Nach einem störungsbedingten Stillstand soll die Seilbahn mit zwei Motoren wieder anfahren. Die Anfahrbeschleunigung soll $a = 0,15$ m/s^2 betragen.

c) Berechnen Sie das resultierende Trägheitsmoment J_{res} auf die Motorendrehzahl bezogen.

d) Berechnen Sie den Strom I_b beim Beschleunigen. Nach welcher Zeit t_A wird eine Gondelgeschwindigkeit von $v_{GNot} = 4$ m/s erreicht?

e) Berechnen Sie die Ankerspannung U zu Beginn ($v_G = 0$) und am Ende ($v_G = 4$ m/s) des Beschleunigungsvorgangs.

Nun soll der stationäre Notbetrieb mit zwei Motoren und $v_{GNot} = 4$ m/s betrachtet werden.

f) Berechnen Sie das Lastmoment M_M je Motor, den Motorstrom I, die Ankerspannung U und die Verlustleistung P_V im Ankerkreis jedes Motors.

Die Seilbahn soll elektrisch von $v_{GNot} = 4$ m/s bis zum Stillstand abgebremst werden. Die Verzögerung beträgt $a_{br} = -0,4$ m/s^2.

g) Berechnen Sie das erforderliche Motormoment M_{br}.

Selbsterregung von Gleichstromnebenschlussgeneratoren

Die fremderregte Gleichstromnebenschlussmaschine geht ohne Schaltungsänderung vom motorischen Betrieb in den generatorischen Betrieb über, wenn sie über die Leerlaufdrehzahl hinaus angetrieben wird. Werner v. Siemens entdeckte, dass sich Gleichstromnebenschlussmotoren selbst erregen können. Hierzu ist die Erregerwicklung über einen Vorwiderstand an die Ankerwicklung anzuschließen (Schaltung siehe Bild 2.14b). Voraussetzung für einen stabilen Betriebspunkt ist eine gekrümmte Magnetisierungskennlinie $U_i = f(I_E)$ sowie eine von Null verschiedene Remanenzspannung $U_r = U_i (I_E = 0)$, wie es in Bild 2.9 dargestellt ist.

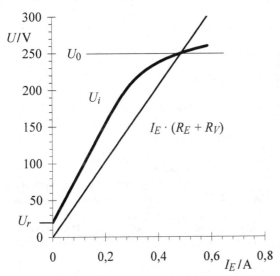

Bild 2.9
Leerlaufkennlinie $U_i = f(I_E)$ und Widerstandsgerade
$U = I_E \cdot (R_E + R_V)$

Bei unbelastetem Generator stellt sich ein stabiler Leerlaufpunkt ein, wenn die Magnetisierungskennlinie

$$U_i = f(I_E)$$

und die Widerstandsgerade

$$U = I_E \cdot (R_E + R_V)$$

einen eindeutigen Schnittpunkt aufweisen:

$$U_i = I_E \cdot (R_E + R_V) = U_0.$$

Die Leerlaufspannung U_0 (Bild 2.9: $U_0 = 250$ V) kann mit Hilfe des Vorwiderstands R_V eingestellt werden. Aus Bild 2.9 wird jedoch deutlich, dass die Einstellung kleiner Leerlaufspannungen wegen der schwachen Kennlinienkrümmung problematisch ist.

Wenn der Widerstand im Erregerkreis groß gegenüber dem Ankerkreiswiderstand ist, gilt für die Klemmenspannung

$$U = I_E \cdot (R_E + R_V) = U_i - (I + I_E) \cdot R_A$$

$$\approx U_i - R_A \cdot I.$$

Die Differenz zwischen der Magnetisierungskennlinie und der Widerstandsgeraden ist der Spannungsabfall am Ankerkreiswiderstand. Diese Differenz - und damit der Ankerstrom - ist bei der Spannung U_{krit} maximal. Bei stärkerer Belastung verringert sich trotz abnehmenden Lastwiderstands der Ankerstrom. Bild 2.10 zeigt die Abhängigkeit der Ankerspannung vom Ankerstrom (Ankerrückwirkung vernachlässigt).

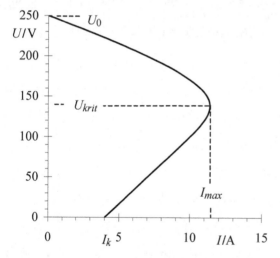

Bild 2.10
Belastungskennlinie des selbsterregten
Gleichstrom- Nebenschlussgenerators

Bei Kurzschluss stellt sich der stationäre Kurzschlussstrom ein, der nur von Remanenzspannung und Ankerkreiswiderstand abhängig ist.

$$I_k = U_r / R_A$$

Nur der erste Teil der Kennlinie zeigt die leicht abfallende Charakteristik einer belasteten Spannungsquelle mit der Quellenspannung U_Q und dem Innenwiderstand R_i,

$$U = U_Q - R_i \cdot I,$$

und ist demnach technisch nutzbar. Bei zunehmender Belastung geht die Klemmenspannung als Folge des abnehmenden Erregerstroms stark zurück.

Die Ankerrückwirkung (Feldschwächung durch das Ankerfeld) führt auch im relativ schwach geneigten Anfangsbereich der Belastungskennlinie gegenüber der Darstellung in Bild 2.10 zu einem stärkeren Spannungsabfall.

2.5   Reihenschlussverhalten

Bei der Reihenschlussmaschine sind Erreger- und Ankerwicklung in Reihe geschaltet. Die beiden Wicklungen werden also von demselben Strom durchflossen. Wegen der Sättigung des Eisens ist der Zusammenhang zwischen Fluss und Strom nichtlinear. Daher kann das Betriebsverhalten des Reihenschlussmotors nicht in elementarer Weise berechnet werden. Um die grundsätzlichen Besonderheiten des Reihenschlussverhaltens zu erkennen, soll zunächst der Einfluss der Sättigung vernachlässigt werden. Bei ungesättigter Maschine ist der Fluss zum Ankerstrom proportional.

$$\Phi = \frac{\Phi_N}{I_N} \cdot I = k_3 \cdot I \tag{2.22}$$

Somit ergibt sich für das Drehmoment aus Gl. (2.16)

$$M = k_2\, k_3 \cdot I^2 \tag{2.23}$$

Das Drehmoment der Reihenschlussmaschine ist proportional zum Quadrat des Stroms. Mit Gl. (2.22) lautet die Spannungsgleichung (2.13) der Maschine

$$U = U_i + R_A\, I = k_1 \Phi\, n + R_A\, I$$
$$= k_1\, k_3\, n \cdot I + R_A \cdot I.$$

Die Auflösung nach dem Strom liefert

$$I = \frac{U}{k_1 k_3 n + R_A} \tag{2.24}$$

Aus Gl. (2.24) folgt, dass sich nur für sehr große Drehzahlen ($n \to \infty$) ein sehr kleiner Strom ($I \to 0$) ergibt. Umgekehrt folgt daraus, dass Reihenschlussmaschinen bei Entlastung "durchgehen" und daher nicht entlastet werden dürfen. Zur Herleitung der Drehmoment-Drehzahl-Kennlinie wird der Strom nach Gl. (2.24) in Gl. (2.23) eingesetzt. Die Auflösung nach der Drehzahl liefert

$$n = \frac{U}{\sqrt{2\pi M \cdot k_1 k_3}} - \frac{R_A}{k_1 k_3} = \frac{U}{\sqrt{2\pi M \cdot k_1 \Phi_N / I_N}} - \frac{R_A}{k_1 \Phi_N / I_N} \tag{2.25}$$

Zur Berücksichtigung des Einflusses der Eisensättigung kann eine gemessene "Leerlaufkennlinie", bei der die Maschine fremderregt wird und bei konstanter Drehzahl die induzierte Spannung als Funktion des Erregerstroms gemessen wird, verwendet werden. Die analytische Berechnung des Betriebsverhaltens ist dann im Allgemeinen nicht möglich. Zur näherungsweisen Berücksichtigung der Sättigungserscheinungen kann für den Zusammenhang zwischen Fluss und Erregerstrom die analytische Funktion

$$\frac{\Phi}{\Phi_N} = \left(\frac{I}{I_N} \right)^{1/3}$$

verwendet werden.

Bild 2.11 zeigt am Beispiel eines Reihenschlussmotors mit den Daten

$$P_N = 120 \text{ kW} \qquad U_N = 600 \text{ V} \qquad I_N = 225 \text{ A} \qquad n_N = 1120 \text{ 1/min}$$

(siehe auch Beispiel 2.2) die Drehmoment-Drehzahl-Kennlinien für $U = U_N$, $U = 0,5 \cdot U_N$.

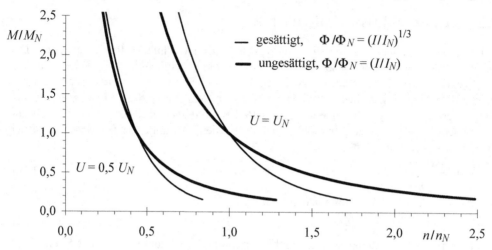

Bild 2.11
Drehmoment-Drehzahl-Kennlinien eines Reihenschlussmotors

Zum Vergleich sind die "gesättigten" Kennlinien ebenfalls in Bild 2.11 eingetragen.

Der Vergleich mit der Drehmoment-Drehzahl-Kennlinie des fremderregten Motors (Gl. 2.18) zeigt die Besonderheiten des Reihenschlussverhaltens:

- es gibt keine definierte Leerlaufdrehzahl; der Reihenschlussmotor geht bei Entlastung durch,

- der Übergang vom Motor- in den Generatorbetrieb ist daher nicht ohne besondere Maßnahmen möglich,

- die Reihenschlussmaschine besitzt eine starke Abhängigkeit der Drehzahl vom Drehmoment.

Daher sind Reihenschlussmaschinen als Konstantdrehzahlantriebe nicht geeignet, sie wurden vor allem als Traktionsantriebe (Straßenbahn) eingesetzt.

Nachteile der Reihenschlussmaschine als Traktionsantrieb sind die fehlende Möglichkeit der generatorischen Bremsung und der relativ schlechte Wirkungsgrad. Moderne Traktionsantriebe werden daher in der Regel mit umrichtergespeisten Asynchronmotoren ausgeführt.

Als Beispiel zum Reihenschlussverhalten wird der Antrieb der (alten) Nürnberger Straßenbahn untersucht.

Beispiel 2.2

Der Nürnberger Straßenbahntriebwagen GT6 ist mit zwei identischen Gleichstromreihenschlussmotoren ausgerüstet.

Motordaten:

$$P_N = 120 \text{ kW} \qquad n_N = 1120 \text{ min}^{-1} \qquad U_N = 600 \text{ V} \qquad I_N = 225 \text{ A}$$

Getriebeübersetzung $\quad \ddot{u} = 41{:}7 \quad$ Raddurchmesser $\qquad D = 670 \text{ mm}$

Gesamtgewicht des Triebzuges $\quad m = 37{,}4 \text{ t} \quad$ Motorträgheitsmoment $\quad J_{Mot} = 1{,}66 \text{ kgm}^2$

Die Klemmenspannung kann im Bereich $0 \le U \le U_N$ eingestellt werden. Alle Verluste außer den Stromwärmeverlusten im Ankerkreis dürfen vernachlässigt werden.

Zur Berücksichtigung der Sättigung soll die berechnete Magnetisierungskennlinie nach Bild 2.12 verwendet werden.

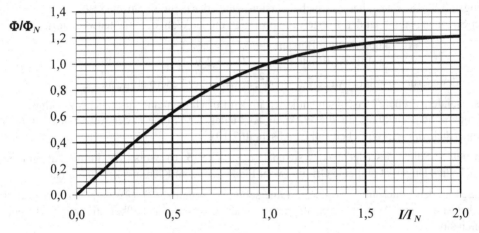

Bild 2.12
Berechnete Magnetisierungskennlinie für Beispiel 2.2

a) Berechnen Sie für Nennbetrieb das Nennmoment M_N, die induzierte Spannung U_{iN}, den magnetischen Fluss $k_1\Phi_N$ und den Ankerkreiswiderstand R_A.

Während einer Fahrt mit $v = $ konst. fließt bei $U = U_N$ ein Ankerstrom von $I = 80$ A.

b) Ermitteln Sie den Fluss $k_1\Phi$, die induzierte Spannung U_i, die Drehzahl n, das Drehmoment M und die mechanische Leistung P. Mit welcher Geschwindigkeit v fährt die Straßenbahn? Berechnen Sie den Fahrtwiderstand F_W.

Beim Anfahren ($v = 0$) darf der Strom maximal $I_{max} = 1{,}6 \cdot I_N$ betragen. Der Fahrtwiderstand beträgt beim Anfahren $F_W(v = 0) = 6000$ N.

c) Welche Klemmenspannung $U(v = 0)$ ist einzustellen?

d) Ermitteln Sie den Fluss $k_1\Phi$ und das Anfahrmoment $M(I_{max})$.

e) Berechnen Sie das resultierende Trägheitsmoment J_{res} und die Anfahrbeschleunigung.

2.6   Aufbau der Gleichstrommaschine

Bild 2.13 zeigt den Aufbau einer modernen Gleichstrommaschine in Viereckbauweise.

Das Ständerjoch (1) ist aus Elektroblech minderer Qualität aufgebaut und bildet gleichzeitig den Mittelteil des Gehäuses. Das Blechpaket wird durch vier in den Ecken aufgeschweißte Zugleisten zusammengehalten.

Die Hauptpolwicklung (2) (Erregerwicklung) sitzt auf dem Polkern; der Übertritt der Feldlinien in den Luftspalt erfolgt über den Polschuh (beides geblecht). Die Hauptpole werden im Allgemeinen komplett gefertigt und dann am Ständergehäuse festgeschraubt.

In den Pollücken (in den Gehäuseecken) sind die so genannten Wendepole angeschraubt, die die Stromänderung in den Ankerleitern unterstützen. Axial in Richtung der Nichtantriebsseite (non drive end) sind Kommutator (3) und Bürstenhalter (4) mit Bürsten angeordnet. Jeder der $2p$ Bürstenhalter kann zur Erzielung einer günstigen Bürstenstromdichte (je nach Anwendungsfall 8...15 A/cm^2, harte...weiche Bürsten) eine oder mehrere einzelne Bürsten enthalten. Der Spannungsabfall an den Bürsten ist abhängig von der Wahl des Bürstenwerkstoffes:

$$\text{kupferhaltige Bürsten:} \qquad 2U_B \approx 0{,}6...1 \text{ V}$$
$$\text{grafitische Bürsten:} \qquad 2U_B \approx 2 \text{ V}$$

Der Bürstendruck beträgt etwa 2...2,5 N/cm^2; er wird über Federn aufgebracht.

Insbesondere größere Maschinen enthalten in den Polschuhen eine zusätzliche Wicklung, die Kompensationswicklung, die die Wirkung des Feldes der Ströme in der Ankerwicklung (11) (Ankerrückwirkung) aufheben soll (s. Abschnitt 2.10).

An beiden Seiten des Blechpakets sitzen Druckstücke (5, 6), wobei das kommutatorseitige Druckstück länger ist und eine Öffnung vom Innenraum zum Klemmenkasten enthält.

Außen an den Druckstücken sind die Lagerschilde (Grauguss, (7), (8)) befestigt, wobei dort auch Luftein- und Austritt (9) erfolgen kann und Hebeösen und Fußbefestigungen (10) enthalten sind.

Bei Bedarf (erhöhte Querkräfte, z. B. bei Riemenabtrieb) wird das Wälzlager auf der Antriebsseite verstärkt ausgeführt.

Der Läufer enthält axiale Kühllöcher (12), durch die ein Teil des Kühlluftstroms fließt und die Ankerverlustwärme abführt.

Die Maschinen sind in der Regel fremdbelüftet (bei Eigenbelüftung Probleme mit der Kühlung bei kleinen Drehzahlen), wobei der Fremdlüfter radial aufgebaut oder axial angebaut sein kann. Zusätzliche Varianten mit aufgebautem Luft-Luft- oder Luft-Wasser-Kühler können möglich sein.

Im Leistungsbereich zwischen 10 und 1000 kW beträgt die Ankerspannung maximal etwa 600 bis 810 V (typisch 420 V, 480 V). Übliche Erregerspannungen sind 110, 180, 220, 310 V. Nach EN 60034-1 [16] muss die Überlastbarkeit der Motoren mindestens 1,6 betragen; die tatsächliche Überlastbarkeit ist meistens größer (1,8 (unkompensierte Maschinen) bis etwa 2,2).

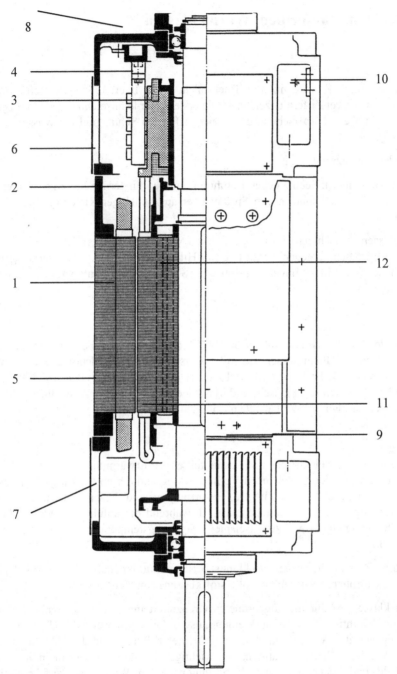

Bild 2.13
Längsschnitt eines vierpoligen Gleichstrommotors (mit freundlicher Genehmigung der Siemens AG)

2.7   Schutzarten, Bauformen, Wärmeklassen

Schutzarten

Die Schutzart der Maschine wird mit den Buchstaben IP (= International Protection) und einer Kombination aus zwei Ziffern bezeichnet. Die erste Ziffer kennzeichnet den Schutzgrad für Berührungs- und Fremdkörperschutz, die zweite Ziffer den Schutzgrad für Wasserschutz (EN 60034-5 [16]).

Häufig verwendete Schutzarten sind:

IP 23   (offene Maschinen): Schutz gegen Berührung mit den Fingern; Schutz gegen Fremdkörper $\varnothing$ 12 mm, Schutz gegen Sprühwasser aus beliebiger Richtung bis 60° zur Senkrechten.

IP 55   (geschlossene Maschinen, mit innengekühlten Maschinen nicht erreichbar): Vollständiger Schutz gegen Berührung mit Hilfsmitteln jeglicher Art, Schutz gegen schädliche Staubablagerungen im Inneren; Schutz gegen Strahlwasser aus allen Richtungen.

Bauformen

Die Bauformen der Maschinen sind in EN 60034-7 [16] definiert. Im Leistungsbereich der Industrieantriebe sind vor allem Maschinen mit Lagerschilden von Bedeutung, hierbei Maschinen für waagerechte Aufstellung (IM B3 bzw. B3 nach DIN: mit Füßen, IM B35 bzw. B3/B5 nach DIN: mit Füßen und Flansch) und Maschinen für senkrechte Aufstellung (IM V1 bzw. V1 nach DIN: mit Flansch, Wellenende nach unten).

Wärmeklassen

Die Verluste im Inneren der elektrischen Maschine führen zur Erwärmung, wobei der Gleichgewichtszustand zwischen der entstehenden Verlustleistung und der an die Umgebung abgegebenen Wärmemenge als stationärer Zustand (Beharrungszustand) bezeichnet wird. Die entstehenden Verluste sind abhängig vom Lastzustand, während die abführbare Wärme durch die äußeren Kühlbedingungen, wie zum Beispiel Umgebungstemperatur und Aufstellungshöhe, bestimmt ist.

Die im stationären Zustand erreichten Wicklungsübertemperaturen sind in EN 60034- 1 [16] in Wärmeklassen (in früheren Ausgaben: Isolierstoffklassen) eingeteilt.

Je nach Wärmeklasse sind für die zugeordneten Grenzübertemperaturen geeignete Isolierstoffe einzusetzen (Drahtisolation, Nutauskleidung, usw.). Die Grenzwerte der Übertemperatur sind abhängig von der Art der Maschine, der Art der Kühlung und dem Verfahren zur Ermittlung der Wicklungsübertemperaturen. Die wichtigsten Wärmeklassen für indirekt mit Luft gekühlte Feld- und Ankerwicklungen (Ermittlung nach dem Widerstandsverfahren) sind F ($\Delta\vartheta = 105$ K) und H ($\Delta\vartheta = 125$ K).

Bei einer maximalen Umgebungstemperatur von 40°C ergeben sich zulässige Wicklungstemperaturen von 145°C (F) bzw. 165°C (H). Bei geringeren Umgebungstemperaturen kann die Bemessungsleistung erhöht werden, bei größeren Umgebungstemperaturen (maximal bis etwa 80°C) ist sie zu reduzieren. In der Regel sind die Verlustquellen und damit auch die Erwärmungen im Inneren der Maschine ungleichmäßig verteilt (Heißpunkte, "hot spots"). Die maximalen Heißpunkttemperaturen dürfen um maximal 10 K (F) bzw. 15 K (H) über der mittleren Wicklungstemperatur liegen (Thermometerverfahren).

Die im Betrieb tatsächlich auftretende Wicklungstemperatur ist von entscheidendem Einfluss auf die Lebensdauer des Isolationssystems: eine Überschreitung von 10 K ergibt etwa eine Halbierung der Lebensdauer. Aus diesem Grund werden die Maschinen oft eine Wärmeklasse geringer ausgenutzt, als den eingesetzten Isolierstoffen entspricht (z. B. Wärmeklasse H, ausgenutzt nach F). Dabei muss selbstverständlich die Leistung reduziert werden.

Neben der Wicklungserwärmung ist auch die Erwärmung der Lager (Eigenerwärmung und Erwärmung durch Läuferverluste) von Bedeutung. Sie bestimmt die Schmierfristen und die Lagerlebensdauer. Bei Normallagern strebt man etwa 90°C an, maximal etwa 120°C, darüber spezielles Heißlagerfett erforderlich. Um die Lagertemperaturen klein zu halten, sind die Lagerschilde gut zu belüften.

2.8 Stromwendung

Während des Zeitraums, in dem eine Ankerspule durch die Bürsten kurzgeschlossen ist, wechselt der in dieser Spule fließende Strom das Vorzeichen. Die Kurzschlusszeit T_K beträgt

$$T_K = \frac{b}{\pi D_K n} \qquad \text{mit:} \quad b: \quad \text{Bürstenbreite,} \qquad (2.26)$$

$$D_K: \text{ Kommutatordurchmesser}$$

Die Stromänderung von $-I/2a$ auf $+I/2a$ verursacht eine induzierte Spannung (Mittelwert) von

$$U_i = L \cdot \frac{di}{dt} = L_S \cdot 2 \cdot \frac{I/2a}{T_K} = L_S \cdot \frac{\pi D_K}{a \cdot b} \cdot n \cdot I \qquad (2.27)$$

$$\text{mit} \qquad L_S: \text{ Induktivität einer Ankerspule}$$

Die induzierte Spannung ist proportional zum Ankerstrom und zur Drehzahl. Um die Stromwendung zu ermöglichen, muss während des Kurzschlusses durch die Bürsten in der Spule durch ein äußeres Feld eine gleich große Spannung induziert werden (Maschensatz), da Funken beim Abreißen des Stroms zu erhöhtem Bürstenverschleiß führen (Bürstenfeuer). Da diese Spannung proportional zum Ankerstrom sein soll, muss das Feld, das so genannte Wendefeld, proportional zum Ankerstrom sein.

Die felderzeugende Spule, die Wendepolwicklung, muss also vom Ankerstrom durchflossen werden und demnach zur Ankerwicklung in Reihe geschaltet sein. Die vom Wendefeld induzierte Spannung soll weiterhin proportional zur Drehzahl sein. Hieraus folgt, dass die Wendepole im Ständer angebracht sein müssen.

Der Spalt zwischen den Wendepolschuhen und der Ankeroberfläche, der so genannte Wende-
polluftspalt, ist bei größeren Gleichstrommaschinen in der Regel durch Unterlegbleche einstellbar, um erforderlichenfalls die Kommutierung verbessern zu können. Der magnetische
Kreis für den Wendepolfluss sollte weitgehend ungesättigt sein, damit der Wendepolfluss
proportional zum Ankerstrom ist. Die Wendepole magnetisieren quer zur Achse des Erregerfeldes.

Kleine Maschinen werden ohne Wendepolwicklung ausgeführt. Die Stromwendung kann
durch Verschiebung der Bürsten aus der neutralen Zone (Querachse, senkrecht zum Erregerfeld) verbessert werden.

2.9   Anschlussbezeichnungen und Schaltbilder

Darstellung, Schaltzeichen und Anschlussbezeichnungen der Wicklungen einer Gleichstrommaschine sind in VDE 0530 Teil 8 festgelegt. Tabelle 2.1 zeigt die Anschlussbezeichnungen
der einzelnen Wicklungen der Gleichstrommaschine.

Tabelle 2.1
Anschlussbezeichnungen der Gleichstrommaschine

Wicklung	Anschlussbezeichnung
Ankerwicklung	A1- A2
Erregerwicklung (Reihenschluss)	D1- D2
Erregerwicklung (Nebenschluss)	E1- E2
Erregerwicklung (Fremderregung)	F1- F2
Wendepolwicklung	B1- B2
Kompensationswicklung (Kap. 2.10)	C1- C2

Bei Reihenschlussmaschinen sind Erreger- und Ankerwicklung in Reihe geschaltet. Bei
Nebenschlussmaschinen liegt die Erregerwicklung parallel zur Ankerwicklung.

Wendepolwicklung und - falls vorhanden - Kompensationswicklung bzw. Kompoundwicklung (s. Kap. 2.10) werden vom Ankerstrom durchflossen und sind demnach in Reihe zur
Ankerwicklung geschaltet.

Bild 2.14 zeigt die Schaltbilder der Gleichstrommotoren.

Beim fremderregten Nebenschlussmotor (Bild 2.14a) wird die Erregerwicklung aus einer
externen Spannungsquelle gespeist, um Feld und Ankerspannung unabhängig voneinander
einstellen zu können.

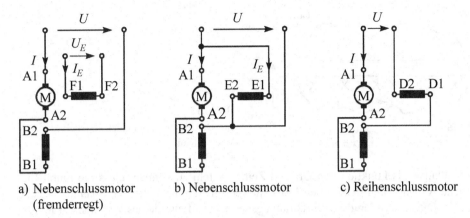

a) Nebenschlussmotor
   (fremderregt)

b) Nebenschlussmotor

c) Reihenschlussmotor

Bild 2.14
Schaltbilder der Gleichstrommaschinen (Rechtslauf)

Da praktisch alle Gleichstrommotoren als drehzahlveränderbare Antriebe eingesetzt werden, ist die Schaltung gemäß Bild 2.14a am wichtigsten. Hierbei sind zwei verstellbare Gleichspannungsquellen erforderlich.

Neben Reihenschlussmotor (Bild 2.14c) und Nebenschlussmotoren (Bilder 2.14a, b) werden auch Doppelschlussmotoren ausgeführt, bei denen das erregende Feld durch eine Erregerwicklung und eine Zusatzreihenschlusswicklung erregt wird (ohne Abbildung).

2.10 Das Luftspaltfeld der Gleichstrommaschine

Das Betriebsverhalten der Gleichstrommaschine wird durch das von den Wicklungen (Anker-, Erreger- oder Hauptpol- und Wendepolwicklung) erregte Feld geprägt.

Erreger- und Wendepolwicklung bestehen jeweils aus konzentrierten, auf Polkerne aufgewickelten Spulen, während die Spulen der Ankerwicklung räumlich am Ankerumfang verteilt sind. Bei konstanten Luftspalten unter den Haupt- und Wendepolen erregen die Haupt- und Wendepolwicklung ein im Bereich der Polschuhe konstantes Feld.

Anmerkung: Aus Gründen der Optimierung des Betriebsverhaltens (Zusatzverluste, Kommutierung) sind die Luftspalte in der Regel zum Rand der Polschuhe hin aufgeweitet.

Die Ermittlung des Feldes der Ankerwicklung erfolgt mit Hilfe des Ankerstrombelags, des Stroms pro Länge in Ankerumfangsrichtung. Da die Kenntnis des Zusammenhangs zwischen dem Strombelag und der Feldkurve auch zur Berechnung des Luftspaltfeldes der Asynchronmaschine erforderlich ist, soll zur Verallgemeinerung unterstellt werden, dass der Strombelag orts- **und** zeitabhängig sein kann. Zur Vereinfachung wird ein radialer Feldverlauf unterstellt.

Bild 2.15 zeigt einen Ausschnitt aus der Abwicklung des Maschinenumfangs.

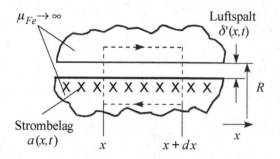

Bild 2.15

Zur Berechnung des Feldes verteilter Wicklungen

Um die Feldkurve als Funktion von Ort und Zeit ermitteln zu können, muss die räumliche und zeitliche Abhängigkeit der für den Luftspalt verfügbaren magnetischen Spannung $v(x,t)$ bekannt sein. Die Anwendung des Durchflutungsgesetzes auf ein kleines Wegelement $R \cdot dx$ ergibt

$$v(x+dx,t) - v(x,t) = a(x,t) \cdot R \cdot dx. \tag{2.28}$$

Die magnetischen Spannungen im Eisen längs des in Bild 2.15 eingezeichneten Weges sollen, wenn sie nicht vernachlässigbar sind, durch einen fiktiv vergrößerten Luftspalt berücksichtigt werden.

$$\delta'(x,t) = \frac{V_{Fe} + V_L}{V_L} \cdot \delta(x,t) \tag{2.29}$$

Die Gleichung (2.28) lautet in differentieller Form

$$\frac{\partial v(x,t)}{\partial x} = a(x,t) \cdot R,$$

woraus durch Integration folgt

$$v(x,t) = \int a(x,t) R \, dx + c(t). \tag{2.30}$$

Die Integrationskonstante $c(t)$ ist wegen der unbestimmten Integration erforderlich. Die Felderregerkurve nach Gl. (2.30) ist die Integralkurve des Strombelags. Die Feldkurve $b(x,t)$ kann aus der Felderregerkurve berechnet werden.

$$b(x,t) = \mu_0 \cdot \frac{v(x,t)}{\delta'(x,t)} \tag{2.31a}$$

Bei konstantem Luftspalt $\delta'(x,t) = \delta''$ (Nutung vernachlässigt oder über den so genannten Carterschen Faktor durch eine fiktive Vergrößerung des Luftspalts berücksichtigt) ist die Feldkurve ein Abbild der Felderregerkurve.

$$b(x,t) = \frac{\mu_0}{\delta''} \cdot v(x,t) \qquad \text{für } \delta'(x,t) = \text{konstant} = \delta'' \tag{2.31b}$$

Bild 2.16a zeigt die Abwicklung des Maschinenumfangs über eine doppelte Polteilung (Durchflutung der Wendepole nicht eingezeichnet).

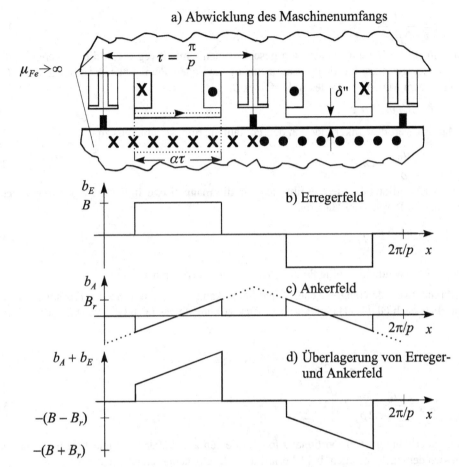

Bild 2.16

Abwicklung des Umfangs einer Gleichstrommaschine, Erregerfeld, Ankerfeld und resultierendes Luftspaltfeld

Das Feld der Erregerwicklung ist im Bereich der Hauptpolschuhe konstant (Bild 2.16b). Der Ankerstrombelag ist zwischen jeweils zwei benachbarten Bürsten abschnittsweise konstant, so dass das Ankerfeld im Bereich der Hauptpole linear zu- bzw. abnimmt (Bild 2.16c). Im Bereich der Pollücken ist der Luftspalt sehr groß und daher das Ankerfeld vernachlässigbar klein. Die Überlagerung von Ankerfeld und Erregerfeld ist in Bild 2.16d dargestellt. Deutlich erkennbar ist, dass die Wirkung der Ankerwicklung auf der einen Seite das Hauptpolfeld verstärkt (in Bild 2.16d: rechte Polseiten), auf der anderen Seite das Hauptpolfeld schwächt.

Mit den Gln. (2.30) und (2.31b) kann das Ankerfeld berechnet werden. Zwischen je zwei ungleichnamigen Bürsten führen alle Ankerleiter denselben Strom $I/2a$, bei jedem Bürstenübergang wechselt das Vorzeichen. Mit der Gesamtzahl der Ankerleiter am Umfang z ergibt sich für den Ankerstrombelag

$$A = \frac{z \cdot I / 2a}{2p\tau} \tag{2.32}$$

Für den in Bild 2.16a eingezeichneten geschlossenen Umlaufweg ergibt die Anwendung des Durchflutungsgesetzes für den Zusammenhang zwischen dem Ankerstrombelag nach Gl. (2.32) und dem Maximalwert des Ankerfeldes B_r

$$2\delta'' \cdot B_r / \mu_0 = \alpha \tau A.$$

Der Maximalwert des Ankerfeldes an den Polkanten ergibt sich hieraus zu

$$B_r = \frac{\mu_0}{2\delta''} \cdot \alpha \tau A \tag{2.33}$$

Aus dem Durchflutungsgesetz ergibt sich für die magnetische Induktion des Erregerwicklungsfeldes im Bereich der Hauptpole

$$B = \frac{\mu_0}{\delta''} \cdot \frac{N_E}{2p} \cdot I_E \tag{2.34}$$

mit der Erregerwindungszahl je Pol, $N_E/2p$, und dem Erregerstrom I_E.

Der Maximalwert der magnetischen Flussdichte kann durch Addition der Flussdichten des Hauptfeldes nach Gl. (2.34) und des Ankerrückwirkungsfeldes nach Gl. (2.33) berechnet werden.

$$B_{max} = B + B_r = \frac{\mu_0}{\delta''} \cdot \frac{N_E}{2p} \cdot I_E + \frac{\mu_0}{\delta''} \cdot \alpha \tau A / 2$$

$$B_{max} = \frac{\mu_0}{\delta''} \cdot \frac{N_E}{2p} \cdot I_E \left(1 + \frac{\alpha \tau A}{2N_E / 2p \cdot I_E}\right) \tag{2.35}$$

Die Feldüberhöhung ist proportional zum Quotienten aus Ankerstrom und Erregerstrom und macht sich demnach vor allem bei Überlast im Feldschwächbereich bemerkbar.

Infolge der (in Bild 2.16d nicht berücksichtigten) Sättigung des Eisens ist jedoch die Feldverstärkung kleiner als die Feldschwächung, so dass durch die Ankerrückwirkung der Fluss pro Pol kleiner wird; die Ankerrückwirkung wirkt stets feldschwächend. Diese Feldschwächung wird bei größeren Maschinen durch den Einbau einer weiteren Wicklung in den Polschuhen der Hauptpole, die ebenfalls vom Ankerstrom durchflossen wird, vermieden (Kompensationswicklung). Die Kompensationswicklung ist konstruktiv aufwendig und damit teuer. Daher werden kleine und mittlere Maschinen oft anstelle der Kompensationswicklung mit einer Hilfsreihenschlusswicklung (Kompoundwicklung) ausgeführt.

Die Hilfsreihenschlusswicklung wird zusätzlich zur Erregerwicklung auf die Hauptpole aufgebracht und wird vom Ankerstrom durchflossen. Somit verstärkt die Hilfsreihenschlusswicklung bei Belastung ($I > 0$) das Erregerfeld und gleicht die Feldschwächung durch Ankerrückwirkung aus.

Die Ankerrückwirkung wirkt sich vor allem dann störend auf das Betriebsverhalten aus, wenn das Feld der Hauptpole im Vergleich zum Ankerfeld klein ist. Dies ist im Allgemeinen nur im Feldschwächbetrieb der Fall.

2.11 Segmentspannung

Die Segmentspannung ist die Spannung zwischen zwei benachbarten Kommutatorstegen. Sie kann z.B. mit Hilfe von Tastspitzen gemessen werden. Wegen der Gefahr des Rundfeuers am Kommutator muss die Segmentspannung auf etwa 25V (große Maschinen) bis 50V (kleine Maschinen) begrenzt werden. Da nicht alle Ankerleiter gleichzeitig im Feld der Hauptpole liegen (Polbedeckung $\alpha \approx 2/3$), teilt sich die in den zwischen zwei ungleichnamigen Bürsten liegenden Ankerspulen induzierte Spannung nicht gleichmäßig auf die $k/2p$ zwischen diesen Bürsten liegenden Kommutatorstege auf. Der Mittelwert der Segmentspannung beträgt

$$U_{sm} = \frac{U_i}{\alpha \cdot k/2p} + \frac{IR_A}{k/2p} \qquad (2.36)$$

Bei leer laufender Maschine ist $I = 0$, $U_i = U_N$ und daher

$$U_{s0} = \frac{U_i}{\alpha \cdot k/2p} \qquad (2.37)$$

Auch bei Last wird die mittlere Segmentspannung in guter Näherung durch Gl. (2.37) beschrieben. In Abschnitt 2.10 wurde das Luftspaltfeld der Gleichstrommaschine qualitativ beschrieben. Es ist wegen der Ankerrückwirkung bei unkompensierten Maschinen unter den Hauptpolschuhen nicht konstant.

Da die in einem Ankerleiter induzierte Spannung proportional zur magnetischen Induktion ist, ist die Segmentspannungskurve ein Abbild der Feldkurve. Der Maximalwert der Stegspannung beträgt somit

$$U_{smax} = U_{sm} \cdot \frac{B_{max}}{B} = U_{sm} \cdot \left(1 + \frac{\alpha \tau A}{2N_E/2p \cdot I_E}\right) \qquad (2.38)$$

Das Verhältnis U_{smax}/U_{sm} beträgt bei unkompensierten Maschinen mit vollem Fluss etwa 1,5. Im Feldschwächbereich gilt bei Vernachlässigung der Sättigung

$$I_E(n) = I_{EN} \cdot n_N/n.$$

Die Drehzahl n_{Gr}, bei der im Feldschwächbetrieb mit Ankernennstrom die zulässige Stegspannung U_{szul} erreicht wird, kann aus

$$U_{smax} = U_{szul} = U_{sm} \cdot \left(1 + \frac{\alpha \tau A}{2N_E/2p \cdot I_E \cdot n_N} \cdot n_{gr}\right)$$

berechnet werden.

$$\frac{n_{gr}}{n_N} = \left(\frac{U_{szul}}{U_{sm}} - 1\right) \cdot \frac{2N_E/2p \cdot I_E}{\alpha \tau A_N}$$

Bei Drehzahlen $n > n_{Gr}$ muss der Ankerstrom reduziert werden, damit die zulässige Stegspannung nicht überschritten wird.

$$I \cdot n = \text{konst.} \quad \Rightarrow \quad I = I_N \cdot n_{Gr}/n \qquad \text{für } n > n_{Gr}$$

Die zulässige Stegspannung begrenzt im Feldschwächbereich den Ankerstrom und damit das Drehmoment. Somit können im Drehzahlstellbereich der Gleichstromnebenschlussmaschine drei stationär zulässige Betriebsbereiche unterschieden werden (siehe auch Tabelle 9.1):

1. Betrieb mit konstantem Fluss bis $n = n_N$ mit $I = I_N$, $M = M_N$
   (Begrenzung durch die Erwärmung der Ankerwicklung)

2. Betrieb im Feldschwächbereich bis $n = n_{Gr}$ mit $I = I_N$, $P = P_N$
   (Begrenzung durch die Erwärmung der Ankerwicklung)

3. Betrieb im Feldschwächbereich mit $n > n_{Gr}$ mit $I < I_N$, $P < P_N$
   (Begrenzung durch die zulässige Stegspannung)

Bild 2.17 zeigt die stationären Grenzkennlinien als Funktion der Drehzahl.

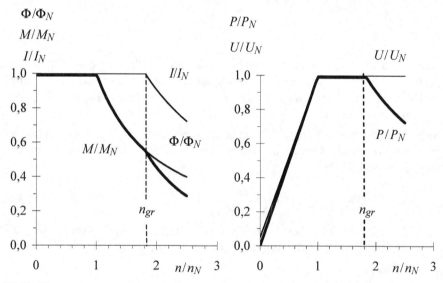

Bild 2.17
Stationäre Grenzkennlinien der Gleichstrommaschine

Beispiel 2.3

Von einem fremderregten Gleichstromnebenschlussmotor sind folgende Daten gegeben:

$$P_N = 10{,}5 \text{ kW} \quad U_N = 220 \text{ V} \quad I_N = 50 \text{ A}$$

mechanisch zulässige Maximaldrehzahl	n_{max}	= 6000 1/min
Erregernennstrom	I_{EN}	= 1 A
Erregerwindungszahl pro Pol	$N_E/2p$	= 1200
Zahl der Kommutatorstege	k	= 72
Windungszahl je Ankerspule	N_s	= 3
Schleifenwicklung, Polzahl	$2p$	= 4
magnetisch wirksamer Luftspalt	δ''	= 2 mm

maximal zulässige Stegspannung	U_{szul}	$= 30$ V
Polteilung	τ	$= 0,12$ m
Polbedeckung	α	$= 0,68$
Blechpaketlänge	l	$= 0,15$ m

Sättigung und alle Verluste außer den Stromwärmeverlusten im Ankerkreis dürfen vernachlässigt werden. Die Kühlung soll als drehzahlunabhängig angenommen werden.

a) Berechnen Sie den Ankerkreiswiderstand R_A.

b) Berechnen Sie für Nennbetrieb
   - die mittlere Induktion unter den Hauptpolen B,
   - den Fluss pro Pol Φ_N,
   - den Ankerstrombelag A_N,
   - die maximale Induktion unter den Hauptpolen B_{max},
   - den Mittelwert der Stegspannung U_{sm},
   - die maximale Stegspannung U_{smax}.

c) Bei welcher Drehzahl n_{Gr} erreicht bei Nennstrom die maximale Stegspannung den zulässigen Grenzwert U_{szul}?

d) In welcher Weise muss für $n > n_{Gr}$ der Ankerstrom reduziert werden, damit die maximale Stegspannung den zulässigen Grenzwert nicht überschreitet?

e) Welche Leistung ist mit Rücksicht auf die maximale Stegspannung bei $n_{max} = 6000$ 1/min möglich?

2.12 Stromrichterspeisung von Gleichstrommaschinen

Zur Verstellung der Ankerspannung werden insbesondere bei Maschinen größerer Leistung gesteuerte Drehstrombrückengleichrichter (B6C) eingesetzt. Bild 2.18 zeigt das Prinzipschaltbild der stromrichtergespeisten Gleichstrommaschine mit zusätzlicher Glättungsdrossel L_D im Ankerkreis. An dieser Stelle sollen keine Einzelheiten der Stromrichterschaltungen untersucht werden, es sollen vielmehr unter idealisierenden Annahmen Grundlagen für die Besonderheiten der Umrichterspeisung von Gleichstrommaschinen abgeleitet werden.

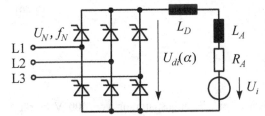

Bild 2.18
Prinzipschaltbild der stromrichtergespeisten
Gleichstrommaschine

Zunächst wird die Ausgangsspannung des Gleichrichters analysiert, wobei unterstellt werden soll, dass der Umrichter mit einer Gegenspannung, der induzierten Spannung U_i, und einer Induktivität (Glättungsdrossel L_D und Ankerkreisinduktivität L_A) als Last arbeitet.

In Bild 2.19 sind für einen gesteuerten B6- Gleichrichter für einen Steuerwinkel von $\alpha = 40^\circ$ der Zeitverlauf der Umrichterausgangsspannung sowie der arithmetische Mittelwert dargestellt. Zusätzlich sind die Zeitverläufe der drei gleichgerichteten Phasenspannungen eingetragen.

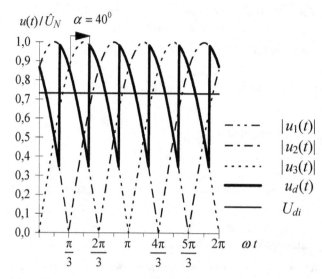

Bild 2.19

Ausgangsspannung eines gesteuerten B6- Gleichrichters

Die Gleichspannung am Ausgang weist neben dem arithmetischen Mittelwert Wechselanteile der Frequenzen

$$f_\nu = \nu \cdot f_1 \text{ mit } \nu = 6 \cdot g, \ g = 1, 2, 3,...$$

auf. Die Fourieranalyse der Ausgangsspannung ergibt bei Vollaussteuerung ($\alpha = 0$) den arithmetischen Mittelwert

$$U_{di0} = U_{di}(\alpha = 0) \cdot = \frac{3}{\pi} \cdot \sqrt{2} \cdot U_N \tag{2.39}$$

In Abhängigkeit vom Steuerwinkel α ($0 \le \alpha \le 150^\circ$, $\alpha = 150^\circ$: Stabilitätsgrenze des Stromrichters [8]) ergibt sich

$$U_{di}(\alpha) = U_{di0} \cdot \cos \alpha = \frac{3}{\pi} \cdot \sqrt{2} \cdot U_N \cdot \cos \alpha \tag{2.40}$$

für den Mittelwert und

$$U_\nu = U_{di0} \cdot \sqrt{2} \cdot \frac{\sqrt{\nu^2 - (\nu^2 - 1)\cos^2 \alpha}}{\nu^2 - 1}$$

für die Oberschwingungen (Effektivwerte). Bei einer Eingangsspannung von 400 V beträgt die Spannung des ungesteuerten Gleichrichters

$$U_{di0} = 3/\pi \cdot \sqrt{2} \ 400 \text{ V} = 540 \text{ V}.$$

Für den Steuerwinkel $\alpha = 40^\circ$ ergibt sich für den Mittelwert der Ausgangsspannung

$$U_{di}(\alpha = 40^\circ) = 540 \text{ V} \cdot \cos 40^\circ = 414 \text{ V},$$

Die größte Oberschwingung ergibt sich für $v = 6$ zu

$$U_{v=6} = 540\,\text{V} \cdot \sqrt{2} \cdot \frac{\sqrt{6^2 - (6^2 - 1) \cdot \cos^2 40^0}}{6^2 - 1} = 85{,}8\,\text{V}$$

Aus Gl. (2.40) leiten sich für Maschinen für 1- Quadranten- Betrieb (1Q) ($\alpha \leq 90°$) und für Maschinen für 4- Quadranten- Betrieb (4Q) ($\alpha \leq 150°$) unterschiedliche Bemessungsspannungen ab. Wegen

$$\frac{U_{di}(\alpha = 150^0)}{U_{di0}} = \cos(150^0) = -0{,}866$$

werden als Bemessungsspannungen üblicherweise 480 V (1Q) bzw. 420 V (4Q) gewählt (Netzanschlussspannung 400 V).

Aufgrund der Spannungsoberschwingungen bilden sich Stromoberschwingungen aus. Bei kompensierten Maschinen wird das Ankerrückwirkungsfeld durch die Kompensationswicklung weitestgehend aufgehoben. Die Ankerinduktivität wird daher nur aus den Streufeldern von Anker- Wendepol- und Kompensationswicklung berechnet und ist daher im Vergleich zu nicht kompensierten Maschinen klein. Die Stromoberschwingungen sind praktisch nur durch die Ankerinduktivität begrenzt, wobei bei der Ermittlung der Ankerwicklungsinduktivität ebenso wie bei der Verlustberechnung die Stromverdrängung zu berücksichtigen ist. Für eine unkompensierte Maschine der Baugröße 225 mit den Daten

$$I_N = 294\,\text{A} \qquad U_N = 460\,\text{V} \qquad P_N = 127\,\text{kW}$$

und den für 300 Hz gültigen Impedanzen

$$R_A = 0{,}069\,\Omega \qquad L_A = 1{,}81\,\text{mH} \quad (\text{Ankerkreis},\ L_D = 0)$$

ergibt sich für den Oberschwingungsstrom sechsfacher Netzfrequenz

$$I_{v=6} = \frac{U_{v=6}}{\left| R_A + j \cdot 6 \cdot 2\pi f_1 L_A \right|}$$

$$= \frac{85{,}8\,\text{V}}{\left| 0{,}069\,\Omega + j \cdot 6 \cdot 2\pi 50\,\text{s}^{-1} \cdot 1{,}81\,\text{mH} \right|} = 25{,}1\,\text{A} = 0{,}086 \cdot I_N$$

In Bild 2.20 ist der mit konstanten Impedanzen berechnete Zeitverlauf des Ankerstroms dargestellt. Der Oberschwingungsgehalt des Ankerstroms wird dominant durch die erste Harmonische bestimmt.

Die Stromoberschwingungen verursachen zusätzliche Verluste im Ankerkreis (eventuell Drehmomentreduktion oder Glättungsdrossel erforderlich!), Pendelmomente (dadurch Schwingungsanregungen möglich) und beeinträchtigen die Stromwendung (verstärktes Bürstenfeuer).

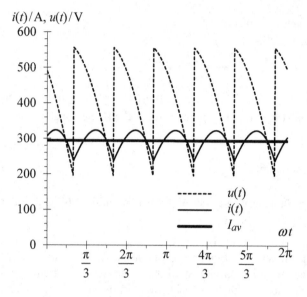

Bild 2.20
Ausgangsspannung, Motorstrom und
Mittelwert des Stroms
(B6- Gleichrichter, $\alpha = 40°$)

2.13 Dynamisches Verhalten der Gleichstrommaschine

Als Beispiel für das dynamische Verhalten von Gleichstrommaschinen soll der Schwungmas-
senanlauf eines fremderregten Gleichstrommotors ($M_L = 0$) untersucht werden. Bei konstantem Fluss lautet die Ankerspannungsgleichung (L_A: Ankerkreisinduktivität, $L_D = 0$, vergl.
Bild 2.18)

$$U = k_1\Phi\, n + R_A\, i + L_A \cdot di/dt. \tag{2.41}$$

Mit der Bewegungsgleichung

$$\Sigma M = M_M - M_L = k_2\Phi\, i - M_L = J \cdot 2\pi \cdot dn/dt \tag{2.42}$$

folgt für $M_L = 0$

$$n = \frac{k_2\Phi}{2\pi J} \cdot \int i\, dt\,.$$

Nach Einsetzen in die Spannungsgleichung (2.41) ergibt sich

$$U = k_1\Phi \cdot \frac{k_2\Phi}{2\pi J} \int i\, dt + R_A \cdot i + L_A \cdot \frac{di}{dt}\,. \tag{2.43}$$

Der Koeffizient

$$C_{dyn} = \left(\frac{2\pi}{k_1\Phi}\right)^2 \cdot J \tag{2.44}$$

wird in Analogie zu den elektrischen Schwingkreisen als dynamische Kapazität bezeichnet.
Da das System zwei Energiespeicher enthält, existieren zwei Zeitkonstanten:

$$T_M = R_A \cdot C_{dyn} \qquad \text{mechanische Zeitkonstante} \tag{2.45}$$

$$T_A = L_A / R_A \qquad \text{elektrische Zeitkonstante} \tag{2.46}$$

Die Differentiation und Normierung der Ankerspannungsdgl. (2.43) ergibt

$$\frac{d^2i}{dt^2} + \frac{R_A}{L_A} \cdot \frac{di}{dt} + \frac{1}{L_A C_{dyn}} \cdot i = 0 \tag{2.47}$$

woraus sich die charakteristische Gleichung

$$r^2 + \frac{R_A}{L_A} \cdot r + \frac{1}{L_A C_{dyn}} = 0$$

ergibt. Mit den Lösungen

$$r_{1,2} = \frac{-R_A}{2L_A} \pm \sqrt{\left(\frac{R_A}{2L_A}\right)^2 - \frac{1}{L_A C_{dyn}}} = -\delta \pm \sqrt{\delta^2 - \omega_0^2} \tag{2.48}$$

$$= \frac{-1}{2T_A} \pm \sqrt{\left(\frac{1}{2T_A}\right)^2 - \frac{1}{T_A T_M}}$$

ergibt sich in Abhängigkeit der Dämpfung des Systems als Lösung entweder eine gedämpfte Schwingung (schwache Dämpfung, $T_M < 4\,T_A$) mit der Abklingzeitkonstanten $1/\delta = 2T_A$ und der gedämpften Eigenfrequenz

$$\omega = \sqrt{\frac{1}{L_A C_{dyn}} - \delta^2} = \sqrt{\omega_0^2 - \delta^2}$$

oder der so genannte Kriechfall (starke Dämpfung, $T_M > 4\,T_A$).

Bei schwacher Dämpfung lautet die Lösung für den Strom

$$i(t) = \frac{U}{\omega L_A} \cdot e^{-\delta t} \cdot \sin \omega t \tag{2.49a}$$

und für die Drehzahl

$$n(t) = \frac{U}{k_1 \Phi} \cdot \left[1 - (\cos \omega t + \frac{\delta}{\omega} \cdot \sin \omega t) \cdot e^{-\delta t} \right]. \tag{2.50a}$$

Für $T_M > 4\,T_A$ bzw. $\delta > \omega_0$ (starke Dämpfung) ergeben sich mit den Lösungen der charakteristischen Gleichung r_1 und r_2 nach Gl. (2.48) die Zeitfunktionen

$$i(t) = \frac{U}{R_A} \cdot \frac{1}{\sqrt{1 - (\omega_0/\delta)^2}} \cdot \left(e^{r_1 t} - e^{r_2 t} \right) \tag{2.49b}$$

$$n(t) = \frac{U}{k_1 \Phi} \cdot \left[1 + \frac{1}{2\delta \sqrt{1 - (\omega_0/\delta)^2}} \cdot \left(r_2 \cdot e^{r_1 t} - r_1 \cdot e^{r_2 t} \right) \right] \tag{2.50b}$$

In Bild 2.21 sind für eine Gleichstrommaschine der Baugröße 225 mit den Daten

$U_N = 460$ V, $\qquad I_N = 294$ A, $\qquad P_N = 127$ kW, $\qquad n_N = 1530$ 1/min,

$R_A = 0{,}069\ \Omega$, $\qquad L_A = 3{,}02$ mH,

für zwei verschiedene Trägheitsmomente Ankerstrom und Drehzahl beim direkten Einschalten an $U = 0{,}15 \cdot U_N$ als Funktion der Zeit dargestellt. Aus den Maschinendaten ergibt sich

$$k_1\Phi = 17{,}2 \text{ Vs}, \qquad\qquad T_A = 44 \text{ ms}.$$

Für die kleine Schwungmasse ($J = 4$ kgm^2) betragen die den Einschwingvorgang kennzeichnenden Parameter

$$T_M = 37 \text{ ms } (T_M < 4\, T_A, \text{ Schwingfall}) \qquad\qquad C_{dyn} = 0{,}53 \text{ F}$$

$$\omega_0 = \sqrt{1/(L_A C_{dyn})} = 25 \text{ s}^{-1} \qquad\qquad\qquad \omega = 22{,}2 \text{ s}^{-1},$$

während sich bei der größeren Schwungmasse ($J = 24$ kgm^2)

$$T_M = 220 \text{ ms } (T_M > 4\, T_A, \text{ Kriechfall}) \qquad\qquad C_{dyn} = 3{,}19 \text{ F}$$

$$\omega_0 = 10{,}2 \text{ s}^{-1} \qquad r_1 = -6{,}3 \text{ s}^{-1} \qquad\qquad r_2 = -16{,}6 \text{ s}^{-1}$$

ergibt.

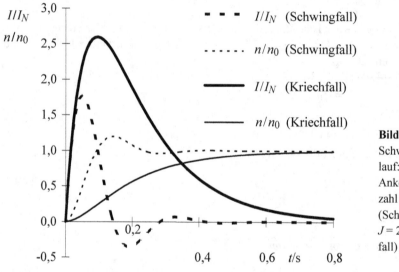

I/I_N (Schwingfall)

n/n_0 (Schwingfall)

I/I_N (Kriechfall)

n/n_0 (Kriechfall)

Bild 2.21
Schwungmassenhochlauf:
Ankerstrom und Drehzahl für $J = 4$ kgm^2 (Schwingfall),
$J = 24$ kgm^2 (Kriechfall)

Deutlich erkennbar sind für den Schwingfall die Einschwingvorgänge für Strom und Drehzahl. Ein zusätzliches Trägheitsmoment wirkt ebenso dämpfend wie eine Vergrößerung des Ankerkreiswiderstands.

Strukturbild

Die Ankerspannungsgleichung (2.41) und die Bewegungsgleichung (2.42) können in einem Blockschaltbild (Bild 2.22) dargestellt werden (Φ = konst.). Die Rückführung stellt dabei den Zusammenhang zwischen Drehzahl n und induzierter Spannung U_i dar.

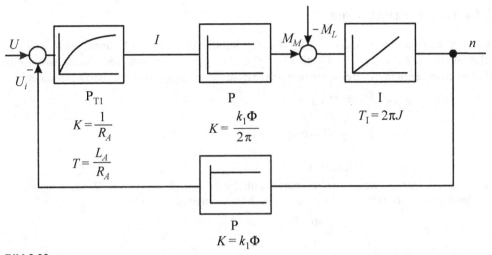

Bild 2.22
Strukturbild der Gleichstrommaschine

Die Verlegung der Einleitungsstelle für die Störgröße (M_L) und die Zusammenfassung der drei oberen Blöcke (P_{T1}-, P- und I- Glied) sowie der Rückführung (P- Glied) führt auf das vereinfachte Strukturbild (Bild 2.23).

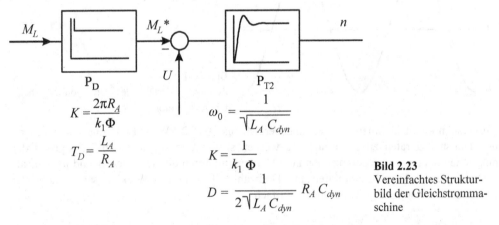

Bild 2.23
Vereinfachtes Struktur-
bild der Gleichstromma-
schine

Das Führungsverhalten wird durch das P_{T2}- Glied beschrieben, das Störungsverhalten durch die Reihenschaltung von P_D- und P_{T2}-Glied. Mit Hilfe der Übertragungsfunktion kann das dynamische Verhalten der Gleichstrommaschine im geschlossenen Regelkreis, bestehend aus Stromrichter mit Ankerstromregler und Gleichstrommaschine, simuliert werden.

Die Reaktion der leer laufenden Maschine auf einen Laststoß (Drehmoment M_L) wird im Zeitbereich für kleine Dämpfung ($T_M < 4\, T_A$, Schwingfall) beschrieben durch

$$n(t) = \frac{U}{k_1\Phi} - \left[\frac{2\pi R_A}{(k_1\Phi)^2} \cdot (1 - \cos\omega t + \frac{\delta}{\omega} \cdot \sin\omega t) \cdot e^{-\delta t} + \frac{1}{2\pi J\omega} \cdot \sin\omega t \cdot e^{-\delta t}\right] \cdot M_L \quad (2.51)$$

2.14 Universalmotoren

Aus der quadratischen Abhängigkeit des Drehmoments vom Ankerstrom beim Reihen-schlussmotor ($M = k_2\,k_3 \cdot I^2$, Gl. (2.23)) folgt, dass der Motor auch bei Wechselstrom ein Drehmoment entwickelt. Bei sinusförmigem Strom $i(t) = \hat{I}\sin(\omega t)$ lautet das Drehmoment

$$m(t) = k_2 k_3 \cdot \hat{I}^2 \cdot \sin^2 \omega t \qquad\qquad (2.52)$$

$$= k_2 k_3 \cdot \hat{I}^2 \cdot \frac{1}{2} \cdot (1 - \cos(2\omega t))$$

$$= M \cdot (1 - \cos(2\omega t))$$

Das Drehmoment des Reihenschlussmotors pulsiert bei Anschluss an eine Wechselspannung mit der doppelten Netzfrequenz um den zeitlich konstanten Mittelwert

$$M = k_2 k_3 I^2 \quad \text{mit} \quad k_3 = \frac{\Phi_N}{I_N}\,.$$

Daher werden kleinere Reihenschlussmotoren auch als Universalmotoren bezeichnet.

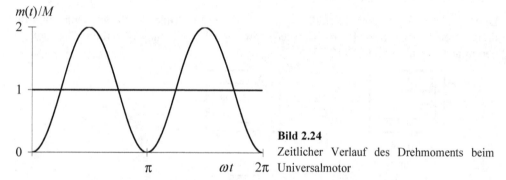

Bild 2.24
Zeitlicher Verlauf des Drehmoments beim Universalmotor

Universalmotoren kommen im Leistungsbereich bis etwa 2 kW in Elektrohandwerkzeugen und Haushaltsgeräten zum Einsatz. Sie werden stets zweipolig ausgeführt. Aufgrund der möglichen hohen Betriebsdrehzahlen sind Universalmotoren deutlich kleiner und leichter als leistungsgleiche Asynchronmotoren. Die Drehzahlstellung mittels Wicklungsanzapfung oder Phasenanschnittsteuerung ist besonders einfach.

3 Transformatoren

Am Anfang des Übertragungswegs elektrischer Energie stehen die Maschinentransformatoren (bis S_N = 1500 MVA), die die Generatorspannung auf die Übertragungsspannung umspannen. In Netzknoten werden so genannte Netzkupplungstransformatoren eingesetzt, die oft als Spartransformatoren ausgeführt werden. Die Verteilungstransformatoren dienen der Endversorgung der Verbraucher aus dem Mittelspannungsnetz (Leistungen ab 50 kVA bis 2500 kVA, Oberspannung von 3,6 bis 24 kV, Unterspannung überwiegend 400 V, maximal 1,1 kV, DIN EN 50464-1; VDE 0532-221:2007-12). Kleintransformatoren zur Versorgung von Steuer- und Regeleinrichtungen werden hauptsächlich einphasig gebaut (Leistungen einige VA bis einige kVA, Oberspannung überwiegend 230/400 V).

3.1 Spannungsgleichungen des Einphasentransformators

Basis der analytischen Theorie zur Beschreibung des Betriebsverhaltens technischer Transformatoren sind die Spannungsgleichungen zweier galvanisch getrennter, magnetisch gekoppelter Stromkreise (Bild 3.1).

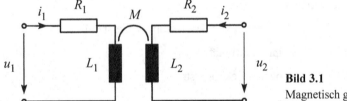

Bild 3.1
Magnetisch gekoppelte Stromkreise

Die Wicklungswiderstände werden mit R_1 und R_2 bezeichnet, die Induktivitäten mit L_1 und L_2 und die Gegeninduktivität mit M.

Die Spannungsgleichungen der beiden Stromkreise lauten

$$u_1 = R_1\, i_1 + L_1\, di_1/dt + M\, di_2/dt \tag{3.1}$$

$$u_2 = R_2\, i_2 + L_2\, di_2/d + M\, di_1/dt \tag{3.2}$$

Zunächst soll der stationäre Betrieb an sinusförmiger Wechselspannung betrachtet werden; Ausgleichsvorgänge, z. B. nach Schalthandlungen, sollen abgeklungen sein.

Zeitlich sinusförmige Größen im eingeschwungenen Zustand können durch ihre Zeitzeiger, die zur Kennzeichnung unterstrichen werden, dargestellt werden. Anstatt der Zeitfunktion

$$u(t) = \sqrt{2}\ U \cos(\omega t + \varphi)$$

wird der Zeiger

$$\underline{U}$$

verwendet. Zwischen Zeitfunktion und Zeitzeiger besteht der Zusammenhang

$$u(t) = \mathrm{Re}\left(\sqrt{2} \cdot U \cdot e^{j\varphi} \cdot e^{j\omega t}\right).$$

Aus der Differentiation nach der Zeit wird gemäß

$$du / dt = -\omega \cdot \sqrt{2} \cdot U \cdot \sin(\omega t + \varphi)$$

$$= \mathrm{Re}\left(j\omega \cdot \sqrt{2} \cdot U \cdot e^{j\varphi} \cdot e^{j\omega t}\right) = \mathrm{Re}\left(\omega \cdot \sqrt{2} \cdot U \cdot e^{j\varphi} \cdot e^{j\omega t} \cdot e^{j\pi/2}\right)$$

$$= \omega \cdot \sqrt{2} \cdot U \cdot \cos(\omega t + \varphi + \pi/2) = -\omega \cdot \sqrt{2} \cdot U \cdot \sin(\omega t + \varphi)$$

eine Multiplikation mit $j\omega$, d. h. eine Vergrößerung des Zeigers um den Faktor ω, und eine Drehung des Zeigers um $\pi/2$ in mathematisch positivem Sinn (= entgegen dem Uhrzeigersinn). Somit lauten die Spannungsgleichungen (3.1, 3.2) für sinusförmige Größen im eingeschwungenen Zustand

$$\underline{U}_1 = R_1 \cdot \underline{I}_1 + j\omega L_1 \cdot \underline{I}_1 + j\omega M \cdot \underline{I}_2 \tag{3.3}$$

$$\underline{U}_2 = R_2 \cdot \underline{I}_2 + j\omega L_2 \cdot \underline{I}_2 + j\omega M \cdot \underline{I}_1 \tag{3.4}$$

Durch Einführung eines frei wählbaren reellen Faktors $\ddot{u}$ können die Gleichungen (3.3, 3.4) in der Form

$$\underline{U}_1 = R_1 \underline{I}_1 + j\omega (L_1 - \ddot{u}M) \underline{I}_1 + j\omega \ddot{u}M(\underline{I}_1 + \underline{I}_2 / \ddot{u})$$

$$\ddot{u}\underline{U}_2 = \ddot{u}^2 R_2 \underline{I}_2 / \ddot{u} + j\omega (\ddot{u}^2 L_2 - \ddot{u}M) \underline{I}_2 / \ddot{u} + j\omega \ddot{u}M(\underline{I}_1 + \underline{I}_2 / \ddot{u})$$

dargestellt werden. Mit den Definitionen

$\ddot{u}^2 R_2 = R_2'$ bezogener Sekundärwicklungswiderstand

$\ddot{u} M = L_{1h}$ Hauptinduktivität

$\underline{I}_2 / \ddot{u} = \underline{I}_2'$ bezogener Sekundärstrom

$L_1 - \ddot{u}M = L_1 - L_{1h} = L_{1\sigma}$ primäre Streuinduktivität

$\ddot{u}^2 L_2 - \ddot{u}M = L_2' - L_{1h} = L_{2\sigma}'$ bezogene sekundäre Streuinduktivität

$\ddot{u}\,\underline{U}_2 = \underline{U}_2'$ bezogene Sekundärspannung

$$\underline{I}_1 + \underline{I}_2 / \ddot{u} = \underline{I}_1 + \underline{I}_2' = \underline{I}_\mu \qquad \text{Magnetisierungsstrom} \tag{3.5}$$

lauten die Spannungsgleichungen des Einphasentransformators endgültig

$$\underline{U}_1 = (R_1 + j\omega L_{1\sigma}) \cdot \underline{I}_1 + j\omega L_{1h} \cdot \underline{I}_\mu \tag{3.6}$$

$$\underline{U}_2' = (R_2' + j\omega L_{2\sigma}') \cdot \underline{I}_2' + j\omega L_{1h} \cdot \underline{I}_\mu \tag{3.7}$$

Die Zuordnung der Streuinduktivitäten zu Primär- ($L_{1\sigma}$) und Sekundärseite ($L_{2\sigma}'$) ist von der Wahl des Übersetzungsverhältnisses $\ddot{u}$ abhängig und damit willkürlich.

Bei technischen Transformatoren wählt man üblicherweise $\ddot{u} = N_1 / N_2$, so dass sich wegen der quadratischen Abhängigkeit der Induktivitäten von der Windungszahl

$$L_1 = \ddot{u}^2 \cdot L_2$$

sowie

$$L_{1\sigma} = L'_{2\sigma}$$

ergibt.

Den Spannungsgleichungen (3.6, 3.7) entspricht das in Bild 3.2 gezeigte Ersatzschaltbild.

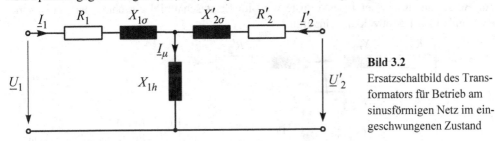

Bild 3.2

Ersatzschaltbild des Transformators für Betrieb am sinusförmigen Netz im eingeschwungenen Zustand

3.2 Leerlauf des Einphasentransformators

Die Nennspannungen eines Transformators sind nach VDE 0532 die primärseitig der Auslegung zugrunde liegende Spannung und sekundärseitig die zugehörige Leerlaufspannung.

Für $\underline{I}'_2 = 0$ lauten mit $\underline{I}_1 = \underline{I}_\mu$ die Spannungsgleichungen (3.6, 3.7)

$$\underline{U}_1 = (R_1 + j\omega L_{1\sigma}) \cdot \underline{I}_1 + j\omega L_{1h} \cdot \underline{I}_\mu = (R_1 + jX_1) \cdot \underline{I}_\mu,$$

$$\underline{U}'_{20} = j\omega L_{1h} \cdot \underline{I}_\mu = jX_{1h} \cdot \underline{I}_\mu,$$

woraus sich für das Verhältnis zwischen der bezogenen Sekundärspannung und der Primärspannung

$$\frac{\underline{U}'_{20}}{\underline{U}_1} = \frac{jX_{1h}}{R_1 + j(X_{1h} + X_{1\sigma})}$$

ergibt. Bei technischen Transformatoren ist im allgemeinen $R_1, X_{1\sigma} \ll X_{1h}$, so dass in guter Näherung

$$\underline{U}'_{20} = \underline{U}_1$$

gilt. Die Sekundärspannung beträgt

$$U_{20} = \frac{U'_{20}}{\ddot{u}} = \frac{U_1}{\ddot{u}} = U_1 \cdot \frac{N_2}{N_1}. \tag{3.8}$$

Die sekundärseitige Leerlaufspannung ergibt sich bei Vernachlässigung der Spannungsabfälle an Primärwicklungswiderstand R_1 und primärer Streureaktanz $X_{1\sigma}$ durch Multiplikation der Primärspannung $\underline{U}_1$ mit dem Kehrwert des Übersetzungsverhältnisses.

Der Leerlaufstrom beträgt schon bei kleineren Transformatoren nur wenige Prozent, bei größeren Transformatoren weniger als 1% des Nennstromes (DIN EN 50464-1, DIN 42508: $S_N = 100$ kVA: $I_0/I_N = 2,5\%$, $S_N = 10$ MVA: $I_0/I_N = 0,8\%$).

Neben den Stromwärmeverlusten in der Primärwicklung entstehen beim leer laufenden Transformator Eisenverluste (Ummagnetisierungs- oder Hystereseverluste und Wirbelstromverluste, s. Abschnitt 4.10). Die Eisenverluste sind näherungsweise zum Quadrat der magnetischen Induktion proportional. Nach dem Induktionsgesetz

$$U_i(t) = d\Phi/dt = d/dt(\Phi \sin(\omega t)) = \omega \cdot \Phi \cos(\omega t)$$

ist bei konstanter Frequenz die magnetische Induktion proportional zur induzierten Spannung. Zur Berücksichtigung der Eisenverluste wird im Ersatzschaltbild ein ohmscher Widerstand R_{Fe} parallel zur Hauptreaktanz eingeführt.

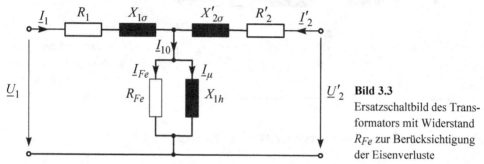

Bild 3.3

Ersatzschaltbild des Transformators mit Widerstand R_{Fe} zur Berücksichtigung der Eisenverluste

Bei technischen Transformatoren unterscheidet sich die induzierte Spannung $\underline{U}_h = jX_{1h} \cdot \underline{I}_\mu$ nur wenig von der anliegenden Klemmenspannung $\underline{U}_1$. Daher sind die Eisenverluste näherungsweise zum Quadrat der Klemmenspannung proportional. Den Verlusten des leer laufenden Transformators, die nahezu ausschließlich durch die Eisenverluste verursacht werden, kommt hohe Bedeutung zu, da sie unabhängig von der Last immer dann auftreten, wenn der Transformator am Netz liegt. Sie werden mit etwa € 4.000,-/kW bewertet.

Die aufgenommene Wirkleistung des leer laufenden Transformators beträgt

$$P_0 = P_{Fe} + P_{Cu10} \approx P_{Fe}. \tag{3.9}$$

Die Stromwärmeverluste im Leerlauf sind gegenüber den Eisenverlusten im Allgemeinen vernachlässigbar klein.

Abschätzung: $P_{FeN} = 0{,}2 \cdot P_{CuN} \approx 0{,}4 \cdot P_{Cu1N}$ $(R_1 \approx R'_2)$

$\qquad\qquad\quad I_0 \quad\; \approx 0{,}025 \cdot I_N$ bei $S_N = 100$ kVA

$\qquad \Rightarrow P_{Cu10} \approx 0{,}0016 \cdot P_{FeN}$

Trägt man die bei verschiedenen Spannungen gemessenen Leerlaufverluste, gegebenenfalls vermindert um die Leerlaufkupferverluste, über dem Quadrat der Spannung auf, so ergibt sich wegen der quadratischen Abhängigkeit der Eisenverluste von der Spannung eine Gerade.

Mit dem Widerstand R_{Fe} zur Berücksichtigung der Eisenverluste lautet die Impedanz des Transformators im Leerlauf bei Speisung von der Oberspannungsseite

$$\underline{Z}_0 = R_1 + jX_{1\sigma} + \frac{R_{Fe} \cdot jX_{1h}}{R_{Fe} + jX_{1h}}$$

Bei technischen Transformatoren (auch bei Kleintransformatoren mit Bemessungsscheinleistungen von nur wenigen hundert VA) sind der ohmsche Wicklungswiderstand und die Streureaktanz gegenüber Eisenwiderstand und Hauptreaktanz vernachlässigbar klein (siehe auch Abschätzung in diesem Abschnitt). Unter dieser Voraussetzung gilt in guter Näherung

$$\underline{I}_{10} = \underline{I}_{Fe} + \underline{I}_{\mu} \approx \frac{\underline{U}_1}{R_{Fe}} + \frac{\underline{U}_1}{jX_{1h}} = \underline{U}_1 \cdot \left(\frac{1}{R_{Fe}} - j\frac{1}{X_{1h}} \right)$$

Bild 3.4 zeigt das vereinfachte Ersatzschaltbild und das Zeigerdiagramm für Leerlauf.

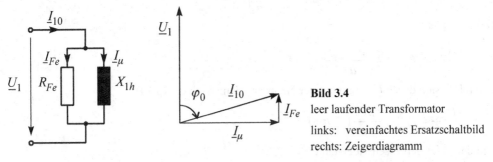

Bild 3.4

leer laufender Transformator

links: vereinfachtes Ersatzschaltbild

rechts: Zeigerdiagramm

Eisenwiderstand R_{Fe} und Hauptreaktanz X_{1h} werden aus den Messergebnissen des Leerlauf-versuchs (Ober- oder Unterspannungsseite gespeist) berechnet. Bei Speisung der Oberspan-nungsseite (Beispiel) werden bei Bemessungsspannung $U_1 = U_{1N}$ die Leerlaufverluste P_0 und der Leerlaufstrom I_{10} gemessen. Aus diesen Messgrößen können der Eisenwiderstand

$$R_{Fe} = \frac{U_1^2}{P_{Fe}} \,, \tag{3.10}$$

die Leerlaufimpedanz,

$$Z_0 = \frac{U_1}{I_{10}} \tag{3.11}$$

und die Hauptreaktanz

$$\frac{1}{X_{1h}^2} = \frac{1}{Z_0^2} - \frac{1}{R_{Fe}^2} = \frac{I_{10}^2}{U_{1N}^2} - \frac{1}{R_{Fe}^2} \tag{3.12}$$

berechnet werden. Der Eisenwiderstand ist bei technischen Transformatoren im Allgemeinen deutlich größer als die Hauptreaktanz, wie folgende Abschätzung zeigt. Da die Eisenverluste auch beim leer laufenden Transformator auftreten, ist ihr Anteil an den Gesamtverlusten rela-tiv gering. Das Verhältnis zwischen den Eisenverlusten bei Nennspannung und den Strom-wärmeverlusten bei Nennstrom wird zur Abkürzung mit a bezeichnet und liegt in der Größen-ordnung von etwa 15%...**18%**...25%.

$$a = P_{FeN} / P_{CuN}$$

Mit dem auf den Nennstrom bezogenen Magnetisierungsstrom

$$i_0 = I_{10} / I_{1N} \tag{3.13}$$

und der Nennimpedanz

$$Z_N = U_{1N} / I_{1N} \tag{3.14}$$

gilt

$$Z_0 = Z_N / i_0. \tag{3.15}$$

Aus $P_{FeN} = a \cdot P_{CuN}$ ergibt sich das Verhältnis zwischen den Eisenverlusten und den Gesamtverlusten zu

$$\frac{P_{FeN}}{P_{VN}} = \frac{P_{FeN}}{P_{FeN} + P_{CuN}} = \frac{P_{FeN}}{P_{FeN} \cdot \left(1 + \frac{1}{a}\right)} = \frac{1}{1 + \frac{1}{a}} = \frac{a}{1 + a}$$

Daher folgt aus

$$\frac{U_{1N}^2}{R_{Fe}} = P_{FeN} = \frac{a}{1+a} \cdot (1 - \eta_N) \cdot S_N$$

durch Division durch U_{1N} und mit der Nennimpedanz nach Gl. (3.14)

$$\frac{U_{1N}}{R_{Fe}} = I_{Fe} = \frac{a}{1+a} \cdot (1 - \eta_N) \cdot I_{1N}$$

und damit für den Eisenwiderstand

$$R_{Fe} = \frac{1+a}{a \cdot (1 - \eta_N)} \cdot Z_N$$

Mit dem bezogenen Magnetisierungsstrom nach Gl. (3.13) ergibt sich für den Leistungsfaktor bei Leerlauf

$$\cos \varphi_0 = \frac{I_{Fe}}{I_{10}} = \frac{a}{1-a} \cdot \frac{1 - \eta_N}{i_0} \tag{3.16}$$

Die Stromwärmeverluste in Ober- und Unterspannungswicklung liegen oft in derselben Größenordnung. Unter dieser Randbedingung ergibt sich der oberspannungsseitige Wicklungswiderstand zu

$$R_1 = 0{,}5 \cdot \frac{P_{CuN}}{I_{1N}^2} = 0{,}5 \cdot \frac{1}{1+a} \cdot (1 - \eta_N) \cdot \frac{S_N}{I_{1N}^2} = 0{,}5 \cdot \frac{1}{1+a} \cdot (1 - \eta_N) \cdot Z_N \tag{3.17}$$

$$= 0{,}5 \cdot \frac{1}{1+a} \cdot (1 - \eta_N) \cdot i_0 \cdot Z_0$$

Bei einem Transformator mit einer Scheinleistung von $S_N = 100$ kVA beträgt der Wirkungsgrad etwa $\eta_N = 97{,}7$ %. Bei einem Verhältnis zwischen Eisen- und Stromwärmeverlusten von $a = 0{,}18$ ergibt sich für den Leistungsfaktor im Leerlauf

$$\cos \varphi_0 \; = a/(1 + a) \cdot (1 - \eta_N)/i_0 = 0{,}140.$$

Der oberspannungsseitige Wicklungswiderstand, bezogen auf die Leerlaufimpedanz,

$$\frac{R_1}{Z_0} = 0{,}5 \cdot \frac{1}{1+a} \cdot (1 - \eta_N) \cdot i_0 = 0{,}5 \cdot 0{,}847 \cdot 0{,}023 \cdot 0{,}025 = 0{,}00024 \,,$$

kann tatsächlich vernachlässigt werden. Die Abschätzung der Streureaktanz $X_{1\sigma} = X'_{2\sigma}$ erfolgt anhand der Ergebnisse des Kurzschlussversuchs (siehe Abschnitt 3.3).

Die wichtigsten Ergebnisse des Leerlaufversuchs, bei dem am ober- oder unterspannungsseitig mit Bemessungsspannung gespeisten Transformator die aufgenommene Wirkleistung und der Leerlaufstrom sowie die Spannung an den offenen Wicklungsenden der anderen Wicklung gemessen werden, sind also

- Übersetzungsverhältnis $\quad ü \quad = N_1 / N_2 = U_{1N} / U_{20}$
  bzw. $\quad 1/ü = N_2 / N_1 = U_{2N} / U_{10}$

- Eisenverluste P_{Fe}, daraus zu berechnen: R_{Fe}

- Leerlaufstromverhältnis $i_0 = I_{10} / I_{1N}$ bzw. $i_0 = I_{20} / I_{2N}$, daraus zu berechnen: $Z_0 = Z_N / i_0$
  und mit R_{Fe} die Hauptreaktanz X_{1h}.

3.3   Kurzschluss des Einphasentransformators

Als zweiter Versuch zur Überprüfung der Eigenschaften eines Transformators dient der Kurzschlussversuch. Eine Prüfung unter den Bedingungen des Bemessungsbetriebs ist bei größeren Transformatoren weder im Prüffeld noch am Aufstellungsort möglich.

Im Prüffeld können im allgemeinen die erforderlichen großen Leistungen weder eingespeist noch als Belastung realisiert werden; am Aufstellungsort im Einsatz scheitert ein länger andauernder Bemessungsbetrieb an den sich ändernden Netzverhältnissen und Belastungen. Daher wird der Transformator im Prüffeld im Kurzschluss betrieben, wobei die Spannung so eingestellt wird, dass Nennstrom fließt. Da die Stromwärmeverluste in den Wicklungen vom Quadrat des Stroms abhängig sind, treten beim Kurzschlussversuch dieselben Stromwärmeverluste auf, wie im Bemessungsbetrieb. Die hierzu erforderliche Spannung, bezogen auf die Bemessungsspannung, wird als relative Kurzschlussspannung u_k bezeichnet.

$$u_k = \frac{U_{1k}}{U_{1N}} = \frac{U_{2k}}{U_{2N}} \tag{3.18}$$

Die relative Kurzschlussspannung liegt in der Größenordnung von etwa 4% (S_N = 50...630 kVA, DIN EN 50464-1) bis 14% (S_N = 80 MVA, DIN 42508) und steigt mit zunehmender Bemessungsleistung.

Zusätzlich zur relativen Kurzschlussspannung u_k werden Wirkanteil u_R und Blindanteil u_X der relativen Kurzschlussspannung verwendet.

$$u_R = u_k \cdot \cos\varphi_k \qquad u_X = u_k \cdot \sin\varphi_k$$

Der Dauerkurzschlussstrom bei Nennspannung beträgt

$$I_k = \frac{U_{1N}}{U_{1k}} \cdot I_{1N} = \frac{1}{u_k} \cdot I_{1N} .$$

Die Kurzschlussimpedanz Z_k,

$$Z_k = \frac{U_{1k}}{I_{1N}} = \frac{u_k \cdot U_{1N}}{I_{1N}} = u_k \cdot Z_N , \tag{3.19}$$

ist um einige Zehnerpotenzen kleiner als die Leerlaufimpedanz Z_0.

$$\frac{Z_k}{Z_0} = \frac{u_k \cdot Z_N}{Z_N / i_0} = u_k \cdot i_0$$

Mit der im Kurzschlussversuch gemessenen Leistung P_k ergibt sich der Kurzschlusswiderstand R_k zu

$$R_k = \frac{P_k}{I_{1N}^2} .$$
(3.20)

Mit Gl. (3.17) folgt für $R_k = R_1 + R_2'$

$$\frac{R_k}{Z_0} = \frac{1}{1+a} \cdot (1 - \eta_N) \cdot i_0$$

und damit für den Leistungsfaktor beim Kurzschlussversuch

$$\cos\varphi_k = \frac{R_k}{Z_k} = \frac{1 - \eta_N}{(1+a) \cdot u_k}$$
(3.21)

Die Streureaktanz kann entweder aus

$$X_k = \sqrt{Z_k^2 - R_k^2}$$
(3.22a)

oder mit dem Phasenwinkel im Kurzschlussversuch berechnet werden.

$$X_k = Z_k \cdot \sin\varphi_k$$
(3.22b)

Die Kurzschlussimpedanz und damit auch die relative Kurzschlussspannung wird bei größeren Transformatoren dominant durch die Streureaktanz bestimmt, wie die Berechnung am Beispiel des 100 kVA-Transformators ($u_k = 4\%$, $i_0 = 2,5\%$) zeigt. Das Verhältnis zwischen Kurzschluss- und Leerlaufimpedanz beträgt nur 0,1%.

$$\frac{Z_k}{Z_0} = u_k \cdot i_0 = 0,04 \cdot 0,025 = 0,001$$

Der Kurzschlussleistungsfaktor beträgt

$$\cos\varphi_k = \frac{R_k}{Z_k} = \frac{1 - \eta_N}{(1+a) \cdot u_k} = \frac{1 - 0,977}{(1 + 0,18) \cdot 0,04} = 0,487$$

Hieraus folgt

$$X_k = Z_k \cdot \sin\varphi_k = Z_k \cdot 0,873.$$

Bei wachsender Bemessungsleistung nimmt der Kurzschlussleistungsfaktor ab.

Das vereinfachte Ersatzschaltbild des kurzgeschlossenen Transformators und das Zeigerdiagramm sind in Bild 3.5 dargestellt.

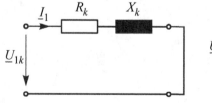 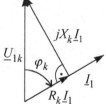

Bild 3.5
Kurzschluss des Transformators
links: vereinfachtes Ersatzschaltbild
rechts: Zeigerdiagramm

Die Zuordnung der Streuung zu Primär- und Sekundärwicklung ist willkürlich, wie bei der Herleitung des galvanischen Ersatzschaltbilds gezeigt wurde. Die Ziffer der Gesamtstreuung hat jedoch physikalischen Charakter.

$$\sigma = 1 - \frac{M^2}{L_1 L_2} = 1 - \frac{L_{1h}^2 / \ddot{u}^2}{(L_{1h} + L_{1\sigma}) \cdot L_{2\sigma}' / \ddot{u}^2} = 1 - \frac{L_{1h}^2}{(L_{1h} + L_{1\sigma}) \cdot (L_{1h} + L_{2\sigma}')} \tag{3.23a}$$

$$\sigma = 1 - \frac{1}{(1 + L_{1\sigma} / L_{1h}) \cdot (1 + L_{2\sigma}' / L_{1h})} = 1 - \frac{1}{(1 + X_{1\sigma} / X_{1h}) \cdot (1 + X_{2\sigma}' / X_{1h})}$$

Da die Streureaktanzen klein sind gegenüber der Hauptreaktanz, ergibt sich

$$\sigma = \frac{(1 + X_{1\sigma} / X_{1h}) \cdot (1 + X_{2\sigma}' / X_{1h}) - 1}{(1 + X_{1\sigma} / X_{1h}) \cdot (1 + X_{2\sigma}' / X_{1h})} \approx \frac{X_{1\sigma} + X_{2\sigma}'}{X_{1h}} = \frac{X_k}{X_{1h}} = \frac{I_{10}}{I_{1k}} \tag{3.23b}$$

Die Ziffer der Gesamtstreuung ist gleich dem Leerlauf-Kurzschlussstromverhältnis.

Beispiel 3.1

Von einem Kleintransformator mit S_N = 320 VA wurden folgende Daten messtechnisch ermittelt:

Widerstandsmessung:	R_1 = 4,3 Ω	R_2 = 43 mΩ	
Leerlaufversuch:	$U_1 = U_{1N}$ = 230 V	P_0 = 13 W	I_{10} = 0,17 A
Kurzschlussversuch:	$U_1 = U_{1k}$ = 37,1 V	P_k = 16 W	$I_{1k} = I_{1N}$ = 1,39 A

a) Ermitteln Sie
    - alle Impedanzen des einsträngigen Ersatzschaltbilds,
    - die relativen Kurzschlussspannungen u_k, u_R und u_X,
    - die Leistungsfaktoren bei Leerlauf und bei Kurzschluss.

b) Bestimmen Sie das Übersetzungsverhältnis $\ddot{u}$ und die Leerlaufspannung U_{20}.

c) Berechnen Sie die Selbstinduktivitäten L_1 und L_2 sowie die Gegeninduktivität M. Wie groß ist die Ziffer der Gesamtstreuung?

d) Zeichnen Sie die Zeigerdiagramme der Spannungen und Ströme für den Leerlaufversuch und für den Kurzschlussversuch.

e) Berechnen Sie die Kenngrößen $a = P_{FeN} / P_{CuN}$, $i_0 = I_{10} / I_{1N}$.

3.4 Einphasentransformator bei Belastung

Bei Belastung des Transformators mit einer komplexen Last

$$\underline{Z}_L = R_L + j X_L$$

können sämtliche Spannungen und Ströme sowie die daraus abgeleiteten Verluste mit Hilfe der komplexen Wechselstromrechnung ermittelt werden. Einen Überblick gibt hierbei das vollständige Zeigerdiagramm gemäß Bild 3.6, das für $\cos\varphi_1$ = 0,8 induktiv das Zeigerbild für einen Kleintransformator zeigt.

Bei vorgegebener Lastimpedanz $\underline{Z}_L$ und Primärspannung $\underline{U}_1$ ist die Sekundärspannung zunächst noch unbekannt. Bei der Konstruktion beginnt man zweckmäßigerweise mit dem bezogenen unterspannungsseitigen Laststrom bei einer angenommenen Sekundärspannung $\underline{U}'_2$. An den Zeiger $\underline{U}'_2$ werden die Spannungsabfälle $-R'_2 \underline{I}'_2$ und $-jX'_{2\sigma} \underline{I}'_2$ angetragen. Die Summe dieser drei Zeiger ergibt die Spannung $\underline{U}_h$. Der Primärstrom $\underline{I}_1$ ergibt sich nach Gl. (3.5),

$$\underline{I}_1 = \underline{I}_{10} - \underline{I}'_2 = \underline{I}_{Fe} + \underline{I}_\mu - \underline{I}'_2,$$

indem an den Zeiger $-\underline{I}'_2$ die Komponenten $\underline{I}_{Fe}$ (in Richtung von $\underline{U}_h$) und $\underline{I}_\mu$ (senkrecht zur Richtung von $\underline{U}_h$) angetragen werden. Durch vektorielle Addition der Spannungsabfälle $R_1 \underline{I}_1$ und $jX_{1\sigma} \underline{I}_1$ zur Spannung $\underline{U}_h$ ergibt sich die Primärspannung $\underline{U}_1$. Der Maßstabsfaktor für die Spannungen wird nach vollständiger Konstruktion aus der Oberspannung abgeleitet.

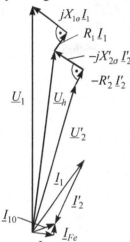

Bild 3.6

Vollständiges Zeigerdiagramm eines Einphasentransformators bei Belastung

Als Beispiel für das vollständige Zeigerdiagramm muss ein Kleintransformator gewählt werden, damit sich als Folge der Ströme des Querzweigs ein in der grafischen Darstellung sichtbarer Unterschied zwischen Primär- und Sekundärstrom ergibt (vergl. auch Beispiel 3.2).

Bei technischen Transformatoren ist im allgemeinen bei Belastung die Verwendung des vereinfachten Ersatzschaltbilds, bestehend aus Kurzschlusswiderstand R_k und Kurzschlussstreureaktanz X_k, zulässig (vergl. Bild 3.5). Bei Vernachlässigung der Ströme des Querzweigs ($\underline{I}_1 \approx \underline{I}'_2$, $\underline{I}_{Fe} \approx 0$, $\underline{I}_\mu \approx 0$,) unterscheiden sich die beiden Klemmenspannungen bei Last durch ein rechtwinkliges Spannungsdreieck, dessen Katheten durch $R_k \, I_1$ und $X_k \, I_1$ gebildet werden. Bild 3.7 zeigt das vereinfachte Zeigerdiagramm für $\cos\varphi = 1$, $\cos\varphi = 0$ (induktiv), $\cos\varphi = 0$ (kapazitiv)).

Der zwischen der Hypotenuse $Z_k \, I_1$ und der Kathete $R_k \, I_1$ eingeschlossene Winkel ist die Phasenverschiebung des Kurzschlussstroms φ_k. Dieses Spannungsdreieck wird als Kappsches Dreieck bezeichnet. Bei konstantem Primärstrom ist die Größe des Kappschen Dreiecks ebenfalls konstant, lediglich seine Lage ändert sich in Abhängigkeit von der Phasenverschiebung des Stroms $\underline{I}_1$ gegenüber der Spannung $\underline{U}_1$, das Dreieck "dreht" sich mit dem Ständerstrom um die Spitze des Zeigers $\underline{U}_1$.

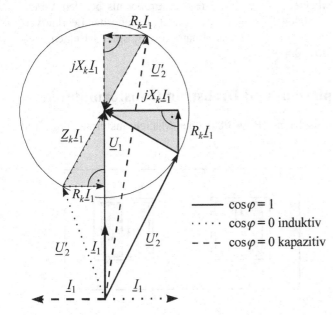

$$\cos\varphi = 1$$
$$\cdots\cdots \cos\varphi = 0 \text{ induktiv}$$
$$--- \cos\varphi = 0 \text{ kapazitiv}$$

Bild 3.7
Vereinfachtes Zeigerdiagramm des belasteten Einphasentransformators ($\cos\varphi = 1$, $\cos\varphi = 0$ (induktiv), $\cos\varphi = 0$ (kapazitiv))

Durch Zeichnen des Kappschen Dreiecks für kapazitive Last wird anschaulich klar, dass es bei kapazitiven Lasten zu einer Überhöhung der Sekundärspannung gegenüber der Leerlaufspannung U_{20} kommt ($U'_2 > U_1$).

Die Konstruktion des vereinfachten Zeigerdiagramms zeigt, dass auch bei einem Kleintransformator (vergleiche Beispiel 3.2) das vereinfachte Ersatzschaltbild hinreichend genaue Resultate ergibt. Die Phasenverschiebung zwischen der Primärspannung und der bezogenen Sekundärspannung ist im allgemeinen vernachlässigbar gering.

Beispiel 3.2

Der Transformator nach Beispiel 3.1 wird belastet mit $Z_L = 1{,}75$ Ω, $\cos\varphi = 0{,}8$ induktiv ($U_1 = 230$ V).

a) Zeichnen Sie das **vollständige** Zeigerdiagramm und ermitteln Sie
   - Primär- und Sekundärstrom
   - Sekundärspannung
   - Leistungsfaktor

b) Ermitteln Sie mit Hilfe der Leerlaufspannung aus Beispiel 3.1
   - den Sekundärspannungsabfall bei Belastung, $\Delta U_2 = U_2 - U_{20}$,
   - Verluste,
   - Wirkungsgrad!

c) Zeichnen Sie das vereinfachte Zeigerdiagramm und ermitteln Sie die Größen nach a)!

d) Zeichnen Sie für eine kapazitive Last $Z_L = 1{,}75$ Ω, $\cos\varphi = 0{,}8$ kapazitiv ($U_1 = 230$ V).das vereinfachte Zeigerdiagramm und ermitteln Sie die Größen nach a)!

Bei Kleintransformatoren ist der Magnetisierungsstrom deutlich größer als bei den Verteilungstransformatoren nach DIN EN 50464-1. Weiterhin ist die Bedeutung der Leerlaufverluste eingeschränkt. Aus diesem Grund weist der Transformator aus Beispiel 3.1 einen deutlich höheren Eisenverlustanteil auf ($a = 0{,}8$).

3.5 Eisenkerne von Einphasen- und Drehstromtransformatoren

Einphasentransformatoren können als Kern- (Bild 3.8a) oder Manteltransformatoren (Bild
3.8b) ausgeführt werden.

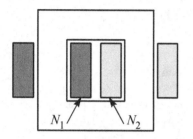
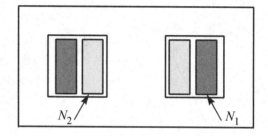

Bild 3.8
a) Einphasenkerntransformator   b) Einphasenmanteltransformator

Bei den Einphasenkerntransformatoren sitzt auf jedem Schenkel eine Wicklung, während bei
Einphasenmanteltransformatoren die beiden Wicklungen auf dem mittleren Schenkel angeordnet sind.

Die Bleche des Einphasenkerntransformators mit einer Stärke von ca. 0,23 mm bis 0,35 mm
haben U- und I- Form und werden entweder abwechselnd, paketweise oder komplett
geschichtet. Die Kerne von kleinen Manteltransformatoren werden wegen ihrer Form als E-I-
Kerne bezeichnet.

Als Elektroblech wird vorzugsweise kaltgewalztes, kornorientiertes Blech mit magnetischer
Vorzugsrichtung eingesetzt. Wegen der hohen Bedeutung der Eisenverluste bei Verteilertransformatoren ist das Elektroblech verlustarm (Eisenverluste in der Größenordnung von
etwa 0,75...0,95 W/kg bei $B = 1{,}5$ T und $f = 50$ Hz).

Zur Vermeidung von Wirbelströmen sind die Bleche ein- oder beidseitig mit einer sehr dün-
nen Lackschicht isoliert (Stärke etwa 1...6 µm, Basis organisch oder anorganisch (Phosphat)).

Ein Drehstrom-T ransformator kann aus drei einzelnen Einphasentransformatoren bestehen
(so genannte Drehstrombank). Die Wicklungen der drei Phasen können jedoch auch auf einen
gemeinsamen Kern aufgebracht werden. Bild 3.9 zeigt im oberen Teil einen Dreischenkelkerntransformator und im unteren Teil einen Fünfschenkelkerntransformator.

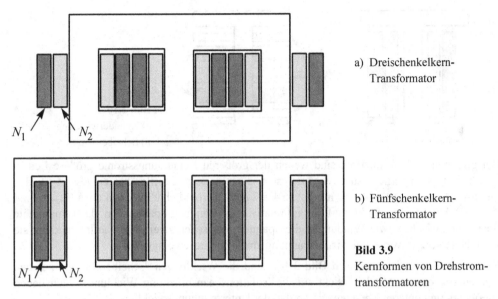

a) Dreischenkelkern-
   Transformator

b) Fünfschenkelkern-
   Transformator

Bild 3.9
Kernformen von Drehstrom-
transformatoren

Der Dreischenkelkerntransformator ist magnetisch unsymmetrisch, da der Magnetisierungsbedarf für den mittleren Schenkel aufgrund des kleineren Eisenwegs geringer ist, was sich
durch einen kleineren Magnetisierungsstrom der auf diesem Schenkel angeordneten Wicklung bemerkbar macht. Joche und Kerne führen denselben Fluss und müssen daher mit denselben Querschnitten ausgeführt werden.

Bei Grenzleistungstransformatoren begrenzt das "Bahnprofil", der Querschnitt der Eisen-
bahntunnels, die Transportmöglichkeiten per Bahn. Daher werden große Transformatoren mit
Fünfschenkelkern (Bild 3.9 unten) ausgeführt, da die Jochhöhen wegen des um den Faktor
$1/\sqrt{3}$ kleineren Jochflusses ebenfalls um $1/\sqrt{3}$ reduziert werden können und sich damit bei
gleichem Kernquerschnitt eine geringere Gesamthöhe ergibt.

Drehstromtransformatoren werden in Europa nahezu ausschließlich als Kerntransformatoren
gefertigt.

3.6   Wicklungsausführungen

Die meisten Transformatoren werden mit so genannten Zylinderwicklungen ausgeführt,
wobei Ober- und Unterspannungswicklung konzentrisch angeordnet werden (Bild 3.10a).

Aus isolationstechnischen Gründen wird die Unterspannungswicklung in der Regel innen
angeordnet. Bei Kleintransformatoren für Niederspannung werden die Wicklungen häufig aus
Runddraht in einen Spulenkasten gewickelt; isolierende Zwischenlagen werden oft nur zwischen Oberspannungs- und Unterspannungswicklung eingelegt.

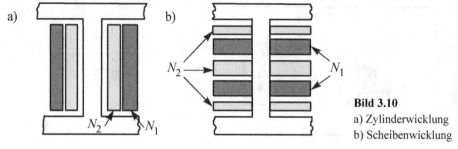

Bild 3.10
a) Zylinderwicklung
b) Scheibenwicklung

Bei größeren Transformatoren sind wegen der größeren Bemessungsströme größere Leiterquerschnitte erforderlich, so dass vorzugsweise rechteckige Profildrähte eingesetzt werden (ab etwa $A_{Cu} = d^2_{max} \cdot \pi/4 = (3\ mm)^2 \cdot \pi/4 = 7\ mm^2$, Stromdichte maximal etwa $S_{max} = 3...4$ A/mm^2). Die Zylinderwicklung führt auf relativ hohe Windungsspannungen, da als maximale Spannung zwischen zwei Windungen die Spannung zwischen zwei Lagen auftreten kann; sie wird daher vorzugsweise bei Niederspannungstransformatoren eingesetzt.

Bei der Scheibenwicklung nach Bild 3.10b sind die Wicklungen "scheibenförmig" auf den Kernen angeordnet. Mit Rücksicht auf die Isolationsbeanspruchung Wicklung - Joch liegen am oberen und unteren Ende jeweils Spulen der Unterspannungswicklung.

3.7 Spannungsgleichungen des Drehstromtransformators

Die Berechnung der Selbst- und Gegeninduktivitäten erfolgt zweckmäßig aus der Flussverkettung. Um das Wesentliche der Flussverkettung zu erkennen, ist die Betrachtung des leer laufenden Drehstromtransformators hilfreich (Sekundärwicklungen stromlos).

Gemäß Bild 3.11 teilt sich der von der Wicklung auf dem mittleren Schenkel erregte Hauptfluss Φ_{2h} hälftig auf die Schenkel 1 und 3 auf.

$$\Phi_1(I_2) = \Phi_{2h}/2$$

$$\Phi_3(I_2) = \Phi_{2h}/2$$

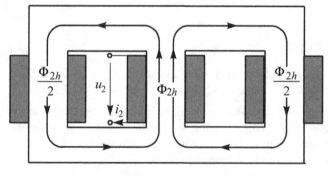

Bild 3.11
Flussaufteilung beim Dreischenkelkern
(Streufeld nicht gezeichnet)

Mit der Hauptinduktivität der Wicklung 2

$$L_{2h} = \Phi_{2h} / I_2$$

der Gegeninduktivität zwischen den Wicklungen 1 und 2

$$M_{12} = -\Phi_1(I_2) / I_2 = -(\Phi_{2h} / 2) / I_2 = -L_{2h} / 2$$

sowie der Gegeninduktivität zwischen den Wicklungen 2 und 3

$$M_{23} = -\Phi_3(I_2) / I_2 = -(\Phi_{2h} / 2) / I_2 = -L_{2h} / 2$$

folgt, dass die Gegeninduktivität zwischen den Wicklungen halb so groß ist, wie die Selbstinduktivität.

$$M = -\frac{1}{2} \cdot L_{1h}$$

Die Ströme in den 3 Primärwicklungen werden mit i_{11}, i_{12} und i_{13} bezeichnet. Mit der Hauptinduktivität L_{1h}, der Streuinduktivität $L_{1\sigma}$ und den Gegeninduktivitäten

$$M_{12} = -\frac{1}{2} \cdot L_{1h} = M_{13} = M$$

lautet die Spannungsgleichung für die Oberspannungswicklung 1

$$u_{11} = R_1 i_{11} + L_{1\sigma} di_{11}/dt + L_{1h} di_{11}/dt + M di_{12}/dt + M di_{13}/dt \qquad (3.24)$$

$$= R_1 i_{11} + L_{1\sigma} di_{11}/dt + L_{1h}(di_{11}/dt - \frac{1}{2} di_{12}/dt - \frac{1}{2} di_{13}/dt)$$

Bei symmetrischer Speisung ist die Summe der drei Wicklungsströme stets Null,

$$i_{11} + i_{12} + i_{13} = 0,$$

und daher

$$-\frac{1}{2} i_{12} - \frac{1}{2} i_{13} = \frac{1}{2} i_{11},$$

so dass die Gleichung (3.24) lautet

$$u_{11} = R_1 i_{11} + L_{1\sigma} di_{11}/dt + L_{1h} \cdot (di_{11}/dt + \frac{1}{2} di_{11}/dt) \qquad (3.25)$$

$$= R_1 i_{11} + L_{1\sigma} di_{11}/dt + 3/2 \, L_{1h} \cdot di_{11}/dt$$

Die Spannungsgleichungen der OS- Wicklungen 2 und 3 unterscheiden sich von Gl. (3.25) lediglich durch die Indizes; das Gleichungssystem der drei Spannungsgleichungen ist entkoppelt. Der Vergleich mit der Spannungsgleichung (3.1) des Einphasentransformators bei Leerlauf ($I_2 = 0$),

$$u_1 = R_1 i_1 + L_1 di_1/dt + M di_2/dt \qquad (3.1)$$

$$= R_1 i_1 + (L_{1\sigma} + L_{1h}) \cdot di_1/dt,$$

zeigt einen bis auf die unterschiedlichen Induktivitäten gleichartigen Aufbau. Hieraus lassen sich zwei wesentliche Erkenntnisse ableiten:

1. Die Spannungsgleichungen des belasteten Drehstromtransformators können genauso umgeformt werden, wie die des Einphasentransformators.

2. Je eine Spannungsgleichung für OS- und US- Seite ist ausreichend, da die drei Spannungsgleichungen entkoppelt sind.

Daher kann das Ersatzschaltbild des Einphasentransformators auch für Drehstromtransformatoren übernommen werden.

Im Drehstromnetz betragen die Leistungen

$$S = \sqrt{3} \, U I \qquad \text{(Scheinleistung)}$$

$$P = \sqrt{3}\, U\, I \cos\varphi = S \cos\varphi \qquad \text{(Wirkleistung}$$

$$Q = \sqrt{3}\, U\, I \sin\varphi = S \sin\varphi \qquad \text{(Blindleistung)}$$

Zur Berechnung der Daten des einphasigen Ersatzschaltbilds soll dieses unabhängig von der tatsächlichen Wicklungsschaltung auf oberspannungsseitige Sternschaltung bezogen werden.

Die Gleichungen zur Auswertung des Leerlaufversuchs entsprechen daher bis auf den Faktor $\sqrt{3}$ denen des Einphasentransformators.

$$P_0 = \sqrt{3}\, U_{1N}\, I_{10} \cos\varphi_0 = U_{1N}^2 / R_{Fe}$$

Die Komponenten des Leerlaufstroms betragen

$$I_{Fe} = \frac{P_0}{\sqrt{3}\cdot U_{1N}} \qquad \text{und} \qquad I_\mu = \frac{U_{1N}}{\sqrt{3}\cdot X_{1h}} \, .$$

Die Impedanzen des einphasigen Ersatzschaltbildes lauten

$$R_{Fe} = \frac{U_{1N}}{\sqrt{3}\cdot I_{Fe}} = \frac{U_{1N}^2}{P_0} \qquad (3.26)$$

$$Z_0 = \frac{U_{1N}}{\sqrt{3}\cdot I_{10}} \qquad (3.27)$$

und $\qquad \dfrac{1}{X_{1h}^2} = \dfrac{1}{Z_0^2} - \dfrac{1}{R_{Fe}^2}$

Entsprechend folgt für die Auswertung des Kurzschlussversuchs

$$P_k = \sqrt{3}\, U_{1k}\, I_{1N} \cos\varphi_k = 3\, I_{1N}^2\, R_k,$$

woraus sich für die übrigen Daten des einphasigen Ersatzschaltbilds

$$R_k = \frac{P_k}{3\cdot I_{1N}^2} \qquad \text{(Kurzschlusswiderstand)} \qquad (3.28)$$

$$Z_k = \frac{U_{1k}}{\sqrt{3}\, I_{1N}} \qquad \text{(Kurzschlussimpedanz)} \qquad (3.29)$$

ergibt. Die Gln. (3.22a, 322b) gelten unverändert. Die Ausdrücke für die Kurzschlussspannungen,

$$U_k = \sqrt{3}\, I_{1N}\, Z_k$$

$$U_R = \sqrt{3}\, I_{1N}\, R_k = U_k \cos\varphi_k$$

$$U_X = \sqrt{3}\, I_{1N}\, X_k = U_k \sin\varphi_k$$

enthalten ebenso den Faktor $\sqrt{3}$ wie die Nennimpedanz entsprechend Gl. (3.14).

$$Z_N = \frac{U_{1N}}{\sqrt{3}\, I_{1N}} \qquad (3.30)$$

3.8   Parallelbetrieb von Transformatoren

Als Anwendung der im vorigen Abschnitt abgeleiteten Gleichungen zur Beschreibung des Betriebsverhaltens von Drehstromtransformatoren soll der Parallelbetrieb zweier Drehstromtransformatoren untersucht werden. Drehstromtransformatoren werden in vermaschten Netzen häufig ober- und unterspannungsseitig parallel betrieben.

Voraussetzung für den Parallelbetrieb sind gleiche Bemessungsspannungen und identische Schaltgruppen (siehe Abschnitt 3.10). Die Daten der Transformatoren sollen zur Unterscheidung mit den zusätzlichen Indizes *a* und *b* versehen werden. Nach Abschnitt 3.4 ist das vereinfachte einphasige Ersatzschaltbild zur Beschreibung des Betriebsverhaltens ausreichend. Bild 3.12 zeigt das einphasige Ersatzschaltbild der Parallelschaltung.

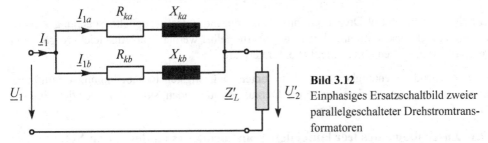

Bild 3.12
Einphasiges Ersatzschaltbild zweier parallelgeschalteter Drehstromtransformatoren

Im Parallelbetrieb sind die Spannungsabfälle an den Kurzschlussimpedanzen identisch.

$$\underline{I}_{1a} \cdot \underline{Z}_{ka} = \underline{I}_{1b} \cdot \underline{Z}_{kb}$$

Daraus folgt für das Verhältnis der Beträge der Ströme

$$\frac{I_{1a}}{I_{1b}} = \frac{Z_{kb}}{Z_{ka}} = \frac{u_{kb} \cdot Z_{Nb}}{u_{ka} \cdot Z_{Na}} = \frac{u_{kb} \cdot \dfrac{U_{1N}}{\sqrt{3} \cdot I_{1Nb}}}{u_{ka} \cdot \dfrac{U_{1N}}{\sqrt{3} \cdot I_{1Na}}} = \frac{u_{kb} \cdot U_{1N} \cdot I_{1Na}}{u_{ka} \cdot U_{1N} \cdot I_{1Nb}} = \frac{u_{kb} \cdot S_{Na}}{u_{ka} \cdot S_{Nb}} \tag{3.31}$$

Bei ungleichen relativen Kurzschlussspannungen teilen sich demnach die Ströme nicht im Verhältnis der Bemessungsscheinleistungen auf. Die Summenscheinleistung muss gegenüber der Summe der Scheinleistungen reduziert werden, da sonst der "härtere" Transformator mit der kleineren relativen Kurzschlussspannung überlastet würde.

Bei identischen relativen Kurzschlussspannungen addieren sich die Teilströme nur dann arithmetisch, wenn auch die relative Wirkkurzschlussspannung bzw. die relative Blindkurzschlussspannung identisch sind.

Wenn Transformatoren parallelgeschaltet werden sollen,

- müssen die Übersetzungsverhältnisse und (bei Drehstromtransformatoren) die Schaltgruppen übereinstimmen,

- sollen die relativen Kurzschlussspannungen einen möglichst geringen Unterschied aufweisen und möglichst jeweils gleiche Real- bzw. Imaginärteile besitzen.

Beispiel 3.3

Zwei Drehstromtransformatoren 20 kV/0,4 kV, f_N = 50 Hz, Dy5, arbeiten parallel.

Transformatordaten:

Trafo 1: S_{Na} = 400 kVA, P_{0a} =   930 W, P_{ka} = 4600 W, u_{ka} = 4%

Trafo 2: S_{Nb} = 630 kVA, P_{0b} = 1200 W, P_{kb} = 6750 W, u_{kb} = 6%

Bis zu welcher Summenscheinleistung darf die Parallelschaltung belastet werden, ohne dass die Bemessungsströme eines Transformators überschritten werden?

3.9 Schaltvorgänge bei Einphasentransformatoren

Bei Schaltvorgängen mit Drehstromtransformatoren muss das gekoppelte Spannungs- DGl.-System unter Berücksichtigung der Anfangswerte gelöst werden. Die Ausgleichsvorgänge in den drei Phasen weisen unterschiedliche Zeitverläufe auf.

Mit hinreichender Genauigkeit können die unter ungünstigsten Randbedingungen auftretenden Maximalströme und damit auch die hieraus resultierenden Stromkräfte für den Einphasentransformator berechnet werden.

3.9.1 Zuschalten eines leer laufenden Transformators an das starre Netz

Die Spannungsgleichung des leer laufenden Transformators lautet

$u_1 = R_1\, i_1 + L_1 \cdot di_1/dt.$

Die stationäre Lösung dieser DGl. erster Ordnung mit sinusförmiger Störgröße

$u_1(t) = \sqrt{2}\ U_N \cdot \sin(\omega t)$

lautet

$$\Phi_{stat}(t) = \Phi_N \cdot 1/Z_0 \cdot (R_1 \cdot \sin(\omega t) - X_1 \cdot \cos(\omega t)) = \Phi_N \cdot \sin(\omega t - \varphi_0) \qquad (3.32)$$

mit $\tan \varphi_0 = (X_1/R_1)$.

Unmittelbar nach dem Schalten muss der Fluss jedoch Null sein, $\Phi(0) = 0$, so dass die Lösung außer dem stationären Term nach Gl. (3.32) einen flüchtigen Anteil enthält.

$$\Phi(t) = \Phi_N \cdot 1/Z_0 \cdot [X_1 \cdot e^{-t/\tau_1} + R_1 \cdot \sin(\omega t) - X_1 \cdot \cos(\omega t)] \qquad (3.33)$$

Das Ausgleichsglied klingt mit der Zeitkonstante τ_1 ab.

$\tau_1 = L_1/R_1$

Wegen $R_1 \ll X_1$ wird als Maximalwert nach der ersten Halbperiode etwa der doppelte Wert des stationären Flusses erreicht.

$\Phi_{max} \approx 2 \cdot \Phi_N$

Da Kerne und Joche von technischen Transformatoren schon bei Bemessungsbetrieb relativ stark gesättigt sind, entspricht dem Maximalwert des Flusses ein wesentlich höherer Stoßstrom, der mit Hilfe der Gleichfeldmagnetisierungskurve ermittelt werden kann. Um einen qualitativen Eindruck vom Zeitverlauf des Stoßstroms zu erhalten, ist in Bild 3.13 für die schon in Kapitel 2 verwendete grobe Näherung

$$I_\mu / I_{\mu N} = (\Phi / \Phi_N)^3$$

der Zeitverlauf des Stoßstromes über die ersten 15 Perioden dargestellt (Kleinsttransformator mit $R_1/X_1 = 0{,}032$, $\tau_1 = 0{,}1$ s).

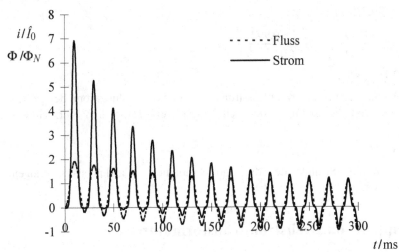

Bild 3.13
Fluss und Strom beim Einschalten eines leer laufenden Einphasentransformators (qualitativ, $I_\mu / I_{\mu N} = (\Phi / \Phi_N)^3$, $R_1/X_1 = 0{,}032$, $\tau_1 = 0{,}1$ s)

Je nach Bemessungsleistung und Auslegung kann bei technischen Transformatoren die Einschaltstromspitze bis zum 15fachen des Scheitelwerts des Nennstroms betragen. Der Ausgleichsvorgang klingt bei größeren Transformatoren wegen der großen Zeitkonstanten relativ langsam ab.

3.9.2 Kurzschluss des leer laufenden Transformators

Der Dauerkurzschlussstrom wurde bereits in Abschnitt 3.4 berechnet. Mit

$$I_k = U_N / Z_k$$

und

$$\cos \varphi_k = R_k / Z_k$$

beträgt der stationäre Kurzschlussstrom

$$i_{kstat}(t) = \sqrt{2}\, I_k \cdot \sin(\omega t - \varphi_k)$$

Aus der Stetigkeit des Stromes beim Schalten induktiver Stromkreise folgt, dass der Kurzschlussstrom im ersten Moment nach dem Schalten Null sein muss. Dem stationären Term überlagert sich demnach ein flüchtiger Anteil, so dass die Zeitfunktion des Kurzschlussstroms

$$i_k(t) = \sqrt{2}\, I_k \left(\sin(\omega t - \varphi_k) + \sin \varphi_k \cdot e^{-t/\tau_k} \right) \tag{3.34}$$

lautet. Mit τ_k ist die Kurzschlusszeitkonstante bezeichnet.

$$\tau_k = L_k / R_k = \tan\varphi_k / 2\pi f_1$$

Bei größeren Transformatoren wird die Kurzschlussimpedanz überwiegend durch die Streureaktanz bestimmt, so dass der Gleichanteil relativ langsam abklingt.

Abschätzung für einen 10 MVA-Transformator mit

$$a = 0{,}22,\ \eta_N = 99{,}2\%,\ u_k = 10\%:$$

$$\cos\varphi_k = \frac{R_k}{Z_k} = \frac{1-\eta_N}{(1+a)\cdot u_k} = \frac{1-0{,}992}{(1+0{,}22)\cdot 0{,}1} = 0{,}0656$$

$$\tau_k = \tan\varphi_k / 2\pi f_1 = 48 \text{ ms}$$

Daher beträgt der Maximalwert des Kurzschlussstroms, der Stoßkurzschlussstrom, bei großen Transformatoren annähernd das Doppelte des Scheitelwerts des stationären Kurzschlussstroms.

$$I_{Sto\beta} \approx 1{,}9 \cdot \sqrt{2}\ I_k$$

Hieraus resultieren enorme Stromkräfte, die durch geeignete Wicklungsversteifungen beherrscht werden müssen.

3.10 Schaltgruppen von Drehstromtransformatoren

Drehstromtransformatoren können mit unterschiedlichen Schaltungen von OS- und US-Wicklungen ausgeführt werden (Bild 3.15). Bei den Maschinentransformatoren wählt man üblicherweise für die Unterspannungsseite Dreieckschaltung, für die Oberspannungsseite Sternschaltung mit herausgeführtem Neutralleiter.

Die Spannungszeiger $\underline{U}_{1u}$ und $\underline{U}_{2u}$ sind gegeneinander phasenverschoben, wenn die Schaltung von OS- und US- Wicklung nicht identisch sind, wie es in Bild 3.14 am Beispiel eines Transformators mit Δ- Schaltung der US- Wicklung und Sternschaltung der OS- Wicklung gezeigt ist.

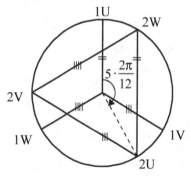

Bild 3.14

Phasenverschiebung zwischen Ober- und Unterspannung

Beispiel: OS- Wicklung: Y

               US- Wicklung: Δ

               Schaltgruppe Yd5

Der Winkel zwischen den Zeigern $\underline{U}_{1u}$ und $\underline{U}_{2u}$ beträgt 150°. Die Schaltgruppe besteht neben den Abkürzungen für die Schaltungen von US- und OS- Wicklung aus der Kennzahl, die die Phasenverschiebung zwischen $\underline{U}_{1u}$ und $\underline{U}_{2u}$ in Vielfachen von 30° angibt.

Bild 3.15 (Auszug aus VDE 0532 Teil 4) zeigt die wichtigsten Schaltgruppen der Drehstrom-transformatoren.

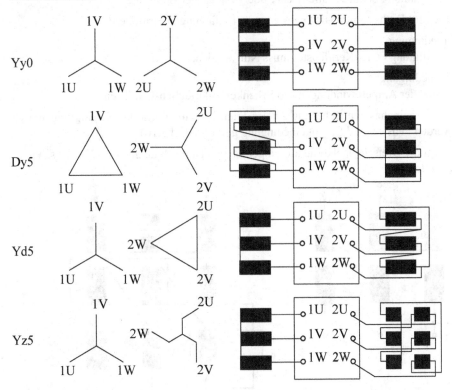

Bild 3.15
Schaltgruppen von Drehstromtransformatoren (Auszug aus VDE 0532 Teil 4)

3.11 Unsymmetrische und einphasige Belastungen von Drehstromtransformatoren

Bei symmetrischer Belastung des Drehstromtransformators ist der Magnetisierungsbedarf äußerst klein (vergl. Abschnitt 3.2). Primär- und bezogener Sekundärstrom sind nahezu in Gegenphase; ihre geometrische Addition ergibt den sehr kleinen Magnetisierungsstrom. Die Durchflutung je Schenkel beträgt $N_1 \cdot I_\mu \approx 0$.

Das Umlaufintegral der magnetischen Feldstärke für jedes der "Fenster", bestehend aus zwei Kernen und den dazugehörigen Jochabschnitten, ist ebenfalls sehr klein ($\sqrt{3} \cdot N_1 \cdot I_\mu$ bei Dreischenkelkerntransformatoren, bei Fünfschenkelkerntransformatoren $N_1 \cdot I_\mu$ für die beiden äußeren Fenster, $\sqrt{3} \cdot N_1 \cdot I_\mu$ für die beiden inneren Fenster). Die Durchflutung jedes Schenkels ist ebenfalls sehr klein.

Bei unsymmetrischer oder einphasiger Belastung kann sich dieses Durchflutungsgleichgewicht bei einigen Transformatorschaltungen nicht einstellen. Die Folge ist ein starker Abfall der Sekundärspannung bei unsymmetrischer oder einphasiger Belastung.

Daher werden für Drehstromtransformatoren zwei Bedingungen formuliert:

1. Fensterbedingung
   Die Durchflutung Θ der Kernfenster muss Null werden.

2. Schenkelbedingung
   Die Summe der Amperewindungen pro Schenkel soll möglichst Null sein.

Am Beispiel der einphasigen Belastung zweier Transformatoren mit den Schaltgruppen Yy0 und Yz5 werden Fenster- und Schenkelbedingung geprüft (Bild 3.16).

Bild 3.17 zeigt die Dreischenkelkerne mit eingetragenen Durchflutungen $\Theta = N \cdot I$ in schematischer Darstellung.

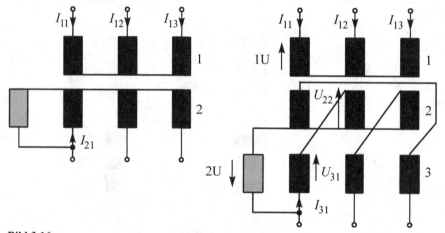

Bild 3.16

Transformatoren mit einphasiger Belastung: links : Yy0, rechts: Yz5

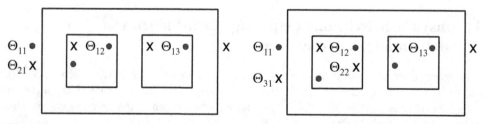

Bild 3.17

Durchflutungsverteilung von Dreischenkelkerntransformatoren bei einphasiger Belastung (links: Yy0, rechts Yz5)

Knotenp.: $\Theta_{11} + \Theta_{12} + \Theta_{13} = 0$ Knotenp.: $\Theta_{11} + \Theta_{12} + \Theta_{13} = 0$

Fenster1: $\Theta_{11} - \Theta_{12} - \Theta_{21} = 0$ Fenster1: $\Theta_{11} - \Theta_{12} + \Theta_{22} - \Theta_{31} = 0$

Fenster2: $\Theta_{12} - \Theta_{13} = 0$ Fenster2: $\Theta_{12} - \Theta_{13} - \Theta_{22} = 0$

                                                                $\Theta_{31} = -\Theta_{22}$

Lösung: $\Theta_{11} = 2 \cdot \Theta_{21}/3$ Lösung: $\Theta_{11} = -\Theta_{22}$

            $\Theta_{12} = -\Theta_{21}/3$ $\Theta_{12} = \Theta_{22}$

            $\Theta_{13} = -\Theta_{21}/3$ $\Theta_{13} = 0$

Schenkeldurchflutungen: Schenkeldurchflutungen

       1: $\Theta_{11} - \Theta_{21} = -\Theta_{21}/3$ 1: $\Theta_{11} - \Theta_{31} = 0$

       2: $\Theta_{12} = -\Theta_{21}/3$ 2: $\Theta_{12} - \Theta_{22} = 0$

       3: $\Theta_{13} = -\Theta_{21}/3$ 3: $\Theta_{13} = 0$

Als Resultat der Berechnung ergibt sich, dass bei dem Transformator in Schaltgruppe Yy0 alle Schenkel eine Fehldurchflutung von einem Drittel der Sekundärdurchflutung aufweisen, während bei dem Transformator mit Schaltgruppe Yz5 die Schenkelbedingung für alle Schenkel erfüllt ist.

Das Ergebnis der analogen Berechnungen für die Schaltgruppen nach Bild 3.15 lautet:

Transformatoren in Yy- Schaltung sind nicht einphasig belastbar und daher als Verteilertransformatoren nicht geeignet.

Transformatoren mit einer Wicklung in Dreieck- oder Zickzackschaltung dürfen bis zum Nennstrom einphasig belastet werden. Zickzack- Wicklungen sind wegen des erhöhten Materialaufwands teuer und werden nur bei kleinen Verteilertransformatoren eingesetzt. Bei Maschinentransformatoren und größeren Verteilertransformatoren wird die Unterspannungswicklung in Dreieckschaltung ausgeführt.

Hochspannungstransformatoren werden wegen des hohen Isolationsaufwands nicht mit Dreieckschaltung einer Wicklung ausgeführt, sondern erhalten zusätzlich zu den beiden in Stern geschalteten Wicklungen eine so genannte Ausgleichswicklung in Dreieckschaltung.

3.12 Spartransformatoren

Bei Spartransformatoren sind Primär- und Sekundärwicklung nicht galvanisch getrennt. Die Primärwicklung ist gemäß Bild 3.18 durch eine Anzapfung im Windungszahlverhältnis N_1/N_2 geteilt.

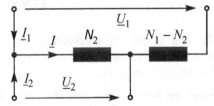

Bild 3.18
Ersatzschaltbild des Spartransformators

Zwischen den Größen von Primär- und Sekundärseite bestehen folgende Zusammenhänge:

$$U_1 / U_2 = N_1 / N_2 \qquad\qquad I_1 / I_2 = N_2 / N_2 \,.$$

Der Strom I im "Querzweig" kann bei Vernachlässigung der Magnetisierungsdurchflutung aus dem Durchflutungsgleichgewicht berechnet werden.

$$I \cdot N_2 + I_1 \cdot (N_1 - N_2) = 0 \;\Rightarrow\; I = I_1 \cdot (1 - N_1 / N_2)$$

Nur der Teil der Wicklung mit der Windungszahl $N_1 - N_2$ muss für den vollen Primärstrom I_1 ausgelegt werden, der restliche Teil nur für den kleineren Strom I. Insbesondere bei nur wenig von Eins abweichenden Übersetzungsverhältnissen ergibt sich eine deutliche Reduktion des Bauvolumens. Die Typenleistung des Spartransformators ist kleiner als die Durchgangsleistung. Bei einem Einphasenspartransformator beträgt die abgegebene Leistung

$$-U_2 \cdot I_2 = -U_2 \cdot (I - I_1) = U_2 \cdot I_1 - U_2 \cdot I_1 \cdot (1 - N_1 / N_2)$$

$$= \frac{N_2}{N_1} \cdot U_1 \cdot I_1 + \left(1 - \frac{N_2}{N_1}\right) \cdot U_1 \cdot I_1$$

$$= S_{galv.} \qquad + \qquad S_{transf.}$$

Der Teil N_2 / N_1 der Ausgangsleistung wird galvanisch übertragen, der Teil $(1 - N_2 / N_1)$ transformatorisch.

Die Typenleistung des Spartransformators, die das Bauvolumen bestimmt, beträgt

$$S_{Typ} = \left(1 - \frac{N_2}{N_1}\right) \cdot S_N \tag{3.35}$$

Beispiel: Netzkupplungstransformator mit $U_1 / U_2 = 380\,\text{kV} / 220\,\text{kV}$:

$$S_{Typ} = \left(1 - \frac{1}{\sqrt{3}}\right) \cdot S_N = 0{,}42 \cdot S_N$$

Die Einsparung an Bauvolumen ist umso größer, je näher das Übersetzungsverhältnis bei 1 liegt.

Bei Kurzschluss des Spartransformators wird nur der Wicklungsteil mit der Windungszahl $(N_1 - N_2)$ durchflutet. Die relative Kurzschlussspannung ist gegenüber der eines Volltransformators um den Faktor $(1 - N_2 / N_1)$ kleiner.

$$u_{kSpartr} = u_k \cdot \left(1 - \frac{N_2}{N_1}\right) \tag{3.36}$$

Sie reduziert sich um denselben Faktor wie die Typenleistung. In den im umgekehrten Verhältnis größeren Kurzschlussströmen liegt neben der fehlenden galvanischen Trennung von Primär- und Sekundärseite der entscheidende Nachteil des Spartransformators.

Spartransformatoren werden als Netzkupplungstransformatoren sowie als Stelltransformatoren zum Ausgleich von Spannungsschwankungen eingesetzt.

4 Asynchronmaschinen

Asynchronmaschinen werden überwiegend als Motoren eingesetzt (Leistung bis etwa 20 MW), seltener als Generatoren (Windkraftgeneratoren am Netz, bis über 5 MW, im Inselbetrieb nur in Sonderfällen). In der Einführung wurde die überragende Bedeutung der Drehstrommaschinen in der industriellen Antriebstechnik herausgestellt (deutsches Produktionsvolumen im Leistungsbereich ab 0,75 kW über 2,5 Mrd. € (2010)).

Drehstromasynchronmaschinen, im folgenden kurz als Asynchronmaschinen bezeichnet, werden an einem symmetrischen Drehstromnetz betrieben, das durch drei um jeweils 120° gegeneinander phasenverschobene sinusförmige Spannungen gleicher Amplitude gebildet wird. Es sind zwei grundlegende Ausführungsformen der Asynchronmaschine zu unterscheiden:

- Schleifringläufer
  Drehstromwicklung in Ständer und Läufer, Wicklungsenden der Läuferwicklung auf Schleifringe geführt, die über Bürsten von außen beschaltet werden können,

- Kurzschlussläufer
  Drehstromwicklung im Ständer, die Läuferwicklung besteht aus mehreren Stäben, die an den Enden durch Kurzschlussringe verbunden sind. Wegen des Aufbaus der Läuferwicklung werden die Motoren als Käfigläufermotoren bezeichnet.

Im Bereich kleinerer Leistungen ist die Zuordnung von Leistungen und den wichtigsten Anbaumaßen, wie zum Beispiel

- Durchmesser des Wellenendes,

- Achshöhe (= Höhe der Wellenmitte über der Fußebene),

- bei Fußbauformen: Fußlochabstände,

- bei Flanschbauformen: Flanschdurchmesser sowie Zahl und Teilkreisdurchmesser der Flanschbohrungen

genormt (DIN IEC 60072-2).

Die Achshöhe bildet, zum Teil zusammen mit einem Buchstaben zur Kennzeichnung der Länge (S, M, L), die Baugröße (Beispiel: Baugröße 280 M). Die genormten Niederspannungsmotoren der Baugrößen 56 bis 315 M werden daher als Normmotoren bezeichnet (Leistungen vierpolig bis 132 kW). Im Bereich größerer Leistungen existiert keine feste Zuordnung zwischen Baugröße (355, 400, 450) und Leistung; die Motoren werden daher als Transnormmotoren bezeichnet. Norm- und Transnormmotoren werden in Europa überwiegend vierpolig ausgeführt, Polzahlen von $2p = 8$ und größer kommen nur selten zum Einsatz.

Voraussetzung für ein zeitlich konstantes Drehmoment ist ein mit konstanter Winkelgeschwindigkeit im Luftspalt umlaufendes, räumlich möglichst sinusförmig verteiltes magnetisches Feld. Alle für das Betriebsverhalten der Asynchronmaschinen wichtigen elektromagnetischen Vorgänge können aus dem Luftspaltfeld abgeleitet werden. Das Luftspaltfeld wird von stromdurchflossenen Spulen, die in gleichmäßig am Umfang verteilte Nuten eingelegt sind, erregt. Wegen der besonderen Bedeutung des Luftspaltfeldes wird zunächst der Wicklungsaufbau erläutert.

4.1 Wicklungen von Asynchronmaschinen

4.1.1 Wechselstromwicklungen

Zunächst sollen grundlegende Betrachtungen zur Ermittlung des Feldes einer wechselstromdurchflossenen Spule angestellt werden. Die Leiter dieser Spule sind, ebenso wie die Rückleiter, über die Zonenbreite 2α am Umfang verteilt. Bei Wechselstromwicklungen beträgt die Zonenbreite üblicherweise $2/3$ einer Polteilung, das heißt, es wird nicht der gesamte zur Verfügung stehende Wickelraum ausgenutzt, sondern nur $2/3$ davon.

$$2\alpha = \frac{2}{3} \cdot \tau = \frac{2}{3} \cdot \frac{2\pi}{2p} \tag{4.1}$$

Wie bei der Gleichstrommaschine soll das Luftspaltfeld mit Hilfe des Durchflutungsgesetzes aus dem Strombelag der Wicklung ermittelt werden. Bild 4.1 zeigt im oberen Teil einen Ausschnitt aus dem in die Ebene abgewickelten Maschinenumfang. Dargestellt sind die Hin- und Rückleiter der Spulengruppe des ersten Polpaares sowie die Hinleiter der Spulengruppe des zweiten Polpaares, jeweils verteilt über die Zonenbreite 2α. Die Richtung der Durchflutung ist durch x (in die Zeichenebene hinein) und • (aus der Zeichenebene heraus) symbolisiert. Die Darstellung der Durchflutungsverteilung alleine wird als Zonenplan bezeichnet.

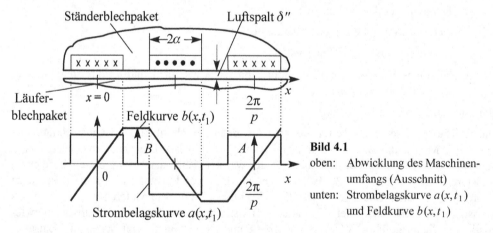

Bild 4.1
oben: Abwicklung des Maschinen-
        umfangs (Ausschnitt)
unten: Strombelagskurve $a(x,t_1)$
        und Feldkurve $b(x,t_1)$

Der Einfluss der Nutung wird über einen Zuschlag zum Luftspalt berücksichtigt und der Läufer nur als magnetischer Rückschluss betrachtet. Die magnetischen Spannungen im Eisen werden durch eine fiktive Vergrößerung des Luftspalts berücksichtigt.

$$\delta(x,t) = \delta'' = \text{konstant}$$

Die Felderregerkurve ist bei konstantem Luftspalt ein Abbild der Integralkurve des Strombelags (s. Gl. (2.31b) in Abschnitt 2.10). Bei konstantem Luftspalt ist die Feldkurve ein Abbild

der Felderregerkurve. Strombelag und Feldkurve sind für den Zeitpunkt, an dem der Spulen-
strom sein Maximum hat, im unteren Teil von Bild 4.1 dargestellt.

Nach jeder doppelten Polteilung $2\tau = 2\pi/p$ wiederholt sich der Verlauf von Strombelag und
Feld, so dass die Betrachtung einer doppelten Polteilung ausreichend ist. Das von der Spule
erregte Feld ist nicht exakt sinusförmig. Um das Luftspaltfeld analytisch beschreiben zu können, wird es als Fourierreihe dargestellt. Eine periodische Funktion

$$f(x) = f(x + T)$$

der Periodendauer T kann als trigonometrische Summe

$$s_n(x) = a_0/2 \;+\; a_1\cos(\omega x) + a_2\cos(2\omega x) + ... + a_n\cos(n\omega x) \tag{4.2}$$
$$+\; b_1\sin(\omega x) + b_2\sin(2\omega x) + ... + b_n\sin(n\omega x)$$

mit der Kreisfrequenz

$$\omega = 2\pi/T$$

dargestellt werden. Die Umfangskoordinate x wird im Bogenmaß gezählt. Die Koeffizienten
$a_0 ... a_n$ und $b_1 ... b_n$ sind die Fourierkoeffizienten der gegebenen Funktion.

$$a_n = \frac{2}{T}\cdot\int_0^T f(x)\cdot\cos(nx)dx \tag{4.3a}$$

$$b_n = \frac{2}{T}\cdot\int_0^T f(x)\cdot\sin(nx)dx \tag{4.3b}$$

Bei konstantem Luftspalt und zeitlich sinusförmigem Strom in der Wicklung,

$$i_1(t) = \sqrt{2} \cdot I_1 \cdot \sin(\omega_1 t),$$

lautet die Fourierreihe der Feldkurve mit $T = 2\pi/p$

$$b_W(x,t) = \tag{4.4}$$

$$B\cdot\left[\frac{\sin(p\alpha)}{p\alpha}\cdot\sin(px) + \frac{\sin(3p\alpha)}{3\cdot 3p\alpha}\cdot\sin(3px) + \frac{\sin(5p\alpha)}{5\cdot 5p\alpha}\cdot\sin(5px)\cdots\right]\cdot\sin(\omega_1 t)$$

In Gl. (4.4) wurde zur Abkürzung

$$B = \sqrt{2}I_1\cdot\frac{\mu_0}{\delta''}\cdot\frac{4}{\pi}\cdot\frac{N_1}{2p}$$

verwendet (N_1: Strangwindungszahl). Für die auftretenden Vielfachen der Maschinenpolpaar-
zahl p im Luftspaltfeld eines Wicklungsstranges wird die Bezeichnung ν verwendet.

$$\nu = (1 + 2g)\cdot p \quad \text{mit } g = 0, 1, 2, ... \quad \nu = p, 3p, 5p, ... \tag{4.5}$$

Die Ausdrücke der Form

$$\xi_{1\nu} = \frac{\sin(\nu\alpha)}{\nu\alpha} \tag{4.6}$$

in Gl. (4.4) berücksichtigen die endliche Zonenbreite $2\,\alpha$ und werden daher als Zonenwicklungsfaktoren bezeichnet.

Die Gl. (4.4) stellt ein Wechselfeld dar, da die räumliche Feldverteilung zeitlich konstant ist und sich lediglich alle Funktionswerte $b(x)$ zeitlich mit der Kreisfrequenz ω_1 ändern (stehende Welle).

Mit der Abkürzung

$$B_{\nu W} = \sqrt{2} \cdot I_1 \cdot \frac{\mu_0}{\delta''} \cdot \frac{4}{\pi} \cdot \frac{N_1}{2p} \cdot \frac{\xi_{1\nu}}{\nu/p} \tag{4.7}$$

lautet das Wechselfeld endgültig

$$b_W(x,t) = \sum_{\nu} B_{\nu W} \cdot \sin(\nu x) \cdot \sin(\omega_1 t)$$

Es besteht aus einem Grundfeld der Polpaarzahl p mit der Amplitude

$$B_{pW} = \sqrt{2} \cdot I_1 \cdot \frac{\mu_0}{\delta''} \cdot \frac{4}{\pi} \cdot \frac{N_1}{2p} \cdot \frac{\xi_{1p}}{p/p} \tag{4.8}$$

mit der Orts- und Zeitfunktion

$$b_{pW}(x,t) = B_{pW} \cdot \sin(px) \cdot \sin(\omega_1 t) \tag{4.9}$$

sowie aus Oberfeldern mit den Polpaarzahlen

$$\nu = (1 + 2g) \cdot p, \ g = 1, 2,...$$

mit den Amplituden nach Gl. (4.7). Tabelle 4.1 zeigt für die bei Wechselstromwicklungen in der Regel ausgeführte Zonenbreite von $2\alpha = 2\pi/3p$ sowie die bei Drehstromwicklungen übliche Zonenbreite von $2\alpha = \pi/3p$ (siehe Abschnitt 4.1.2) die Zonenwicklungsfaktoren sowie die Feldamplituden für die Polpaarzahlen $\nu = p, \ 3p, \ 5p, \ 7p$, jeweils auf den Zonenwicklungsfaktor des Grundfeldes ξ_{1p} bzw. auf die Grundfeldamplitude B_{pW} bezogen.

Tabelle 4.1
Wicklungsfaktoren und Feldamplituden für $2\alpha = 2\pi/3p$, $2\alpha = \pi/3p$

	$2\alpha = 2\pi/3p$			$2\alpha = \pi/3p$		
ν/p	$\xi_{1\nu}$	$\xi_{1\nu}/\xi_{1p}$	$B_{\nu W}/B_{pW}$	$\xi_{1\nu}$	$\xi_{1\nu}/\xi_{1p}$	$B_{\nu W}/B_{pW}$
1	0,827	1,0	1,0	0,955	1,0	1,0
3	0,0	0,0	0,0	0,637	0,667	0,222
5	−0,165	−0,2	−0,04	0,191	0,2	0,04
7	0,118	0,143	0,02	−0,136	−0,143	−0,02

Die Oberfeldamplituden nehmen mit zunehmender Polpaarzahl ν schnell ab ($B_{\nu W} \sim \xi_{1\nu}/\nu$). Daher ist für die weiteren Betrachtungen die Beschränkung auf das Grundfeld gemäß Gl. (4.9) zulässig.

Der Ausdruck nach Gl. (4.9) wird mit Hilfe eines Additionstheorems zerlegt.

$$\sin(\alpha) \cdot \sin(\beta) = 0{,}5 \cdot [\cos(\alpha - \beta) - \cos(\alpha + \beta)]$$

$$b_{pW}(x,t) = 0{,}5 \cdot B_{pW} \cdot [\cos(px - 2\pi f_1 t) - \cos(px + 2\pi f_1 t)] \tag{4.10}$$

Was bedeutet diese formale Zerlegung? Zur Klärung soll zunächst nur einer der beiden cos-Terme betrachtet werden: $\cos(px - 2\pi f_1 t)$. Wo ist das Maximum dieses Feldes?

$$\cos(px - 2\pi f_1 t) \overset{!}{=} \max$$

$$\Rightarrow \quad px - 2\pi f_1 t = 0$$

$$x = 2\pi f_1 / p \cdot t$$

Der Ort des Feldmaximums läuft mit konstanter Winkelgeschwindigkeit $dx/dt = 2\pi f_1/p$ im Luftspalt um. Analog dazu stellt der zweite Term in Gl. (4.10) ein Feld dar, das ebenfalls mit konstanter Geschwindigkeit, allerdings in entgegengesetzter Richtung, im Luftspalt umläuft. Beide Terme von Gl. (4.10) beschreiben so genannte Drehfelder, der linke ein mitlaufendes (in Richtung der Umfangskoordinate), der rechte ein gegenlaufendes (entgegen der Richtung der Umfangskoordinate). Ein Wechselfeld kann demnach als Summe zweier gleich großer entgegengesetzt umlaufender Teildrehfelder halber Amplitude dargestellt werden. Für die Entwicklung **eines** zeitlich mit konstanter Geschwindigkeit im Luftspalt umlaufenden, räumlich möglichst sinusförmig verteilten Feldes muss eines der beiden Teildrehfelder verschwinden.

4.1.2 Drehstromwicklungen

Bei einer Drehstromwicklung mit $m_1 = 3$ Wicklungssträngen werden je Polpaar drei räumlich um den Winkel $2\pi/pm_1$ verschobene Spulen angeordnet, die von zeitlich um den Winkel $2\pi/m_1$ gegeneinander phasenverschobenen Strömen gespeist werden. Da jede Spule aus Hin- und Rückleitern besteht, wird jeder Strang der Drehstromwicklung üblicherweise nur mit der halben Zonenbreite der Wechselstromwicklung ausgeführt.

$$2\alpha = \frac{1}{3} \cdot \tau = \frac{1}{3} \cdot \frac{2\pi}{2p}$$

Ein „mitlaufendes" Feld

$$b_{vm}(x,t) = 0{,}5 \cdot B_{vW} \cdot \cos(vx - 2\pi f_1 t) \tag{4.11}$$

kann gedeutet werden als Projektion eines rotierenden Zeigers

$$\underline{B}_{vm} = 0{,}5 \cdot B_{vW} \cdot e^{jvx} \cdot e^{-j\omega_1 t}$$

auf die reelle Bezugsachse und analog das „gegenlaufende" Feld

$$b_{vg}(x,t) = -0{,}5 \cdot B_{vW} \cdot \cos(vx + 2\pi f_1 t)$$

$$= -0{,}5 \cdot B_{vW} \cdot \cos(-vx - 2\pi f_1 t)$$

als gegensinnig rotierender Zeiger

$$\underline{B}_{vg} = -0{,}5 \cdot B_{vW} \cdot e^{-jvx} \cdot e^{-j\omega_1 t}$$

Mit- und gegenlaufende Felder werden durch Gl. (4.11) erfasst, wenn auch negative Polpaarzahlen v zugelassen werden.

Am Beispiel des Grundfeldes der Wechselstromwicklung wird die Darstellung der Felder als Zeiger erläutert. Zum Zeitpunkt $t = 0$ ist sowohl das Feldmaximum des mitlaufenden Feldes (Polpaarzahl p) als auch das des gegenlaufenden Feldes (Polpaarzahl $-p$) bei $x = 0$. Die geometrische Addition $\underline{B}_{pm} + \underline{B}_{pg}$ ergibt Null (Bild 4.2 links).

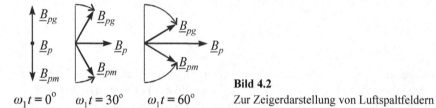

$\omega_1 t = 0°$ $\omega_1 t = 30°$ $\omega_1 t = 60°$

Bild 4.2
Zur Zeigerdarstellung von Luftspaltfeldern

Zum Zeitpunkt $\omega_1 t = 30°$ (Bild 4.2 Mitte) ist das Maximum des mitlaufenden Feldes bei $px = 30°$, das des gegenlaufenden Feldes bei $px = -30°$. Die Zeiger von mit- und gegenlaufendem Feld kennzeichnen demnach die räumliche Lage des Feldmaximums. Die geometrische Addition ergibt das resultierende Feld senkrecht zur Bezugsachse; in Übereinstimmung mit Gl. (4.9) ist für den betrachteten Zeitpunkt der Augenblickswert gleich der Amplitude der Teildrehfelder, die beide die Hälfte der Amplitude des Wechselfeldes aufweisen. Das resultierende Feld liegt unverändert senkrecht zur Bezugsachse (vergl. hierzu auch die Darstellung für $\omega_1 t = 60°$ in Bild 4.2 rechts), da die Wechselstromwicklung ein räumlich stillstehendes Feld erregt.

Zur Berechnung des resultierenden Feldes aller m_1 Wicklungsstränge sind alle mit- und gegenlaufenden Felder der m_1 Wicklungsstränge zu summieren. Der k. Wicklungsstrang ist gegenüber dem ersten um den Winkel

$$2\pi/pm_1 \cdot (k-1)$$

räumlich verschoben und wird durch einen Strom mit der Phasenverschiebung

$$2\pi/m_1 \cdot (k-1)$$

gespeist. Somit lautet ein beliebiges Oberfeld des k. Stranges in Zeigerdarstellung

$$\underline{b}_{vk}(x,t) = \frac{B_{vW}}{2} \cdot e^{jv(x-\frac{2\pi}{pm_1}(k-1))} \cdot e^{-j(\omega_1 t-\frac{2\pi}{m_1}(k-1))} \tag{4.12}$$

Das resultierende Feld ergibt sich durch Summation der Felder aller Wicklungsstränge zu

$$\underline{b}(x,t) = \sum_v \frac{B_{vW}}{2} \cdot e^{jvx} \cdot e^{-j\omega_1 t} \cdot \sum_{k=1}^{m_1} e^{-j\frac{2\pi}{m_1}(\frac{v}{p}-1)(k-1)} \tag{4.13}$$

Die zweite Summe kann unter Verwendung von

$$\sum_{k=0}^{N-1} x^k = \frac{1-x^N}{1-x} \quad \text{für} \, |x| \neq 1$$

vereinfacht werden.

$$\underline{b}(x,t) = \sum_{v} \frac{B_{vW}}{2} \cdot e^{jvx} \cdot e^{-j\omega_1 t} \cdot \frac{1 - e^{-j\frac{2\pi}{m_1}(\frac{v}{p}-1)m_1}}{1 - e^{-j\frac{2\pi}{m_1}(\frac{v}{p}-1)}} \tag{4.14}$$

Der Zähler ist stets Null, der Bruch hat nur einen von Null verschiedenen Wert für

$$v/p = 1 + g\, m_1 \tag{4.15}$$

und ergibt für diese Polpaarzahlen m_1. Jeder Wicklungsstrang erregt nach Gl. (4.4) nur Oberfelder der Polpaarzahlen $v = (1 + 2\,g) \cdot p$. Die Zusammenfassung mit der Polpaarzahlbedingung nach Gl. (4.15) ergibt somit für Wicklungen mit ungeraden Strangzahlen endgültig

$$v/p = 1 + 2\,m_1\, g \tag{4.16}$$

Damit lautet das resultierende Feld aller Wicklungsstränge

$$b(x,t) = \frac{m_1}{2} \cdot \sum_{v=p(1+2m_1 g)} B_{vW} \cos(vx - \omega_1 t) \tag{4.17}$$

Die mitlaufenden Felder der einzelnen Wicklungsstränge mit den Polpaarzahlen $v/p = 1, 7,$ 13, 19, ... addieren sich ebenso wie die gegenlaufenden Felder der Polpaarzahlen $v/p = -5,$ $-11, -17, ...$ algebraisch. Felder mit Polpaarzahlen, die durch die Strangzahl teilbar sind ($v = p m_1 g$), kommen im resultierenden Wicklungsfeld nicht vor. Das Wicklungsfeld einer symmetrisch gespeisten mehrsträngigen Wicklung besteht demnach nur aus Drehfeldern.

Die Überlagerung der drei Wechselfelder mit Grundpolpaarzahl p ergibt, dass sich die mitlaufenden Teildrehfelder algebraisch addieren und die gegenlaufenden Teildrehfelder gegenseitig auslöschen. Das resultierende Grundfeld einer Drehstromwicklung kann daher durch

$$b_p(x,t) = \frac{m_1}{2} \cdot B_{pW} \cdot \cos(px - \omega_1 t) = B_p \cdot \cos(px - \omega_1 t) \tag{4.18}$$

beschrieben werden. Die Drehfeldamplitude B_p ist $m_1/2$ mal so groß wie die Wechselfeldamplitude eines Wicklungsstranges B_{pW} nach Gl. (4.8).

Bild 4.3 zeigt den Zonenplan einer Drehstromwicklung sowie Strombelag und Feldkurve zu dem Zeitpunkt, an dem der Strom im Strang U seinen Maximalwert aufweist.

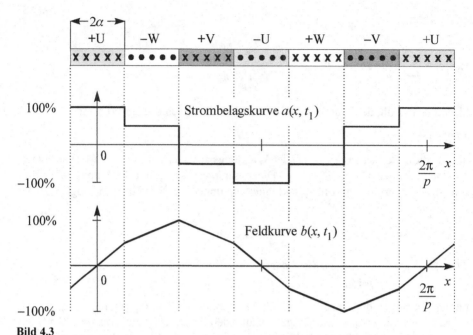

Bild 4.3
Zonenplan, Strombelag und Feld einer Drehstromwicklung

4.2   Ständerfrequenz, Läuferfrequenz, Schlupf

Bisher wurde der Läufer bei der Ermittlung des Feldes außer Acht gelassen. Es soll nun unterstellt werden, dass sich der Läufer mit der Drehzahl n dreht.

Zur Unterscheidung zwischen Ständer- und Läufergrößen werden alle Ständergrößen mit dem Index 1, alle Läufergrößen mit dem Index 2 versehen.

Das Ständerdrehfeld läuft im Luftspalt mit der Winkelgeschwindigkeit $2\pi f_1/p$ um. Bild 4.4 verdeutlicht den Zusammenhang zwischen dem ständerfesten Koordinatensystem (x_1) und einem läuferfesten Koordinatensystem (x_2).

$$x_1 = 2\pi n t + x_2 \tag{4.19}$$

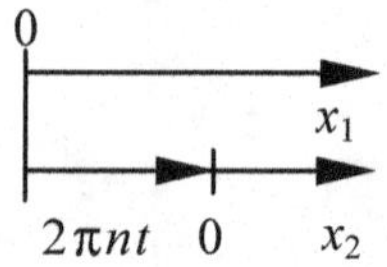

Bild 4.4
Zusammenhang zwischen Ständer- und Läuferkoordinaten

Wird nun das Drehfeld nach Gl. (4.18) in Läuferkoordinaten dargestellt,

$$b_p(x_2,t) = B_p \cdot \cos(px_2 - (2\pi f_1 - 2\pi n p) \cdot t), \tag{4.20}$$

so wird deutlich, dass das Feld im Läufer Spannungen der Frequenz

$$f_2 = f_1 \cdot (1 - n \cdot p/f_1) = f_1 - p \cdot n \tag{4.21}$$

induziert. Bei stillstehendem Läufer ($n = 0$) sind Ständer- und Läuferfrequenz gleich ($f_2 = f_1$); wenn sich der Läufer mit der Drehzahl

$$n = n_1 = f_1/p \tag{4.22}$$

dreht, so ist die Läuferfrequenz Null. Wenn die Umlaufgeschwindigkeiten von Läufer- und Ständerfeld identisch sind (keine Relativgeschwindigkeit), werden in der Läuferwicklung keine Spannungen induziert. Dieser Betriebspunkt wird als (idealer) Leerlauf bezeichnet, die zugehörige Drehzahl n_1 als Leerlauf- oder auch als synchrone Drehzahl. Zur Darstellung der Läuferfrequenz wird der Schlupf s verwendet.

$$f_2 = s \cdot f_1 \tag{4.23}$$

Bei Leerlauf ist $s = 0$, im Stillstand $s = 1$. Mit Hilfe der Gln. (4.21, 4.22) ergibt sich für den Schlupf

$$s = 1 - \frac{p \cdot n}{f_1} = 1 - \frac{n}{n_1} = \frac{n_1 - n}{n_1} \tag{4.24}$$

Der Schlupf beschreibt somit die relative Abweichung der Läuferdrehzahl von der synchronen Drehzahl n_1. Die Darstellung der Drehzahl n durch Schlupf und synchrone Drehzahl ergibt

$$n = n_1 \cdot (1 - s). \tag{4.25}$$

4.3 Ersatzschaltbild der Asynchronmaschine

Die das Betriebsverhalten beschreibenden Kenngrößen der Asynchronmaschine, wie zum Beispiel Strom, Drehmoment, Verluste, sollen auf möglichst einfache Weise ermittelt werden. Hierbei ist das so genannte einsträngige Ersatzschaltbild hilfreich, das die Ermittlung der Kenngrößen mit den Regeln der Wechselstromrechnung gestattet. Bei Anschluss einer symmetrischen Asynchronmaschine (alle Wicklungsstränge gleichartig aufgebaut) an ein symmetrisches Drehstromnetz sind die Strangströme in allen Strängen von Ständer und Läuferwicklung (bei Käfigläufern: Stabströme) betragsgleich; sie unterscheiden sich lediglich durch ihre gegenseitige Phasenverschiebung. Aus diesem Grund ist zur Berechnung aller Strangströme ein einziges Ersatzschaltbild ausreichend. Das resultierende Luftspaltfeld wird durch die Summe von Ständer- und Läuferströmen bestimmt.

Aus der Tatsache, dass das mit synchroner Drehzahl im Luftspalt umlaufende Ständerfeld im Läufer schlupffrequente Spannungen induziert, kann umgekehrt geschlossen werden, dass schlupffrequente Läuferströme ein Feld erregen, das vom Ständer aus gesehen ebenfalls mit synchroner Drehzahl umläuft. Die Frequenz der von dem Läuferfeld in der Ständerwicklung induzierten Spannung ist also gleich der Netzfrequenz. Daher werden alle Läufergrößen (Impedanzen, Ströme, Spannungen) auf den Ständer umgerechnet und durch einen hochgestellten Strich gekennzeichnet. Die Umrechnung erfolgt so, dass der bezogene Läuferstrom $\underline{I}'_2$ als netzfrequenter Strom in der Ständerwicklung fließend dasselbe Feld erregen würde, wie der tatsächlich in der Läuferwicklung fließende schlupffrequente Strom $\underline{I}_2$. Der Wicklungswiderstand eines Ständerwicklungsstranges wird mit R_1 bezeichnet, der auf den Ständer bezogene Wicklungswiderstand des Läufers mit R_2'. Da die Umrechnung der Läufergrößen auf den Ständer leistungsinvariant sein muss, gilt für die Läuferverluste

$$m_1 R_2' I_2'^2 = m_2 R_2 I_2^2 \,. \tag{4.26}$$

Die Strangzahl des Läufers beträgt $m_2 = 3$ für Drehstromschleifringläufer und $m_2 = N_r$ bei einem Käfigläufer mit N_r Läuferstäben.

Die von den stromdurchflossenen Leitern im Inneren der Nuten bzw. durch die Verbindungen an den Stirnseiten der Blechpakete erregte Feldenergie wird durch die Streureaktanzen $X_{1\sigma}$ bzw. $X'_{2\sigma}$ erfasst. Das resultierende Feld im Luftspalt wird durch Ständer- und Läuferströme gemeinsam erregt,

$$B_{res} \sim |\underline{I}_1 + \underline{I}_2'| \,,$$

wobei für die Stromsumme zur Abkürzung der Magnetisierungsstrom $\underline{I}_\mu$ eingeführt wird.

$$\underline{I}_\mu = \underline{I}_1 + \underline{I}_2' \tag{4.27}$$

Die vom resultierenden Luftspaltfeld in einem Strang der Ständerwicklung induzierte Spannung kann mit Hilfe des Induktionsgesetzes berechnet werden; sie ist proportional zum Magnetisierungsstrom,

$$\underline{U}_i = jX_h \underline{I}_\mu \tag{4.28}$$

mit der so genannten Hauptreaktanz X_h.

Die an einem Ständerstrang anliegende Spannung $\underline{U}_1$ ist die Summe aus der induzierten Spannung $\underline{U}_i$ und den Spannungsabfällen an Ständerwiderstand und -streureaktanz.

$$\underline{U}_1 = (R_1 + jX_{1\sigma}) \underline{I}_1 + jX_h \underline{I}_\mu \tag{4.29}$$

Bei der Ermittlung der Strangspannung aus der im Normalfall angegebenen Netzspannung ist zwischen Stern- (Y) und Dreieckschaltung (Δ) der Wicklungen zu unterscheiden.

Sternschaltung: $U_1 = U_N / \sqrt{3}$ Dreieckschaltung: $U_1 = U_N$

Die Streureaktanz $X_{1\sigma}$ repräsentiert die Feldenergie der magnetischen Felder, die nicht mit dem Läufer verkettet sind (Nutstreufeld, Stirnkopfstreufeld, Streuung der Wicklungsoberfelder). Die analoge Spannungsgleichung für den Läufer lautet

$$\underline{U}_2' = (R_2' + jsX'_{2\sigma}) \cdot \underline{I}_2' + jsX_h \underline{I}_\mu \,. \tag{4.30}$$

Die Reaktanzen wurden mit dem Schlupf auf die Läuferfrequenz f_2 umgerechnet.

$$sX'_{2\sigma} = s \cdot 2\pi f_1 L'_{2\sigma} = 2\pi f_2 L'_{2\sigma}$$

$$sX_h = s \cdot 2\pi f_1 L_h = 2\pi f_2 L_h$$

Durch Division der Läuferspannungsgleichung (4.30) durch den Schlupf s ergibt sich eine Gleichung, in der alle Reaktanzen für die Ständerfrequenz auftreten.

$$\frac{\underline{U}_2'}{s} = \left(\frac{R_2'}{s} + jX'_{2\sigma}\right) \cdot \underline{I}_2' + jX_h \underline{I}_\mu \tag{4.31}$$

Für die Läuferstrangspannung gilt dabei:

$$\frac{\underline{U}'_2}{s} = -\frac{R'_V}{s} \cdot \underline{I}'_2 \qquad \text{für Schleifringläufer, an den Schleifringen mit Widerstand}$$
$$R_V \text{ beschaltet}$$

$$\underline{U}'_2 = 0 \qquad \text{für Käfigläufer}$$

Damit lautet sowohl für Schleifringläufer (R'_V beliebig), als auch für Käfigläufer ($R'_V = 0$) die Läuferspannungsgleichung endgültig

$$0 = [(R'_2 + R'_V)/s + jX'_{2\sigma}] \cdot \underline{I}'_2 + jX_h\underline{I}_\mu . \tag{4.32}$$

Den Spannungsgleichungen (4.29) und (4.32) entspricht das in Bild 4.5 gezeigte einsträngige Ersatzschaltbild der Asynchronmaschine.

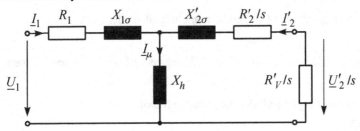

U_1	Strangspannung	R_1	Ständerwicklungswiderstand (Strang)
I_1	Strangstrom (Ständer)	R'_2	Läuferwicklungswiderstand (bezogen)
I'_2	Läuferstrom (bezogen)	$X_{1\sigma}$	Streureaktanz der Ständerwicklung
I_μ	Magnetisierungsstrom	$X'_{2\sigma}$	Läuferstreureaktanz (bezogen)
s	Schlupf	R'_V	Vorwiderstand (bezogen, nur bei Schleifringläufern)
		X_h	Hauptreaktanz

Bild 4.5

Einsträngiges Ersatzschaltbild einer Drehstromasynchronmaschine

Das einsträngige Ersatzschaltbild (ESB) nach Bild 4.5 kann mit den Regeln der komplexen Wechselstromrechnung behandelt werden. Für beliebige Drehzahlen n ergibt sich der Ständerstrom nach Betrag und Phase aus dem ESB. Einen besseren Überblick über die Abhängigkeit der Impedanz der Maschine von der Drehzahl erhält man jedoch durch das Zeichnen der so genannten Leitwertortskurve. Bei gegebener Netzspannung ist der Ständerstrom zum Leitwert proportional.

$$\underline{I}_1 = \underline{Y} \cdot \underline{U}_1 \tag{4.33}$$

mit

$$\underline{Y} = \cfrac{1}{R_1 + jX_{1\sigma} + \cfrac{jX_h \cdot ((R'_V + R'_2)/s + jX'_{2\sigma})}{jX_h + (R'_V + R'_2)/s + jX'_{2\sigma}}} \tag{4.34}$$

Wie sieht die durch Gl. (4.34) beschriebene Leitwertortskurve aus? Vor Behandlung dieser Frage sollen einige der Grundregeln der komplexen Wechselstromrechnung in Erinnerung gerufen werden. Die Impedanzortskurve einer Reihenschaltung von Widerstand und Induktivität, d. h., die Impedanz als Funktion der Frequenz, kann in der komplexen Ebene (waagerecht: Realteil, senkrecht: Imaginärteil der Impedanz) aufgetragen werden und ergibt eine zur imaginären Achse parallele Gerade (Bild 4.6).

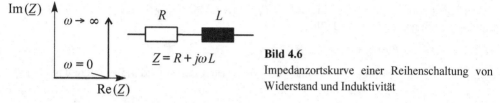

Bild 4.6

Impedanzortskurve einer Reihenschaltung von Widerstand und Induktivität

Die Läuferspannungsgleichung (4.32) enthält eine Impedanz der Form

$$R/s + jX$$

Wie sieht die zugehörige Leitwertortskurve aus? Im Leerlauf ($s = 0$) ist der Leitwert

$$\underline{Y}_0 = 0,$$

für unendlichen Schlupf ergibt sich der theoretische Maximalwert

$$\underline{Y}_\infty = -j/X.$$

In allgemeiner Form lautet der Leitwert

$$\underline{Y} = \frac{R/s}{(R/s)^2 + X^2} - j\,\frac{X}{(R/s)^2 + X^2} = \mathrm{Re}(\underline{Y}) + j\,\mathrm{Im}(\underline{Y})$$

Ohne Beweis: Die Leitwertortskurve ist ein Kreis mit dem Radius $1/2X$ um den Mittelpunkt $-j/2X$.

           Anmerkung: Zum Beweis ließe sich zeigen, dass

$$\mathrm{Re}(\underline{Y})^2 + (\mathrm{Im}(\underline{Y}) + 1/2X)^2 = (1/2X)^2.$$

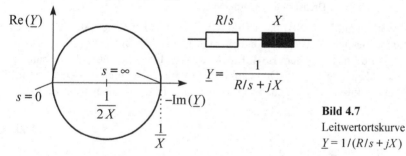

Bild 4.7

Leitwertortskurve $\underline{Y} = 1/(R/s + jX)$

In der Literatur wird zur grafischen Darstellung der Leitwertortskurve das Achsenkreuz um $\pi/2$ gedreht, so dass die reelle Achse nach oben und die negative imaginäre Achse nach rechts weist (Bild 4.7). Bei konstanter Spannung beschreibt die Leitwertortskurve die Lage des Stromzeigers als Funktion des Parameters s. Betrag und Phasenlage des Stromzeigers $\underline{I}_1$ können ohne weitere Rechnung der Leitwertortskurve entnommen werden.

4.4 Vereinfachtes Ersatzschaltbild der Asynchronmaschine, Stromortskurve

In Abschnitt 4.3 wurde gezeigt, wie mit Hilfe der Leitwertortskurve auf einfache Weise der Strom einer R- L- Reihenschaltung bestimmt werden kann, wenn die Parametrierung des Kreises bekannt ist. Mit Hilfe moderner Digitalrechner können die Betriebsgrößen der AsM auch ohne dieses Hilfsmittel bestimmt werden. Die Leitwertortskurve ermöglicht die Ermittlung der Kenngrößen auf besonders einfache und anschauliche Weise. Dieses Verfahren darf jedoch nur angewendet werden, wenn die Impedanzen des Ersatzschaltbildes konstant sind.

Bei Käfigläufern führt jedoch mit zunehmendem Schlupf eine als einseitige Stromverdrängung bezeichnete physikalische Erscheinung zu einer fiktiven Vergrößerung des Läuferwiderstands sowie zu einer Verringerung der wirksamen Läuferstreuinduktivität, so dass die praktische Anwendbarkeit der Leitwertortskurve eingeschränkt ist.

Da dieses Verfahren in nahezu allen Lehrbüchern behandelt wird und den Vorteil besonderer Anschaulichkeit besitzt, soll es an dieser Stelle dennoch behandelt werden.

In den meisten Betriebspunkten unterscheiden sich Ständerstrom und bezogener Läuferstrom nur wenig, so dass das in Bild 4.8 gezeigte vereinfachte Ersatzschaltbild verwendet werden kann.

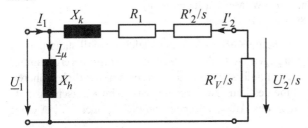

Bild 4.8

Vereinfachtes einsträngiges Ersatzschaltbild der Asynchronmaschine

Der Ständerwicklungswiderstand ist in den Läuferkreis eingezeichnet; Ständer- und bezogene Läuferstreureaktanz sind zur resultierenden Streureaktanz X_k zusammengefasst.

$$X_k = X_{1\sigma} + X'_{2\sigma} \tag{4.35}$$

Die Leitwertortskurve ist für dieses vereinfachte Ersatzschaltbild besonders einfach. Die Leitwertortskurve ist ein Kreis, wobei die Punkte $s = 0$ und $s = -(R'_V + R'_2)/R_1$ auf der imaginären Achse liegen.

$$\underline{Y}_0 = -j/X_h \qquad \underline{Y}(s = -(R'_V + R'_2)/R_1) = -j/X_h - j/X_k,$$

Der Kreismittelpunkt liegt ebenfalls auf der imaginären Achse ($\underline{Y} = -j/X_h - j/(2X_k)$); der Kreisradius beträgt $1/(2X_k)$. Anstatt der Leitwertortskurve wird im Allgemeinen die Stromortskurve aufgetragen. Der Kreis wird als Heylandkreis oder Osannakreis bezeichnet.

Bild 4.9 zeigt die Stromortskurve (Strangstrom) eines Drehstrommotors mit einer Bemessungsleistung von 200 kW. Zum Vergleich ist die numerisch berechnete Stromortskurve unter Berücksichtigung der Stromverdrängung eingezeichnet.

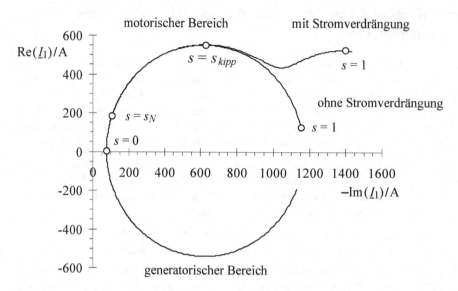

Bild 4.9
Numerisch berechnete Stromortskurve eines 200 kW- Motors (Strangstrom)
(U_N = 400 V (Δ), I_N = 343 A, cosφ_N = 0,86, n_N = 1488 1/min)

Bis weit über den Nennpunkt hinaus sind beide Kurven deckungsgleich. Im Stillstand ($s = 1$) ist der Einfluss der Stromverdrängung dagegen deutlich zu erkennen. Die Stromverdrängung führt wegen der fiktiven Abnahme der Läuferstreureaktanz zu einem deutlich höheren Anlaufstrom. Wegen der fiktiven Zunahme des Läuferwiderstands ist die im Kurzschluss aufgenommene Wirkleistung und damit auch das Anzugsmoment deutlich größer als bei einer stromverdrängungsfreien Maschine.

4.4.1 Gesetz über die Spaltung der Luftspaltleistung

Dem vereinfachten Ersatzschaltbild entnimmt man für $R_V = 0$, dass die im Läufer umgesetzte Leistung

$$P_\delta = m_1 I_2'^2 R_2' / s \tag{4.36}$$

beträgt. Diese Leistung muss über den Luftspalt übertragen werden. Aus energetischen Betrachtungen folgt, dass die Luftspaltleistung gleich der Summe der ohmschen Läuferverluste und der mechanischen Leistung sein muss.

$$P_\delta = P_{Cu2} + P_{mech} \tag{4.37}$$

Dieser Zusammenhang wird als Gesetz über die Spaltung der Luftspaltleistung bezeichnet. Die Stromwärmeverluste in der Läuferwicklung betragen

$$P_{Cu2} = m_1 \cdot R_2' \cdot I_2'^2 = s \cdot P_\delta \tag{4.38}$$

Somit gilt für die mechanische Leistung

$$P_{mech} = P_\delta - P_{Cu2} = P_\delta \cdot (1 - s) \tag{4.39}$$

und für das Drehmoment

$$M = \frac{P_{mech}}{2\pi n} = \frac{P_\delta \cdot (1-s)}{2\pi n_1 \cdot (1-s)} = \frac{P_\delta}{2\pi n_1}. \tag{4.40}$$

Wie bei der Gleichstrommaschine kann das Drehmoment auch aus dem Drehschub berechnet werden. Der Drehschub ist die am Läuferumfang angreifende mittlere Tangentialspannung [15]. Der Läuferdurchmesser ist wegen des kleinen Luftspalts etwa gleich dem Bohrungsdurchmesser D.

$$M = \int_0^{2\pi} (D/2)^2 \cdot l \cdot a(x,t) \cdot b(x,t) dx$$

Mit dem resultierenden Luftspaltgrundfeld nach Gl. (4.18),

$$b_p(x, t) = B_p \cdot \cos(px - \omega_1 t), \tag{4.18}$$

und dem Ständergrundstrombelag (φ_1: Phasenverschiebungswinkel zwischen Ständerstrom und Strangspannung)

$$a_p(x, t) = A_p \cdot \cos(px - \omega_1 t - \varphi_1)$$

lautet das Drehmoment

$$M = \frac{D^2}{4} \cdot l \cdot A_p \cdot B_p \cdot \int_0^{2\pi} \cos(px - \omega_1 t) \cdot \cos(px - \omega_1 t - \varphi_1) dx .$$

Die Ausführung der Integration ergibt

$$M = \pi/4 \cdot D^2 \cdot l \cdot A_p \cdot B_p \cdot \cos\varphi_1.$$

Der Vergleich mit dem entsprechenden Ausdruck der Gleichstrommaschine (s. Anmerkung 2 zu Gl. (2.16)),

$$M = \alpha \cdot \pi/2 \cdot D^2 \cdot l \cdot B \cdot A,$$

zeigt, dass auch bei der Drehstrommaschine das Drehmoment die Baugröße bestimmt. Der Drehschub beträgt

$$\sigma_t = 1/2 \cdot A_p \cdot B_p \cdot \cos\varphi_1 \qquad \text{(Asynchronmaschine)},$$

$$\sigma_t = \alpha \cdot B \cdot A \qquad \text{(Gleichstrommaschine)}.$$

In der Literatur wird häufig die "Esson'sche Ausnutzungsziffer" C verwendet. Zur Berechnung der "Esson'schen Ausnutzungsziffer" wird die Bemessungsleistung der Maschine durch das Bohrungsvolumen und die Drehzahl geteilt.

$$C = \frac{P_N}{D^2 l \cdot n_N} = \frac{2\pi n_N M_N}{D^2 l \cdot n_N} = \frac{\pi/2 \cdot D^2 l \sigma_{tN} 2\pi n_N}{D^2 l \cdot n_N} = \pi^2 \sigma_{tN}$$

Die Ausnutzungsziffer ist proportional zum Drehschub. Die Größenordnung von Drehschub und "Esson'scher Ausnutzungsziffer" soll am Beispiel einer oberflächengekühlte Asynchronmaschine abgeschätzt werden. Bei oberflächengekühlten Maschinen liegt der Nennstrombelag, begrenzt durch die Maschinenerwärmung, etwa bei $A_{pN} \approx 40$ kA/m. Mit Rücksicht auf die Eisenverluste und den Leistungsfaktor darf eine Luftspaltinduktion bei Bemessungsspannung von $B_{pN} \approx 0,9$ T nicht wesentlich überschritten werden. Der Leistungsfaktor wird mit

$\cos \varphi_N \approx 0{,}85$ angenommen (bei größeren Maschinen sowie bei zweipoligen Maschinen eher etwas größer). Damit ergibt sich für den Drehschub

$$\sigma_{tN} \approx 15\ 000\ \text{N/m}^2$$

und für die "Esson'sche Ausnutzungsziffer"

$$C \approx 150\ \text{kWs/m}^3.$$

4.4.2 Maßstäbe, Kenngeraden und Parametrierung der Stromortskurve

Aus dem vereinfachten einsträngigen Ersatzschaltbild (Bild 4.8) können die Betriebsdaten einiger ausgezeichneter Betriebspunkte ermittelt werden (siehe auch Tabelle 4.2)

$s = 0$ Im Synchronismus ($n = n_1$) fließt im Ständer der Magnetisierungsstrom $\underline{I}_\mu$ mit einer Phasenverschiebung von $-\pi/2$ gegenüber der Strangspannung $\underline{U}_1$.

$s = 1$ Im Stillstand ($n = 0$) fließen die Kurzschlussströme $\underline{I}_{1k}$ und $\underline{I}'_{2k}$. Die aufgenommene Wirkleistung wird vollständig in Stromwärme umgesetzt, die mechanische Leistung ist Null. Das Anzugsmoment M_A ist proportional zu den Läuferstromwärmeverlusten im Stillstand.

$s = \infty$ Dieser Betriebspunkt, der als idealer Kurzschluss bezeichnet wird, hat wegen $n \approx -\infty$ keine praktische Bedeutung. Der Punkt P_∞ wird jedoch zur Ermittlung des Drehmoments und zur Parametrierung der Stromortskurve benötigt. Im ideellen Kurzschluss dient die aufgenommene elektrische Leistung lediglich zur Deckung der Ständerstromwärmeverluste. Die Leistung zur Deckung der Läuferverluste muss über die Welle mechanisch zugeführt werden.

$s = -R'_2/R_1$ Die Maschine nimmt die maximale Blindleistung aus dem Netz auf; die aufgenommene Wirkleistung ist Null. Die Stromwärmeverluste in Ständer- und Läuferwicklung werden aus der mechanischen Leistung gedeckt. Der bezogene Läuferstrom in diesem Betriebspunkt entspricht dem Kreisdurchmesser.

Bild 4.10 zeigt die unter Vernachlässigung der Stromverdrängung ermittelte Stromortskurve (SOK) mit einigen Kenngeraden und den Betriebspunkten nach Tabelle 4.2.

a) Maßstäbe

Strom: m_I gewählt (Leiterstrom)   Einheit: A/cm
Leistung: $m_P = \sqrt{3}\ U_N \cdot m_I$ Einheit: W/cm
Drehmoment: $m_M = m_P/(2\pi n_1)$ Einheit: Nm/cm

b) Kenngeraden

Nach dem Kathetensatz ist die Strecke $\overline{P_0 C}$ proportional zum Quadrat des Läuferstroms und damit zu den Stromwärmeverlusten: $I'^2_2 \sim \overline{P_0 C}$.

Im ideellen Kurzschluss beträgt die aufgenommene Wirkleistung $P_{W\infty} = m_1 R_1 I'^2_{2\infty}$.

Die Strecke $\overline{P_\infty F}$, die proportional zur aufgenommenen Wirkleistung ist, ist daher proportional zum Quadrat des ideellen Läuferkurzschlussstroms.

$$m_1 U_1 \overline{P_\infty F} = m_1 R_1 I'^2_{2\infty}$$

Tabelle 4.2 Betriebsdaten einiger ausgezeichneter Betriebspunkte

s	$\underline{I}_1$	P_W	P_{mech}	P_δ	M
0	$\dfrac{U_1}{jX_h} = \underline{I}_\mu$	0	0	0	0
1	$\dfrac{U_1}{jX_h} + \dfrac{U_1}{R_1 + R'_2 + jX_k}$ $= \underline{I}_{1k} = \underline{I}_A/\sqrt{3} = \underline{I}_\mu - \underline{I}'_{2k}$	$m_1 R_1 I'^2_{2k}$ $+$ $m_1 R'_2 I'^2_{2k}$	0	$m_1 R'_2 I'^2_{2k}$	$\dfrac{m_1 R'_2 I'^2_{2k}}{2\pi n_1}$ $= M_A$
∞	$\dfrac{U_1}{jX_h} + \dfrac{U_1}{R_1 + jX_k}$ $= \underline{I}_{1\infty} = \underline{I}_\mu - \underline{I}'_{2\infty}$	$m_1 R_1 I'^2_{2\infty}$	$m_1 R_1 I'^2_{2\infty}$	0	
$\dfrac{-R'_2}{R_1}$	$\dfrac{U_1}{jX_h} + \dfrac{U_1}{jX_k}$ $= \underline{I}_\mu - \underline{I}'_{2\varnothing}$	0	$-m_1(R_1 + R'_2)\cdot\left(\dfrac{U_1}{X_k}\right)^2$	$-m_1 R_1\cdot\left(\dfrac{U_1}{X_k}\right)^2$	$-\dfrac{m_1 R_1}{2\pi n_1}\cdot\left(\dfrac{U_1}{X_k}\right)^2$

$s = 0$:   Synchronismus

$s = 1$:   Stillstand, Anlauf

$s = \infty$:   ideeller Kurzschluss

$s = -R'_2 / R_1$:   Betriebspunkt mit dem maximalen Blindstrom, $I'_2(s = -R'_2 / R_1) = I'_{2\varnothing}$ (Kreisdurchmesser)

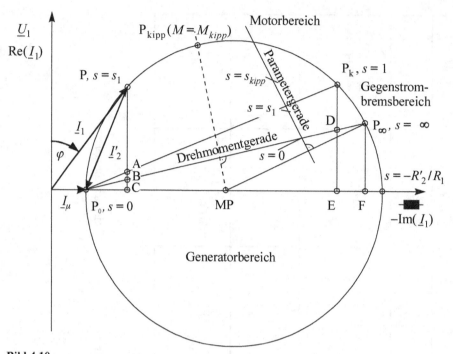

Bild 4.10

Stromortskurve der Asynchronmaschine mit Kenngeraden

Die Strecke $\overline{P_0F}$ ist ebenfalls proportional zum Quadrat des ideellen Läuferkurzschlussstroms: $\overline{P_0F} \sim I_{2\infty}^{\prime 2}$.

Nach dem Strahlensatz ist

$$\frac{\overline{BC}}{\overline{P_0C}} = \frac{\overline{P_\infty F}}{\overline{P_0F}} \quad \Rightarrow \quad \overline{BC} = \overline{P_0C} \cdot \frac{\overline{P_\infty F}}{\overline{P_0F}} \quad \Rightarrow \quad \overline{BC} \sim R_1 I_2^{\prime 2}$$

Somit ist die Strecke $\overline{BC}$ zu den Stromwärmeverlusten in der Ständerwicklung proportional. Im Kurzschluss ($s = 1$) beträgt die aufgenommene Wirkleistung

$$P_k = m_1 \cdot (R_1 + R_2') \cdot I_{2k}^{\prime 2} .$$

Da die Strecke $\overline{P_kE}$ der aufgenommenen Wirkleistung entspricht, folgt, dass die Strecke $\overline{P_kD}$ den Läuferstromwärmeverlusten im Kurzschluss entspricht. Der Punkt D teilt somit die Strecke $\overline{P_kE}$ im Verhältnis R_1 / R_2' .

Wegen $\overline{AB} / \overline{BC} = \overline{P_kD} / \overline{DE}$ (Strahlensatz) ist die Strecke $\overline{AB}$ zu den Läuferstromwärmeverlusten proportional.

Drehmomentgerade

Da die Differenz zwischen der aufgenommenen Wirkleistung und den Ständerstromwärmeverlusten gleich der Luftspaltleistung ist, ist die Strecke $\overline{PB}$ ein Maß für die Luftspaltleistung. Die Gerade $\overline{P_0P_\infty}$ (Verbindung von Kreispunkt P_0 ($s = 0$, Synchronismus) mit P_∞

($s = \infty$, "ideeller" Kurzschluss) wird daher als Gerade der Luftspaltleistung oder wegen $M = P_\delta / 2\,\pi\,n_1$ (Gl. 4.40) auch als Drehmomentgerade bezeichnet.

Gerade der mechanischen Leistung

Die Differenz zwischen der aufgenommenen Wirkleistung und den Stromwärmeverlusten ist die mechanische Leistung. Somit ist die Strecke $\overline{\text{PA}}$ ein Maß für die mechanische Leistung. Die Gerade $\overline{\text{P}_0\text{P}_k}$ wird daher als Gerade der mechanischen Leistung bezeichnet.

c) Parametrierung

Parametergerade: Jede beliebige Senkrechte auf der Verbindungslinie zwischen Kreismittelpunkt MP und dem "ideellen" Kurzschluss P_∞ kann als Parametergerade dienen. Die Parametergerade ist linear geteilt. Der Schnittpunkt der Verbindung zwischen dem zu parametrierenden Kreispunkt und dem Punkt P_∞ und der Parametergerade liefert den Parameter s dieses Betriebspunktes auf der Parametergerade. Zur Parametrierung (= Festlegung der Skala der Parametergerade) muss für zwei Kreispunkte der zugehörige Schlupf bekannt sein. Damit liegt die Parametrierung der Stromortskurve fest.

Parameterbereiche:

motorischer Bereich: $0 \leq s \leq 1$

$\quad s = 0$: Synchronismus $\qquad\qquad\qquad s = 1$: Stillstand, Kurzschluss

generatorischer Bereich: $s < 0$ $(n > n_1)$
Für $s < 0$ wird die Luftspaltleistung nach Gl. (4.38) negativ. Die Energieflussrichtung ist gegenüber dem Motorbetrieb umgekehrt. Über die Welle wird mechanische Leistung zugeführt, in das Netz wird elektrische Leistung abgegeben. Die Asynchronmaschine geht ohne Schaltungsänderung in den Generatorbetrieb über, wenn sie über die synchrone Drehzahl hinaus angetrieben wird.

Gegenstrombremsbereich: $s > 1$
Die Drehzahl n nach Gl. (4.25), $n = n_1 \cdot (1 - s)$, wird negativ. Dies bedeutet, dass sich der Läufer entgegen der Umlaufrichtung des Luftspaltfeldes dreht. Der Betrieb im Gegenstrombremsbereich kann bei motorischem Betrieb einer Asynchronmaschine erfolgen, indem zwei Ständerleitungsanschlüsse vertauscht werden (Drehrichtungsumkehr des Luftspaltfeldes). Im Gegenstrombremsbereich nimmt die Asynchronmaschine mechanische Leistung über die Welle **und** elektrische Leistung aus dem Netz auf. Die gesamte aufgenommene Leistung wird in Stromwärme umgesetzt.

d) Betriebsgrößen aus der Stromortskurve:

1) Leerlaufstrom $\underline{I}_0$ (= Magnetisierungsstrom $\underline{I}_\mu$): vom Ursprung des Koordinatensystems zum Punkt P_0
2) Ständerstrom $\underline{I}_1$: vom Koordinatenursprung zum Kreispunkt P
3) bezogener Läuferstrom $\underline{I}'_2$: vom Kreispunkt P zum Punkt P_0
4) Drehmoment M: Abstand PB vom Kreispunkt P zur Drehmomentgerade, parallel zur reellen Achse gemessen
5) mechanische Leistung P_{mech}: Abstand PA vom Kreispunkt P zur Gerade der mechanischen Leistung, parallel zur reellen Achse gemessen
6) Läuferverluste P_{Cu2}: Abstand AB, parallel zur reellen Achse gemessen
7) Ständerverluste P_{Cu1}: Abstand BC, parallel zur reellen Achse gemessen

Bei der Ermittlung der Stromwärmeverluste in den Wicklungen ist die Schaltung der Maschine zu beachten. Nur bei Sternschaltung ist der Leiterstrom gleich dem Strangstrom.

$$\text{Y- Schaltung:} \quad P_{Cu1} = m_1 R_1 I_2'^2 \qquad P_{Cu2} = m_1 R_2' I_2'^2$$

$$\Delta\text{- Schaltung:} \quad P_{Cu1} = R_1 I_{2L}'^2 \qquad P_{Cu2} = R_2' I_{2L}'^2$$

Beispiel 4.1

Von einer Drehstromasynchronmaschine mit Käfigläufer sind folgende Daten bekannt:

Nennspannung	$U_N = 400$ V (Δ)	Leerlaufstrom	I_0	$= 27{,}5$ A
Nennstrom	$I_N = 66$ A	Leistungsfaktor	$\cos\varphi_N$	$= 0{,}84$
Nenndrehzahl	$n_N = 1475$ 1/min	Nennleistung	P_N	$= 37$ kW
Netzfrequenz	$f_1 = 50$ Hz			
Kurzschluss:	$P_k = 67{,}7$ kW		I_k	$= 401$ A
Ständerwiderstand	$R_1 = 0{,}281\ \Omega$			

Alle Verluste außer den Stromwärmeverlusten in Ständer- und Läuferwicklung sowie Sättigungs- und Stromverdrängungserscheinungen dürfen vernachlässigt werden.

a) Zeichnen Sie die Stromortskurve (Maßstab $m_I = 35$ A/cm)!

b) Berechnen Sie die Hauptreaktanz X_h, die Streureaktanz X_k und den Läuferwiderstand R_2'!

c) Ermitteln Sie im Nennpunkt Ständer- und Läuferverluste!

d) Wie groß ist das Anzugsmoment?

e) Ermitteln Sie Kippschlupf und Kippmoment!

f) Ermitteln Sie bei einer Drehzahl von $n = 1440$ 1/min
   - Ständer- und Läuferstrom, Ständer- und Läuferverluste,
   - Luftspaltleistung, Drehmoment und mechanische Leistung.

4.4.3 Kippmoment, Kippschlupf, Kloss'sche Formel

Aus Gl. (4.40) kann mit Hilfe von Gl. (4.38) für das vereinfachte Ersatzschaltbild das Drehmoment als Funktion des Schlupfes abgeleitet werden.

$$M(s) = \frac{P_\delta}{2\pi n_1} = \frac{m_1 R_2' I_2'^2 / s}{2\pi n_1} = \frac{m_1}{2\pi n_1} \cdot \frac{R_2'}{s} \cdot \frac{U_1^2}{(R_1 + R_2'/s)^2 + X_k^2} \tag{4.41}$$

Beim maximalen Drehmoment verschwindet die erste Ableitung des Drehmoments nach Gl. (4.41) ($dM(s)/ds = 0$). Diese Bedingung führt für den Schlupf, bei dem das maximale Drehmoment auftritt, auf den Ausdruck

$$s_{kipp} = \pm \frac{R_2'}{\sqrt{R_1^2 + X_k^2}} \tag{4.42a}$$

Der Schlupf nach Gl. (4.42a) wird als Kippschlupf bezeichnet. Das positive Vorzeichen gilt für den motorischen Kipppunkt, bei dem das an der Welle abgegebene Drehmoment maximal wird. Entsprechend ergibt sich für das negative Vorzeichen das maximale generatorische

Antriebsmoment. Aus der Darstellung der Stromortskurve nach Bild 4.10 folgt, dass der generatorische Kipppunkt dem motorischen diametral gegenüber liegt. Das Kippmoment beträgt

$$M_{kipp} = \pm \frac{m_1}{2\pi n_1} \cdot \frac{1}{2} \cdot \frac{U_1^2}{\pm R_1 + \sqrt{R_1^2 + X_k^2}} \qquad (4.43a)$$

Auch in Gl. (4.43a) gelten die positiven Vorzeichen für den motorischen Betrieb. Das (motorische) Kippmoment ist ein Maß für die Überlastbarkeit der Maschine. Es beträgt mindestens $1,6 \cdot M_N$ (EN 60034-1), typisch jedoch etwa $2...2,5 \cdot M_N$.

Bei großen Maschinen (siehe Beispiel 4.2, $P_N = 200$ kW) darf zum Zeichnen der Stromortskurve der Ständerwicklungswiderstand vernachlässigt werden ($R_1 = 0$, nicht zulässig bei der Ermittlung der Verluste). Die Ausdrücke für Kippschlupf und Kippmoment vereinfachen sich unter dieser Voraussetzung zu

$$s_{kipp} = \pm \frac{R_2'}{X_k} \qquad (R_1 = 0) \qquad (4.42b)$$

$$M_{kipp} = \pm \frac{m_1}{2\pi n_1} \cdot \frac{U_1^2}{2X_k} \qquad (R_1 = 0) \qquad (4.43b)$$

Bei vernachlässigbarem Ständerwicklungswiderstand liegen die Punkte P_0 und P_∞ und somit auch die Drehmomentgerade auf der imaginären Achse. Die Parametergerade steht senkrecht auf der imaginären Achse. In diesem Fall sind motorisches und generatorisches Kippmoment gleich; der Kreisdurchmesser kann direkt aus dem Kippmoment berechnet werden. Wenn der Ständerwiderstand vernachlässigt werden darf, kann für die Abhängigkeit des Motormomentes vom Schlupf (vergl. Gl. (4.41)) ein besonders einfacher Zusammenhang abgeleitet werden. Die Division von Gl. (4.41) mit $R_1 = 0$ durch Gl. (4.43b) ergibt

$$\frac{M}{M_{kipp}} = \frac{\dfrac{R_2'/s}{(R_2'/s)^2 + X_k^2}}{\dfrac{1}{(2X_k)^2}} = \frac{2X_k \cdot (s_{kipp} \cdot X_k/s)}{(s_{kipp} \cdot X_k/s)^2 + X_k^2} = \frac{2}{\dfrac{s}{s_{kipp}} + \dfrac{s_{kipp}}{s}} \qquad (4.44)$$

Dieser Zusammenhang zwischen dem Drehmoment M beim Schlupf s und dem Kippmoment M_{kipp} sowie dem Kippschlupf s_{kipp} wird als Kloss'sche Formel bezeichnet.

Beispiel 4.2

Von einem Drehstromasynchronmotor mit einer Bemessungsleistung von $P_N = 200$ kW sind folgende Daten bekannt:

Netzfrequenz	f_1	$= 50$ Hz	Nennspannung	U_N	$= 400$ V (Δ)
Nennpunkt	I_N	$= 343$ A	$\cos\varphi_N$	$= 0,86$	$n_N = 1488$ 1/min
Stillstand	I_A	$= 5,8 \cdot I_N$	$\cos\varphi_A$	$= 0,099$	$M_A = 402$ Nm

Eisen- und Reibungsverluste sowie der Einfluss der Stromverdrängung sollen vernachlässigt werden.

a) Zeichnen Sie die Stromortskurve (Maßstab: $m_I = 173$ A/cm)!

b) Berechnen Sie das Nennmoment M_N und den Nennschlupf s_N!

c) Ermitteln Sie
   - Kippschlupf und Kippmoment,
   - Ständer- und Läuferwiderstand (bezogen)!

d) Kontrollieren Sie Kippschlupf und Kippmoment nach den Beziehungen (4.42a), (4.43a).

Der Ständerwiderstand soll vernachlässigt werden ($R_1 = 0$). Die Änderung der Ströme im Stillstand sowie der Nenndaten darf ebenfalls vernachlässigt werden.

e) Wie ändert sich der Leistungsfaktor im Stillstand?
   Zeichnen Sie in die Stromortskurve nach a) den "neuen" Kurzschlusspunkt ein.

f) Ermitteln Sie Kippschlupf und Kippmoment aus der Stromortskurve und mit Hilfe der Gleichungen (4.42b), (4.43b).

g) Kontrollieren Sie Kippschlupf und Kippmoment mit Hilfe der Kloss'schen Formel (M_N und s_N nach b), Gl. (4.44)).

4.5   Drehmoment-Drehzahl-Kennlinie

Mit Hilfe des vereinfachten Ersatzschaltbildes und des Gesetzes über die Spaltung der Luft-spaltleistung können Drehmoment und Ständerstrom als Funktion der Drehzahl berechnet werden (Gl. 4.41). Mit Hilfe der Kloss'schen Formel (Gl. (4.44)) lassen sich zwei Kennlini-enbereiche unterscheiden:

$\quad$ 1. $\;|s| \ll s_{kipp}$:$\quad M \approx 2 \cdot M_{kipp} \cdot s / s_{kipp}$ $\qquad$ (Gerade)

$\quad$ 2. $\;|s| \gg s_{kipp}$:$\quad M \approx 2 \cdot M_{kipp} \cdot s_{kipp} / s$ $\qquad$ (Hyperbel)

Bei Drehzahlen in der Nähe der synchronen Drehzahl wird die Drehmoment-Drehzahl-Kennlinie durch eine Gerade beschrieben, bei kleineren Drehzahlen sowie bei Drehzahlen oberhalb des generatorischen Kipppunkts durch eine Hyperbel. In Bild 4.11 ist die nach der Kloss'schen Formel berechnete M-n-Kennlinie zusammen mit den Näherungen für Dreh-zahlen unterhalb bzw. oberhalb der Kippdrehzahl aufgetragen.

Sowohl beim motorischen als auch beim generatorischen Kippschlupf ergeben beide Nähe-rungen das Zweifache des jeweiligen Kippmoments. Die Abweichung zwischen der angenä-herten Kennlinie und der nach der Kloss'schen Formel berechneten ist umso geringer, je weiter der Schlupf von den Kipppunkten entfernt ist.

Die prinzipielle Form der Drehmoment-Drehzahl-Kennlinie ändert sich nicht, wenn der Stän-derwicklungswiderstand nicht vernachlässigt werden darf.

Bild 4.12 zeigt für den Motor aus Beispiel 4.2 die berechnete Drehmoment-Drehzahl-Kenn-linie (Gl. (4.41)) sowie die Strom-Drehzahl-Kennlinie (Gl. (4.33) mit dem Leitwert nach Gl. (4.34)), jeweils in bezogener Darstellung ($M/M_N = f(n/n_1)$, $I/I_N = f(n/n_1)$). Zusätzlich ist eine Gegenmomentkennlinie (Lüfter mit "Losbrechmoment" $0,2 \cdot M_N$),

$$M_L = 0,2 \cdot M_N + 0,7 \cdot M_N \cdot (n/n_N)^2,$$

als Funktion der Drehzahl eingetragen.

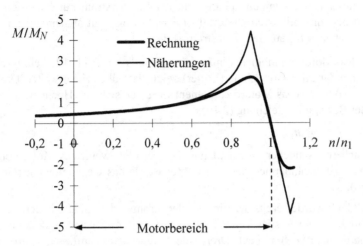

Bild 4.11

Drehmoment-Drehzahl-Kennlinien (Darstellung für $M_{kipp} / M_N = 2{,}2$, $s_{kipp} = 0{,}1$):
Rechnung nach Kloss'scher Formel (Gl. 4.44),
Näherungen $M = 2 M_{kipp} \cdot s_{kipp} / s$ für $|s| > s_{kipp}$; $M = 2 M_{kipp} \cdot s / s_{kipp}$ für $|s| < s_{kipp}$

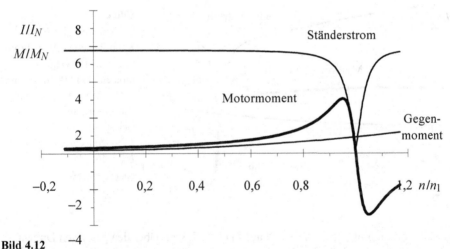

Bild 4.12

Drehmoment-Drehzahl-Kennlinie einer Asynchronmaschine mit Gegenmoment und Ständerstrom als Funktion der Drehzahl (bezogene Darstellung, Stromverdrängung vernachlässigt)
$P_N = 200$ kW, $I_N = 343$ A, $U_N = 400$ V (Δ), $\cos\varphi_N = 0{,}86$, $n_N = 1488$ 1/min

Beim Einschalten der Maschine entwickelt diese zunächst das Anzugsmoment M_A und nimmt dabei den Einschaltstrom I_A aus dem Netz auf (in Bild 4.12: $M_A/M_N = 0{,}31$, $I_A/I_N = 5{,}8$). Bei positiver Differenz $M_M - M_L$ werden die rotierenden Massen (Läufer, Arbeitsmaschine) beschleunigt (Gl. 2.19, siehe auch Abschnitt 4.8). Mit zunehmender Drehzahl steigt das Motordrehmoment an, bis bei der Kippdrehzahl $n_{kipp} = n_1 (1 - s_{kipp})$ das Kippmoment erreicht wird. Während dieser Beschleunigungsphase geht der Ständerstrom nur leicht zurück. Der weitere Hochlauf bis zur stationären Drehzahl ($n \approx n_N$) erfolgt mit abnehmendem Drehmoment; der Strom geht etwa bis auf den Nennstrom zurück.

Der Vergleich des Motordrehmoments mit der ebenfalls in Bild 4.12 eingezeichneten Momentenkennlinie der Arbeitsmaschine (Lüfter) zeigt, dass über einen weiten Drehzahlbereich (bis etwa $n = 0,6 \cdot n_1$) das Motordrehmoment für einen sicheren Hochlauf nicht ausreichend ist. Aus der Bewegungsgleichung (2.19),

$$M_M - M_L = J \cdot d\omega/dt,$$

folgt, dass ein sicherer, schneller Hochlauf nur dann erfolgt, wenn das Motordrehmoment über den gesamten Drehzahlbereich deutlich größer ist als das Gegenmoment (Größenordnung etwa +30%).

Mit Hilfe von Bild 4.9 wurde bereits der Einfluss der Stromverdrängung erläutert. Die Stromverdrängung führt zu einem Anstieg von Einschaltstrom und Anzugsmoment. Bild 4.13 zeigt die numerisch berechnete Drehmoment- Drehzahlkennlinie unter Einfluss der Stromverdrängung (Stromortskurve in Bild 4.9).

Das Anzugsmoment ist mit $M_A / M_N = 2,4$ etwa 8-mal so groß, wie bei Vernachlässigung der Stromverdrängung (vergl. Bild 4.12, ohne Stromverdrängung $M_A / M_N = 0,31$).

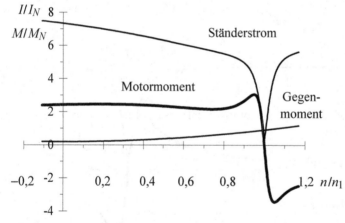

Bild 4.13
Drehmoment- Drehzahl-Kennlinie einer Asynchronmaschine mit Gegenmoment und Ständerstrom als Funktion der Drehzahl (Stromverdrängung berücksichtigt)
$P_N = 200$ kW, $I_N = 343$ A,
$U_N = 400$ V (Δ),
$\cos\varphi_N = 0,86$,
$n_N = 1488$ 1/min

Der Einschaltstrom nimmt von $I_A / I_N = 5,8$ auf $I_A / I_N = 7,3$ zu. Über den gesamten Drehzahlbereich ist ein hinreichend großes Beschleunigungsmoment verfügbar. Ein Maß für die Eigenschaften einer Asynchronmaschine beim Einschalten ist die

Anlaufgüte: $\dfrac{\sqrt{M_A / M_N}}{I_A / I_N}$ (4.45)

Die Anlaufgüte nimmt unter dem Einfluss der Stromverdrängung von 0,1 auf 0,21 zu.

Im stationären Betrieb mit Last (nur zulässig für $|s| \leq s_N$) kann die Drehmoment-Drehzahl-Kennlinie näherungsweise durch eine Gerade beschrieben werden.

$$M(s) = \frac{M_N}{s_N} \cdot s \qquad\qquad \text{für } |s| \leq s_N \qquad\qquad (4.46)$$

Wegen $P_\delta = 2\pi n_1 \cdot M$ ist die Luftspaltleistung ebenfalls linear vom Schlupf abhängig.

$$P_\delta = \frac{P_{\delta N}}{s_N} \cdot s = \frac{P_{Cu2N}/s_N}{s_N} \cdot s = \frac{P_{Cu2}}{s}$$

Mit $P_{Cu2} = m_1 I_2'^2 \cdot R'_2$ folgt, dass der Läuferstrom sich wie das Drehmoment proportional mit dem Schlupf ändert.

$$I_2'(s) = \frac{I_{2N}'}{s_N} \cdot s \qquad\qquad \text{für } |s| \leq s_N$$

Bei kleinem Schlupf ist der bezogene Läuferstrom nahezu ein reiner Wirkstrom und bildet die Wirkkomponente des Ständerstroms (drehmomentbildende Ständerstromkomponente). Die Blindkomponente des Ständerstroms ist etwa gleich dem Magnetisierungsstrom (feldbildende Ständerstromkomponente). Für den Betrag des Ständerstroms ergibt sich hieraus

$$I_1 \approx \sqrt{I_\mu^2 + (I_{2N}' \cdot s/s_N)^2} \qquad\qquad \text{für } |s| < s_N. \qquad\qquad (4.47)$$

4.6 Betriebsverhalten von Schleifringläufermotoren

Bei Asynchronmaschinen mit Schleifringläufern kann die Läuferwicklung, die in der Regel in Sternschaltung ausgeführt ist, über die Schleifringe von außen beschaltet werden. Die Läuferspannungsgleichung (4.32) eines Schleifringläufers unterscheidet sich von der eines Käfigläufers lediglich dadurch, dass anstelle des Läuferwiderstands die Summe aus Läuferwiderstand und Vorwiderstand R_V steht. Bei Betrieb eines Schleifringläufers mit Vorwiderstand R_V ergeben sich dieselben Ströme und damit auch identische Momente wie bei Betrieb mit kurzgeschlossenen Schleifringen ($R_V = 0$), wenn die Bedingung

$$\frac{s^*}{s} = \frac{R_2 + R_V}{R_2} \qquad\qquad (4.48)$$

erfüllt ist. Hatte der Motor beispielsweise im Bemessungspunkt ($I = I_N$, $M = M_N$) den Schlupf s_N, so stellt sich derselbe Betriebspunkt mit einem Vorwiderstand von $R_V = 9 \cdot R_2$ bei einem Schlupf

$$s_N^* = \frac{R_2 + R_V}{R_2} \cdot s_N = \frac{R_2 + 9R_2}{R_2} = 10 \cdot s_N$$

ein. Die Stromortskurve des Schleifringläufers ändert sich durch die Beschaltung der Schleifringe mit Vorwiderständen nicht, lediglich die Parametrierung der einzelnen Betriebspunkte der Stromortskurve.

Läuferstillstandsspannung

Wird die Maschine mit offenen Schleifringen ans Netz geschaltet, so ist an den Schleifringen eine netzfrequente Spannung, die so genannte Läuferstillstandsspannung U_{20L} (Leiterspannung), messbar. Bei offenen Schleifringen folgt für die bezogene Läuferstillstandsspannung (Strangspannung) aus Bild 4.8

$$U_{20}' = U_{1N} .$$

Daher kann mit Hilfe der Läuferstillstandsspannung das Übersetzungsverhältnis (= Windungszahlverhältnis) zwischen der tatsächlichen und der bezogenen Läuferspannung ermittelt werden.

$$\frac{U_2'}{U_2} = \frac{U_{1N}}{U_{20}}$$

Für das Übersetzungsverhältnis der Ströme gilt wegen $U_2' \cdot I_2' = U_2 \cdot I_2$

$$\frac{I_2'}{I_2} = \frac{U_{20}}{U_{1N}}$$

Hieraus folgt für das Übersetzungsverhältnis der Impedanzen

$$\frac{R_2'}{R_2} = \left[\frac{I_2}{I_2'}\right]^2 = \left[\frac{U_{1N}}{U_{20}}\right]^2 \tag{4.49}$$

Bild 4.14 zeigt die Drehmoment-Drehzahl-Kennlinien und Bild 4.15 die zugehörigen Strom-Drehzahl-Kennlinien einer Asynchronmaschine mit Schleifringläufer für verschiedene Vorwiderstände (vergleiche Beispiel 4.3).

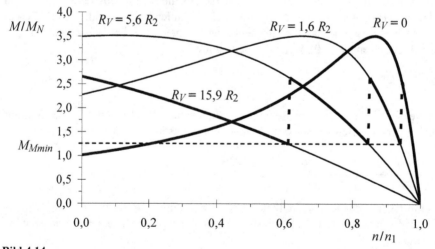

Bild 4.14
Drehmoment-Drehzahl-Kennlinien einer Asynchronmaschine mit Schleifringläufer (Parameter: R_V)
$P_N = 110 \text{ kW}$, $I_N = 189 \text{ A}$, $U_N = 400 \text{ V (Y)}$, $2p = 6$, $f_1 = 50 \text{ Hz}$

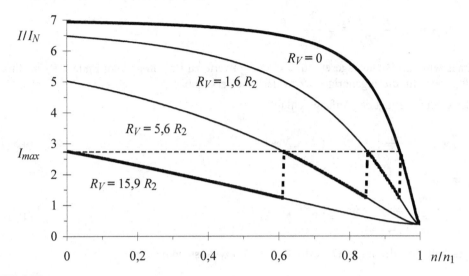

Bild 4.15

Strom- Drehzahl- Kennlinien einer Asynchronmaschine mit Schleifringläufer (Daten siehe Bild 4.14)

Anmerkung: Wegen $s_{kipp} \approx 13{,}5\%$ wäre für $R_V = (1/s_{kipp} - 1) \cdot R_2 = 6{,}4 \cdot R_2$
das Anzugsmoment gleich dem Kippmoment.

Der Hochlauf mit Vorwiderständen kann mehrstufig erfolgen, wie nachfolgend für einen Anlauf gegen konstantes Gegenmoment (M_L = konstant) gezeigt wird.

Es soll angenommen werden, dass N Vorwiderstände R_{V1}, R_{V2}, ..., R_{VN} zur Verfügung stehen. Einerseits soll der Strom während des Hochlaufs auf einen Maximalwert I_{max} (zugehöriger Schlupf s_{max}) begrenzt werden, andererseits soll während des Hochlaufs ein minimales Beschleunigungsmoment $M_{bmin} = M_{Mmin} - M_L$ (zugehöriger Schlupf s_{min}) nicht unterschritten werden. Für die erste Stufe (alle Vorwiderstände eingeschaltet, $s_{a1}^* = 1$) folgt aus Gl. 4.48 mit $s_{a1} = s_{max}$

$$\frac{R_2 + R_{V1}}{R_2} = \frac{s_{a1}^*}{s_{a1}} = \frac{1}{s_{max}}$$

Mit diesem Widerstandsverhältnis kann der Schlupf s_{e1}^*, bei dem in die zweite Stufe umgeschaltet werden muss, berechnet werden ($s_{e1} = s_{min}$).

$$s_{e1}^* = s_{e1} \cdot \frac{R_2 + R_{V1}}{R_2} = \frac{s_{min}}{s_{max}}$$

Mit $s_{a2}^* = s_{e1}^*$, $s_{a2} = s_{max}$ kann die Bedingung für die Bemessung des zweiten Vorwiderstands abgeleitet werden.

$$\frac{R_2 + R_{V2}}{R_2} = \frac{s_{a2}^*}{s_{a2}} = \frac{s_{min}}{s_{max}^2}$$

Mit R_{V2} und $s_{e2} = s_{min}$ kann der Schlupf s^*_{e2} der zweiten Umschaltung bestimmt werden.

$$s^*_{e2} = s_{e2} \cdot \frac{R_2 + R_{V2}}{R_2} = \frac{s^2_{min}}{s^2_{max}}$$

Hieraus wird das Bildungsgesetz für die Schlupfwerte zu Beginn und am Ende der einzelnen Stufen sowie für die zugehörigen Vorwiderstände erkennbar:

In der k. Stufe beträgt der Anfangsschlupf

$$s^*_{ak} = \left[\frac{s_{min}}{s_{max}}\right]^{k-1} \quad k = 1, 2, ..., N+1 \tag{4.50}$$

während bei

$$s^*_{ek} = \left[\frac{s_{min}}{s_{max}}\right]^k \quad k = 1, 2, ..., N \tag{4.51}$$

umgeschaltet werden muss. Der erforderliche Vorwiderstand beträgt

$$R_{Vk} = \left[\frac{s^{k-1}_{min}}{s^k_{max}} - 1\right] \quad k = 1, 2, ..., N \tag{4.52}$$

Für die $N + 1$. Stufe ($R_V = 0$), in der der Hochlauf von $s = s^*_{a,N+1} = s_{max}$ auf $s = s^*_{e,N+1} = s_{Last}$ erfolgt, muss gelten

$$s^*_{a,N+1} = s_{max} \cdot \left[\frac{s_{min}}{s_{max}}\right]^N ,$$

woraus eine Bedingung für die erforderliche Zahl der Anlassstufen abgeleitet werden kann.

$$N = \frac{\ln(s_{min})}{\ln(s_{min} / s_{max})} - 1 \tag{4.53}$$

Da dieser Ausdruck in der Regel einen gebrochenen Wert liefert, wird die Zahl der Anlassstufen durch Aufrunden auf die nächst größere ganze Zahl ermittelt. Unter Einhaltung des minimalen Beschleunigungsmoments kann der Schlupf s_{max} auf

$$s_{max} = s^{N/(N+1)}_{min} \tag{4.54}$$

begrenzt werden.

Beispiel 4.3

Von einem Asynchronmotor mit Schleifringläufer sind folgende Daten bekannt:

$P_N = 110\,\text{kW}$ $I_N = 189\,\text{A}$ $U_N = 400\,\text{V (Y)}$ $2p = 6$ $f_1 = 50\,\text{Hz}$

$I_0 = 72{,}2\,\text{A}$ $R_1 = 0{,}022\,\Omega$ (Strang)

zwischen 2 Schleifringen gemessen: $R_{KL} = 0{,}0404\,\Omega$, $U_{20L} = 363\,\text{V}$

Kurzschlussversuch: $U_k = 70$ V, $I_k = 230$ A, $P_k = 6590$ W

a) Berechnen Sie den bezogenen Läuferwiderstand R_2'.

b) Zeichnen Sie die Stromortskurve (Maßstab $m_I = 60$ A/cm).

c) Ermitteln Sie
   - Anzugsmoment M_A (theoretischer Wert für $R_V = 0$),
   - Kippmoment M_{kipp},
   - Streureaktanz X_k und Hauptreaktanz X_h,
   - Kippschlupf s_{kipp}, Nennschlupf s_N, Nennmoment M_N, Leistungsfaktor $\cos\varphi_N$.

Legen Sie einen mehrstufigen Widerstandsanlasser zum Hochlauf gegen Nennmoment aus. Das minimale Beschleunigungsmoment soll

$$M_{bmin} = M_{Mmin} - M_L = 1{,}25\ M_N - M_N = 0{,}25\ M_N$$

betragen und ein Strom von $I_1 = 3\ I_N$ nicht überschritten werden.

d) Ermitteln Sie zunächst den Schlupf s_{min} ($M = M_{min}$) sowie den Schlupf s ($I_1 = 3\ I_N$).

f) Ermitteln Sie die Zahl der erforderlichen Anlassstufen.

e) Bestimmen Sie den Schlupf s_{max} nach Gl. (4.54), den zugehörigen Strom sowie für jede Anlassstufe die Umschaltdrehzahl und den Vorwiderstand R_V (Sternschaltung).

4.7   Aufbau der Asynchronmaschine

Bild 4.16 zeigt den Aufbau eines oberflächengekühlten Drehstrom- Normmotors (Bauform B3, Schutzart IP55).

In das verrippte Gehäuse (1) aus Grauguss oder Aluminium ist das Ständerblechpaket (6) mit der Ständerwicklung aus Runddraht eingepresst. Die Bleche für Ständer- und Läuferpaket werden aus einer Ronde gestanzt. Anders als bei Transformatoren ändert sich in den Jochen die Richtung des magnetischen Feldes, so dass die magnetischen Eigenschaften des Elektrobleches in und quer zur Walzrichtung möglichst gleich sein sollen (kein kornorientiertes Blech).

Als Elektroblech wird häufig M800-50a, bei größeren Motoren oder Motoren mit besonderen Wirkungsgradforderungen auch M530-50a (0,5 mm dick, Eisenverluste bei 1,5 T, 50 Hz 8,0 bzw. 5,3 W/kg, einseitig lackiert) verwendet.

Die Lagerschilde (3) sind zur Verbesserung der Wärmeabfuhr ebenfalls verrippt. Als Lager (4) werden überwiegend Rillenkugellager eingesetzt, wobei eines als Festlager ausgeführt ist. Kleinere Motoren werden mit Dauerschmierung ausgeführt, bei größeren Motoren ist oft eine Nachschmiereinrichtung vorgesehen.

Als Außenlüfter (5) wird in der Regel ein drehrichtungsunabhängiger Radiallüfter verwendet, um Betrieb in beiden Drehrichtungen zu ermöglichen. Bei Motoren für Umrichterbetrieb und hohe Maximaldrehzahlen werden aus Geräuschgründen Fremdlüfter angebaut.

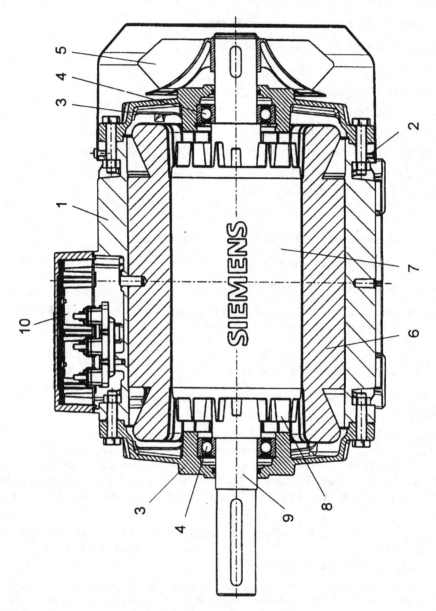

Bild 4.16
Aufbau einer Drehstrom- Asynchronmaschine (Normmotor, mit freundlicher Genehmigung der
Siemens AG)

Bei Aluminiumdruckgussläufern wird das Läuferblechpaket (7) nach dem Gießen auf die Welle (9) aufgepresst. Die Lüfterflügel und Wuchtzapfen (8) werden mit den Kurzschlussringen gegossen. Nach dem Gießen werden Läuferoberfläche und Lagersitze überdreht.

Der Anschluss der Motoren erfolgt im Klemmenkasten (10), wobei meistens alle 6 Wicklungsenden herausgeführt werden (offene Schaltung, z. B. für Y/Δ- Einschaltung, Klemmenbezeichnungen nach DIN EN 60034-8: Ständerwicklung: U1, U2, V1, V2, W1, W2, Läuferwicklung bei Schleifringläufermotoren: K, L, M).

4.8 Anlauf von Antrieben

Das Drehmoment, das zur Beschleunigung der rotierenden Massen zur Verfügung steht, ergibt sich aus der Differenz zwischen Motormoment und Gegenmoment und ist somit während des Hochlaufs nicht konstant. Bei konstantem resultierenden Trägheitsmoment J_{res} (Summe aus den Trägheitsmomenten von Motor und Arbeitsmaschine, $J_{res} = J_M + J_L$) ist die Winkelbeschleunigung ebenfalls drehzahlabhängig. Mit dem Motormoment $M_M(n)$ und dem Lastmoment $M_L(n)$ lautet die Bewegungsgleichung

$$\frac{d\omega}{dt} = \frac{M_M(n) - M_L(n)}{J_{res}} = f(n) \, . \tag{4.55}$$

Durch Umstellung und Integration ergibt sich

$$t_A = \int dt = \int_{n_a}^{n_e} \frac{J_{res}}{M_M(n) - M_L(n)} \cdot 2\pi \, dn \, . \tag{4.56}$$

Die Hochlaufzeit kann nur dann analytisch berechnet werden, wenn
- Motormoment und Gegenmoment als analytische Funktionen gegeben sind,
- der Ausdruck $1/(M_M(n) - M_L(n))$ analytisch integrierbar ist.

Aus diesem Grund kann die Hochlaufzeit nicht auf elementare Weise berechnet werden. Zur Ermittlung der Hochlaufzeit von der Drehzahl n_a auf die Drehzahl n_e muss der Drehzahlbereich $(n_e - n_a)$ in so kleine Intervalle unterteilt werden, dass in jedem Intervall sowohl das Motormoment als auch das Gegenmoment als konstant betrachtet werden darf (Bild 4.17). In jedem Intervall ist das Beschleunigungsmoment

$$M_{bi} = M_{Mi} - M_{Li}$$

konstant, so dass die Teilhochlaufzeit von n_{ai} auf n_{ei} berechnet werden kann (*i*. Intervall):

$$t_{Ai} = \int_{n_{ai}}^{n_{ei}} \frac{J_{res}}{M_{bi}} \cdot 2\pi \, dn = \frac{J_{res}}{M_{bi}} \cdot 2\pi \cdot (n_{ei} - n_{ai}) \tag{4.57}$$

Die gesamte Hochlaufzeit ergibt sich aus der Summe aller Teilhochlaufzeiten.

$$t_A = \Sigma \, t_{Ai}$$

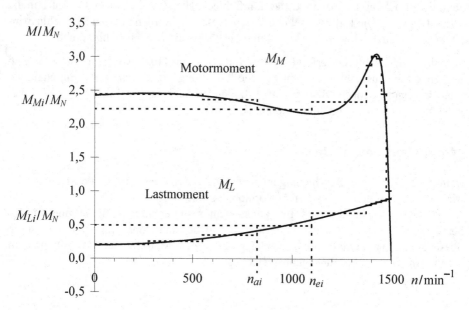

Bild 4.17

Motormoment und Gegenmoment mit bereichsweise konstanten Näherungen zur Berechnung der Hochlaufzeit

Für die in Bild 4.17 dargestellten Kennlinien von Motor und Lüfter ergibt sich für ein resultierendes Trägheitsmoment von $J_{res} = 10 \cdot J_M = 42$ kgm^2 für den Hochlauf von $n_{ai} = 820$ 1/min auf $n_{ei} = 1100$ 1/min mit den zugehörigen Drehmomenten

$$M_{Mi} = 2{,}2\ M_N = 2820\ \text{Nm},\ M_{Li} = 0{,}5\ M_N = 640\ \text{Nm},$$

eine Teilhochlaufzeit von

$$t_{Ai} = \frac{42\,\text{kgm}^2}{(2820 - 640)\,\text{Nm}} \cdot 2\pi \cdot (1100/60 - 820/60)\frac{1}{\text{s}} = 0{,}56\,\text{s}$$

Da das Beschleunigungsmoment bis zum Kipppunkt eine relativ geringe Drehzahlabhängigkeit aufweist, ist die Hochlaufkurve $n(t)$ nach Bild 4.18 näherungsweise eine Gerade.

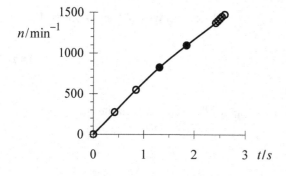

Bild 4.18

Numerisch berechnete Hochlaufkurve $n(t)$,
$J_{res} = 42$ kgm^2, Momentenkennlinien:
Bild 4.17

Die Gesamthochlaufzeit aus dem Stillstand ($n_a = 0$) auf 99% der stationären Enddrehzahl

$$n_e = 0{,}99\, n_{stat} \approx 0{,}99\, n_1 \cdot (1 - 0{,}9\, s_N)$$

kann mit

$$M_b \approx \text{konstant} \;= 2{,}2\, M_N - 0{,}5\, M_N = 2180\ \text{Nm}$$

zumindest grob abgeschätzt werden:

$$t_A \approx 3\text{s} \quad (\text{Bild 4.18: } t_A = 2{,}6\ \text{s}).$$

Die während des Hochlaufs in Ständer- und Läuferwicklung entstehenden Verlustwärmen ergeben sich mit den Strömen I_{1i}, I_{2i} des i. Intervalls zu

$$Q_1 = \sum_i m_1 R_1 I_{1i}^2 t_{Ai}$$

$$Q_1 = \sum_i m_1 R_2'(f_{2i}) I_{2i}'^2 t_{Ai}$$

Bei der Berechnung der in der Läuferwicklung entstehenden Wärmemenge wird die Stromverdrängungsabhängigkeit des Läuferwicklungswiderstands berücksichtigt. Die Frequenz f_{2i} ist hierbei die mittlere Läuferfrequenz im Drehzahlintervall.

Sonderfall **Schwungmassenhochlauf** ($M_L = 0$) einer Asynchronmaschine mit vernachlässigbarem Ständerwiderstand ($R_1 = 0$)

Für den Sonderfall eines reinen Schwungmassenhochlaufs ohne Gegenmoment kann die Hochlaufzeit analytisch berechnet werden, wenn das Drehmoment der Maschine durch die Kloss'sche Formel beschrieben werden kann (Ständerwiderstand vernachlässigbar, siehe Abschnitt 4.4.3 sowie Beispiel 4.2). Mit der Kloss'schen Formel

$$\frac{M}{M_{kipp}} = \frac{2}{\dfrac{s}{s_{kipp}} + \dfrac{s_{kipp}}{s}} \tag{4.44}$$

und

$$n = n_1 \cdot (1 - s) \quad \Rightarrow dn = -n_1\, ds$$

ergibt sich für die Hochlaufzeit

$$t_A = \int_{s_e}^{s_a} \frac{J_{res}}{2 M_{kipp}} \cdot \left(\frac{s}{s_{kipp}} + \frac{s_{kipp}}{s} \right) \cdot 2\pi n_1\, ds$$

$$t_A = J_{res} \cdot \frac{2\pi n_1}{2 M_{kipp}} \left[s_{kipp} \cdot \ln \frac{s_a}{s_e} + \frac{s_a^2 - s_e^2}{2 \cdot s_{kipp}} \right] \quad (R_1 = 0, M_L = 0) \tag{4.58}$$

Zur Ermittlung der während des Hochlaufvorgangs im Läuferkreis entstehenden Wärmemenge ist die Läuferverlustleistung über die Hochlaufzeit zu integrieren.

$$Q_2 = \int\limits_{t_a}^{t_e} P_{Cu2}\,dt = \int\limits_{t_a}^{t_e} s \cdot P_\delta\,dt = 2\pi n_1 \int\limits_{t_a}^{t_e} s \cdot M_M(s)\,dt \tag{4.59}$$

Aus der Bewegungsgleichung (2.19) für $M_L = 0$

$$M_M(s) = J_{res}\,d\omega/dt = J_{res}\,2\pi \cdot dn/dt$$

$$= -J_{res}\,2\pi n_1 \cdot ds/dt$$

folgt mit

$$dt = \frac{-J_{res}\,2\pi n_1}{M_M(s)}\,ds$$

durch Einsetzen in Gl. (4.59)

$$Q_2 = J_{res} \cdot (2\pi n_1)^2 \int\limits_{s_e}^{s_a} \frac{s \cdot M_M(s)}{M_M(s)}\,ds = J_{res} \cdot (2\pi n_1)^2 \int\limits_{s_e}^{s_a} s\,ds$$

Der Ausdruck

$$A_k = \frac{1}{2} \cdot (2\pi n_1)^2 \cdot J_{res} \tag{4.60}$$

stellt die kinetische Energie der bewegten Massen im Synchronismus dar. Mit dieser Abkürzung ergibt sich nach Ausführung der Integration

$$Q_2 = 2 \cdot A_k \int\limits_{s_e}^{s_a} s\,ds = A_k \cdot (s_a^2 - s_e^2). \tag{4.61}$$

Die im Läuferkreis entstehende Wärmemenge ist nur abhängig von der kinetischen Energie der zu beschleunigenden Massen im Synchronismus sowie dem Schlupf zu Anfang bzw. am Ende des Hochlaufs. Bei einem Hochlauf vom Stillstand ($s_a = 1$) auf Synchronismus ($s_e = 0$) entsteht im Läuferkreis die Wärmemenge, die der kinetischen Energie der bewegten Massen entspricht.

$$Q_2 = A_k \qquad \text{für } s_a = 1, s_e = 0$$

Die Läuferkreisverlustwärme ist unabhängig von der Dauer des Hochlaufs bzw. ob bei einem Schleifringläufermotor Vorwiderstände in den Läuferkreis eingeschaltet sind oder nicht. Bei Schleifringläufermotoren teilt sich lediglich die gesamte Wärmemenge Q_2 im Verhältnis R_2/R_V auf Läuferwicklung (Q_{2Wi}) und Vorwiderstände (Q_{2R_V}) auf:

$$Q_{2Wi} = Q_2 \cdot R_2/(R_2 + R_V) \qquad \text{Wärmemenge in der Läuferwicklung,}$$

$$Q_{2R_V} = Q_2 \cdot R_V/(R_2 + R_V) \qquad \text{Wärmemenge im Vorwiderstand.}$$

Diese Aufteilung macht deutlich, warum Schleifringläufermotoren als Antriebe für große Schwungmassen besonders geeignet sind. Durch die Aufteilung der (unveränderten) Wärmemenge Q_2 verringert sich die Läuferwicklungserwärmung. Die Verlustwärme in den Vorwiderständen kann wesentlich einfacher abgeführt werden, da sie außerhalb der Maschine entsteht.

Da der Ständerwicklungswiderstand bei größeren Maschinen einen sehr geringen Einfluss auf die Drehmoment-Drehzahl-Kennlinie hat, können die Ständerstromwärmeverluste mit der Näherung $I_1 \approx I'_2$, die insbesondere bei kleinen Drehzahlen gut erfüllt ist, zumindest abgeschätzt werden. Die Verlustwärmen in Ständer- und Läuferkreis verhalten sich näherungsweise wie die Wicklungswiderstände von Ständerwicklung und Läuferkreis.

$$Q_1 / Q_2 \approx R_1/(R'_2 + R'_V) \quad (I_1 \approx I'_2, Q_2 \text{ nach Gl. (4.61)}) \tag{4.62}$$

Durch Vorwiderstände im Läuferkreis kann die in der Ständerwicklung entstehende Verlustwärme ebenfalls reduziert werden. Bei kurzen Hochlaufzeiten erfolgt die Erwärmung näherungsweise adiabatisch, und die resultierenden Wicklungserwärmungen können mit Hilfe der Wärmekapazitäten der Wicklungen bestimmt werden.

$$\Delta\vartheta_1 = Q_1 /(c_{W1} \cdot G_{Wi1}) \tag{4.63}$$

$$\Delta\vartheta_2 = Q_{2Wi}/(c_{W2} \cdot G_{Wi2}) = R_2 /(R_2 + R_V) \cdot Q_2 /(c_{W2} \cdot G_{Wi2}) \tag{4.64}$$

mit den spezifischen Wärmekapazitäten c_{W1} und c_{W2} und Wicklungsgewichten G_{Wi1} und G_{Wi2}. Die spezifische Wärmekapazitäten betragen für Kupfer $c_{WCu} = 386$ J/kgK; für Aluminium: $c_{WAl} = 910$ J/kgK, vergl. auch Abschnitt 4.11.

Als Maß für die zulässige thermische Belastung der Wicklungen beim Hochlauf sind in den Projektierungsunterlagen der Motorenhersteller Angaben, wie zum Beispiel die Leerumschalthäufigkeit z_0 oder die Anlaufhäufigkeit z_A zu finden. Durch Korrekturfaktoren, die das Trägheitsmoment der Arbeitsmaschine und die Drehzahlabhängigkeit des Gegenmoments berücksichtigen, kann die tatsächliche Zahl der zulässigen Anläufe zumindest abgeschätzt werden.

Leerumschalthäufigkeit z_0

Zahl der zulässigen Reversierungen des ungekuppelten Motors pro Stunde ($M_L = 0$, $s_a = 2$, $s_e = 0$, $J_{res} = J_M (J_L = 0)$)

Anlaufhäufigkeit z_A

Zahl der Anläufe gegen quadratisch ansteigendes Drehmoment pro Stunde,
($M_L = M_N (n / n_N)^2$, $s_a = 1$, $s_e = 0$, $J_{res} = 2 J_M (J_L = J_M)$)

Die Änderung der kinetischen Energie der rotierenden Massen beträgt

$$\Delta E_{kin} = \frac{1}{2} \cdot J_{res} \cdot \left((2\pi n_e)^2 - (2\pi n_a)^2\right) = \frac{1}{2} \cdot J_{res} \cdot (2\pi n_1)^2 \cdot \left((1-s_e)^2 - (1-s_a)^2\right)$$

$$= A_k \cdot \left(s_e^2 - s_a^2 + 2 \cdot (s_a - s_e)\right) \tag{4.65}$$

Mit Q_2 nach Gl. (4.61), Q_1 nach Gl. (4.62) und der Änderung der kinetischen Energie nach Gl. (4.65) ergibt sich für die während des Hochlaufs aus dem Netz aufgenommene elektrische Energie.

$$E_{Netz} = \Delta E_{kin} + Q_1 + Q_2$$

$$= 2 \cdot A_k \cdot (s_a - s_e) + A_k \cdot (s_a^2 - s_e^2) \cdot \frac{R_1}{R'_2 + R'_V} \tag{4.66}$$

Die Widerstände R_1 und R'_2 sind bei Asynchronmaschinen üblicherweise von gleicher Größenordnung, da die im stationären Betrieb aus Ständer und Läufer abführbaren Verlustwärmen ähnlich sind. Für den Hochlauf vom Stillstand auf Synchronismus ist die dem Netz entnommene elektrische Energie etwa dreimal so groß wie die in den rotierenden Massen gespeicherte kinetische Energie.

$$E_{Netz} \approx 3 \cdot A_k \qquad\qquad (s_a = 0, s_e = 1, R_1 \approx R'_2, R'_V = 0)$$

Beispiel 4.4

Der Motor aus Beispiel 4.3 soll als Antrieb für eine Schwungmasse mit
$J_L = 20 \cdot J_M = 104 \text{ kgm}^2$ ($M_L \approx 0$) dienen.

Berechnen Sie für den dimensionierten Stufenanlasser die Hochlaufzeit sowie die in jeder Stufe entstehenden Wärmemengen

- im Läuferkreis bzw. in der Läuferwicklung,
- im Vorwiderstand,
- in der Ständerwicklung (Abschätzung nach Gl. 4.62).

Verwenden Sie die Stromortskurve aus Beispiel 4.3 (s_{kipp}, M_{kipp}).

Berechnen Sie zum Vergleich die Hochlaufzeit und die entstehenden Wärmemengen, wenn der Motor direkt eingeschaltet werden würde.

Berechnen Sie die zugehörigen Erwärmungen von Ständer- und Läuferwicklung während eines Anlaufvorganges mit Stufenanlasser sowie zum Vergleich bei direkter Einschaltung (Wicklungsgewichte $G_{Wi1} = 75$ kg, $G_{Wi2} = 70$ kg, Kupfer).

Anlassverfahren

1. Stern- Dreieck- Anlauf

Niederspannungsmotoren größerer Leistung sind in der Regel für Dreieckschaltung der Ständerwicklung ausgelegt. Beim Einschalten kann zunächst die Wicklung in Sternschaltung ans Netz gelegt werden. Nach erfolgtem Hochlauf wird auf Dreieckschaltung umgeschaltet. Einschaltstrom und Anzugsmoment werden gegenüber der direkten Einschaltung auf $1/3$ reduziert.

Wegen der um $1/\sqrt{3}$ kleineren Strangspannung sinkt der Strangstrom auf das $1/\sqrt{3}$-fache. Bei Dreieckschaltung ist der Leiterstrom jedoch $\sqrt{3}$ mal so groß wie der Strangstrom, so dass der Netzstrom auf $1/3$ zurückgeht:

$$I_{AY} = 1/3 \cdot I_{A\Delta}$$

Die Läuferverluste sind im Stillstand proportional zu Anzugsmoment. Wegen des $1/\sqrt{3}$-fachen Strangstroms geht auch das Anzugsmoment zurück auf

$$M_{AY} = (1/\sqrt{3})^2 \cdot M_{A\Delta} = 1/3 \cdot M_{A\Delta}.$$

2. Anlauf mit reduzierter Spannung (Sanftanlasser, Anlasstransformator)

Wird mit Hilfe eines Spannungsstellers, zum Beispiel mit Phasenanschnittsteuerung, oder eines Anlasstrafos die Spannung beim Einschalten abgesenkt, so kann der Einschaltstrom ebenfalls reduziert werden.

$$M_A(U_{red}) = (U_{red}/U_N)^2 \cdot M_A$$

$$I_A(U_{red}) = U_{red}/U_N \cdot I_A \qquad \text{(Spannungssteller)}$$

$$I_{ANetz}(U_{red}) = (U_{red}/U_N)^2 \cdot I_A \qquad \text{(Anlasstrafo)}$$

Bei Anlauf über Anlasstransformator geht zwar der Einschaltstrom des Motors nur linear mit der Spannung zurück, der Netzstrom (Strom auf der Primärseite des Transformators) jedoch quadratisch mit der Spannung.

3. Anlauf von Asynchronmaschinen mit Schleifringläufer

Bei Asynchronmaschinen mit Schleifringläufer kann mit Hilfe von Vorwiderständen der Einschaltstrom reduziert werden, ohne dass sich das Anzugsmoment vermindert (siehe Beispiel 4.3). So ist zum Beispiel auch Anfahren mit Kippmoment und Kippstrom möglich.

4.9 Umrichterspeisung von Asynchronmaschinen

Die Läuferverlustleistung ist das Produkt von Schlupf und Luftspaltleistung.

$$P_{Cu2} = m_1 \cdot R_2' \cdot I_2'^2 = s \cdot P_\delta \tag{4.38}$$

Mit dem Zusammenhang zwischen Speisefrequenz, Polpaarzahl und synchroner Drehzahl,

$$n_1 = f_1 / p, \tag{4.22}$$

folgt daher, dass Drehstromasynchronmaschinen im Dauerbetrieb nur in der Nähe der Synchrondrehzahl wirtschaftlich sinnvoll betrieben werden können (s_N klein).

Das Einschalten von Vorwiderständen in den Läuferkreis bei Schleifringläufern ist zur Drehzahlstellung nur schlecht geeignet (vergl. Bild 4.14).

Daher existieren nur zwei technisch **und** wirtschaftlich sinnvolle Möglichkeiten zur Drehzahlverstellung:

1. Änderung der Polpaarzahl der Maschine - Polumschaltung
   Derartige Wicklungen werden als polumschaltbare Wicklungen bezeichnet. Zwei Polpaarzahlen im Verhältnis 1:2 lassen sich mit einer einzigen Wicklung durch Vertauschung der Wicklungsenden einer Hälfte der Spulen realisieren (Dahlanderwicklung). Bei anderen Polpaarzahlverhältnissen werden in der Regel zwei getrennte Wicklungen ausgeführt. Polumschaltbare Motoren sind wegen der kleinen Fertigungsstückzahlen, der aufwendigen Ständerwicklung und der schlechten Ausnutzung teuer und gestatten außerdem nur den Betrieb bei zwei, maximal drei diskreten Drehzahlen.

2. Änderung der Speisefrequenz
   Dies ist mit so genannten Umrichtern möglich. Mit Hilfe von Umrichtern ist die Motordrehzahl frei einstellbar.

Wegen der geringen Bedeutung und der schlechten Betriebsdaten sollen polumschaltbare Motoren nicht weiter behandelt werden.

Etwa 30% der neu installierten Antriebe mit Niederspannungsasynchronmaschinen im Norm-leistungsbereich werden an Umrichtern betrieben; der Anteil wächst mit zunehmender Antriebsleistung bis auf über 50% (Bemessungsleistung 630 kW und mehr).

Als Umrichter kommen im Leistungsbereich bis über 30 MW bei Spannungen bis zu 6,6 kV hauptsächlich so genannte Spannungszwischenkreisumrichter (U- Umrichter) zum Einsatz. Diese bestehen aus einem 2pulsigen (bei kleinen Leistungen) oder 6pulsigen Brückengleich-richter und einem Wechselrichter, der die Ausgangsspannung des Gleichrichters in ein sym-metrisches Drehspannungssystem variabler Frequenz und Amplitude umformt.

Bei langsamlaufenden Antrieben großer Leistung werden zum Teil Direktumrichter eingesetzt.

Bild 4.19 zeigt das Prinzipschaltbild eines Spannungszwischenkreisumrichters mit ungesteu-ertem Drehstrombrückengleichrichter im Eingang (B6).

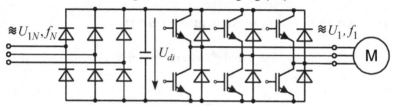

Bild 4.19

Prinzipschaltbild eines Spannungszwischenkreisumrichters

Der Gleichrichtwert U_{di} der Ausgangsspannung eines ungesteuerten B6- Brückengleichrich-ters mit der Netzanschlussspannung U_N beträgt

$$U_{di} = \frac{3}{\pi} \cdot \sqrt{2} U_N = 1,35 \cdot U_N$$

Bei maximaler Aussteuerung des Wechselrichters (Spannungsblöcke mit einer Breite von $120°$) ergibt sich für den Grundschwingungseffektivwert der Ausgangsspannung

$$U_{1max} = \frac{1}{\sqrt{2}} \cdot \frac{1}{\sqrt{3}} \cdot \frac{4}{\pi} \cdot \cos(\pi/6) \cdot U_{di} = \frac{\sqrt{2}}{\pi} \cdot U_{di} = \frac{\sqrt{2}}{\pi} \cdot \frac{3}{\pi} \cdot \sqrt{2} U_N = \frac{6\sqrt{3}}{\pi^2} \cdot U_{1N} \quad (4.67)$$

$$= 1,05 \cdot U_{1N}$$

Nach dem Induktionsgesetz

$$u_i = N \cdot d\Phi/dt \Rightarrow U_i \sim N \cdot 2\pi f \cdot \Phi$$

folgt, dass bei konstantem Fluss Spannung und Frequenz proportional zueinander verstellt werden müssen. Etwas oberhalb der Nennfrequenz (= Netzfrequenz, in Europa: 50 Hz) kann die Spannung nach Gl. (4.67) nicht weiter gesteigert werden. Der Fluss nimmt mit $1/f$ ab. Der Betrieb bei Speisefrequenzen oberhalb der Netzfrequenz wird daher als Feldschwächbetrieb bezeichnet.

Bild 4.20 zeigt, wie sich durch Variation der Pulsbreiten die Amplitude der Grundschwin-gung und die Frequenz der Ausgangsspannung des Umrichters verändern, wobei die Zeitver-läufe deutliche Abweichungen von der Sinusform zeigen. Aus den Spannungsoberschwingungen resultieren parasitäre Effekte, wie zum Beispiel Verluste, Geräusche und Pendelmomente, die an dieser Stelle nicht näher behandelt werden sollen.

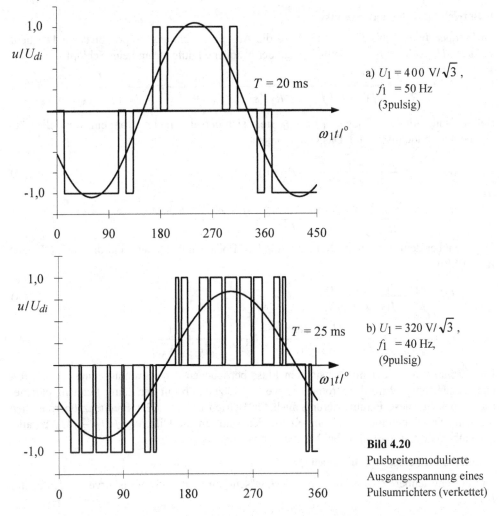

a) $U_1 = 400$ V$/\sqrt{3}$,
   $f_1 = 50$ Hz
   (3pulsig)

b) $U_1 = 320$ V$/\sqrt{3}$,
   $f_1 = 40$ Hz,
   (9pulsig)

Bild 4.20
Pulsbreitenmodulierte
Ausgangsspannung eines
Pulsumrichters (verkettet)

Weiterhin wird deutlich, dass die Messung der Umrichterausgangsspannung durch direktanzeigende konventionelle Messgeräte (Drehspul-, Dreheisenmesswerk) wegen des von der Aussteuerung abhängigen Oberschwingungsgehalts problematisch ist. Aus den Ausschlägen von Drehspul- oder Dreheisenmesswerk kann wegen des eingeschränkten Frequenzbereichs der Messgeräte weder auf die Grundschwingung noch auf den Effektivwert geschlossen werden. Zur Messung von Strömen, Spannungen und Leistungen umrichtergespeister Motoren müssen daher Spektrumanalysatoren eingesetzt werden.

Nachfolgend wird das Betriebsverhalten der umrichtergespeisten Asynchronmaschine abgeleitet. Dabei soll das vereinfachte Ersatzschaltbild zugrunde gelegt und der Ständerwicklungswiderstand vernachlässigt werden. Zur Abkürzung sollen mit X_h und X_k die Reaktanzen bei

Netzfrequenz f_N bezeichnet werden. Eine ausführliche Darstellung des Betriebsverhaltens von Asynchronmaschinen am Umrichter ist in [10] zu finden.

1. Betrieb mit konstantem Fluss

Im Frequenzbereich bis $f_N = 50$ Hz wird die Ausgangsspannung proportional zur Frequenz verstellt: $U_1 = U_{1N} \cdot f_1 / f_N$. Damit beträgt der bezogene Läuferstrom beim Schlupf s

$$I_2' = -\frac{U_{1N} \cdot f_1 / f_N}{R_2' / s + jX_k \cdot f_1 / f_N} = -\frac{U_{1N}}{R_2' /(s \cdot f_1 / f_N) + jX_k} = -\frac{U_{1N}}{R_2' /(f_2 / f_N) + jX_k}$$

Bei Speisung mit der Frequenz f_1 bzw. f_N stellt sich derselbe Läuferstrom ein, wenn die Läuferfrequenzen identisch sind. Das Kippmoment

$$M_{kipp} = \pm \frac{m_1}{2\pi n_1} \cdot \frac{U_1^2}{2X_k} \qquad (R_1 = 0) \tag{4.43b}$$

$$= \pm \frac{m_1}{2\pi f_1 / p} \cdot \frac{U_{1N}^2 \cdot (f_1 / f_N)^2}{2X_k \cdot f_1 / f_N} = \pm \frac{m_1}{2\pi f_N / p} \cdot \frac{U_{1N}^2}{2X_k}$$

ist gegenüber dem Betrieb am Netz unverändert. Ebenso unverändert sind die Punkte P_0 und P_∞ der Stromortskurve:

$$\underline{I}_0 = \frac{U_{1N} \cdot f_1 / f_N}{jX_h \cdot f_1 / f_N} = \frac{U_{1N}}{jX_h} \tag{4.68}$$

$$\underline{I}_\infty = \frac{U_{1N} \cdot f_1 / f_N}{jX_h \cdot f_1 / f_N} + \frac{U_{1N} \cdot f_1 / f_N}{jX_k \cdot f_1 / f_N} = U_{1N} \cdot \left[\frac{1}{jX_h} + \frac{1}{jX_k} \right] \tag{4.69}$$

Die Stromortskurve der mit konstantem Fluss betriebenen Asynchronmaschine ist also frequenzunabhängig. Wird die Stromortskurve für Netzbetrieb mit der Läuferfrequenz parametriert, so kann diese Parametrierung auch für Betrieb bei variabler Frequenz übernommen werden. Die Drehmoment-Drehzahl-Kennlinien sind um die Differenz $f_N / p - f_1 / p$ parallel gegenüber der M-n-Kennlinie bei Netzbetrieb verschoben.

2. Betrieb im Feldschwächbereich ($f_1 > f_N$)

Im Feldschwächbereich mit $U_1 = $ konst. $ = U_N$ "schrumpft" die Stromortskurve um den Faktor f_N / f_1.

$$\underline{I}_0 = \frac{U_{1N}}{jX_h \cdot f_1 / f_N} = \frac{U_{1N}}{jX_h} \cdot \frac{f_N}{f_1} \tag{4.70}$$

$$\underline{I}_\infty = \frac{U_{1N}}{jX_h \cdot f_1 / f_N} + \frac{U_{1N}}{jX_k \cdot f_1 / f_N} = U_{1N} \cdot \left[\frac{1}{jX_h} + \frac{1}{jX_k} \right] \cdot \frac{f_N}{f_1} \tag{4.71}$$

Das Kippmoment geht quadratisch mit der Frequenz zurück (Gl. (4.43b), $R_1 = 0$).

$$M_{kipp} = \pm \frac{m_1}{2\pi n_1} \cdot \frac{U_1^2}{2X_k} = \pm \frac{m_1}{2\pi f_1 / p} \cdot \frac{U_{1N}^2}{2X_k \cdot f_1 / f_N} = \pm \frac{m_1}{2\pi f_N / p} \cdot \frac{U_{1N}^2}{2X_k} \cdot \left[\frac{f_N}{f_1} \right]^2$$

Im Feldschwächbereich geht demnach die Überlastbarkeit des Motors zurück. Dies ist vor allem bei Antrieben mit sehr weitem Feldschwächbereich, wie zum Beispiel Hauptspindelantrieben für Werkzeugmaschinen, von Bedeutung. Aus der Kloss'schen Formel kann die Steigung des geraden Teils der M-n-Kennlinie berechnet werden:

$$\frac{dM}{dn} = \frac{-2 \cdot M_{kipp}}{n_1 \cdot s_{kipp}} = \frac{-2 \cdot M_{kipp}(f_N) \cdot (f_N/f_1)^2}{f_1/p \cdot R_2'/(X_k \cdot f_1/f_N)} \tag{4.72}$$

$$= \frac{-2 \cdot M_{kipp}(f_N)}{f_N/p \cdot s_{kipp}(f_N)} \cdot \left[\frac{f_N}{f_1}\right]^2$$

Die Steigung des geraden Teils der M-n-Kennlinie nimmt ebenfalls quadratisch mit der Frequenz ab; die Maschine wird "weicher". Bild 4.21 zeigt die Drehmoment-Drehzahl-Kennlinien des Motors nach Beispiel 4.1 für $f_1 = 2{,}5, 30, 50, 60, 70$ Hz.

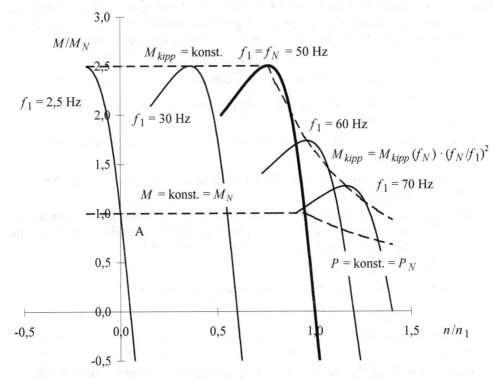

Bild 4.21
Drehmoment-Drehzahl-Kennlinien einer Asynchronmaschine bei variabler Speisefrequenz
$f_1 \leq 50$ Hz: $U_1 \sim f_1$ (konstanter Fluss), $f_1 > 50$ Hz: $U_1 =$ konst. (Feldschwächbereich)

Aus wirtschaftlichen Gründen werden die Umrichter in der Regel nur für S1-Betrieb mit Motornennstrom bemessen. Aus diesem Grund sind auch im Überlastbetrieb nur die Kennlinienäste bis etwa zum 1,6fachen Nennmoment von Bedeutung.

Beispiel 4.5

Ein umrichtergespeister Drehstromasynchronmotor dient als Antrieb eines Bandwicklers (siehe Bild 8.1, Ausführung ohne Getriebe).

Motordaten: P_N $= 22\,\text{kW}$ U_N $= 400\,\text{V}\,(\Delta)$ $I_N = 39\,\text{A}$

$\cos\varphi_N$ $= 0,83$ n_N $= 976\,\text{min}^{-1}$ $f_N = 50\,\text{Hz}$

M_{kipp} $= 3,4\,M_N$

Wicklerdaten: F_{Zug} $= 340\,\text{N}$ v $= 15\,\text{m/s}$

d_{min} $= 0,25\,\text{m}$ $d_{max} = 1,25\,\text{m}$

Papierbreite B $= 2,5\,\text{m}$

Papierdicke d_P $= 110 \cdot 10^{-6}\,\text{m}$

Dichte ρ $= 0,93\,\text{kg/dm}^3$

Das Trägheitsmoment des Motors und der leeren Trommel darf vernachlässigt werden. Alle Verluste außer den Stromwärmeverlusten im Läuferkreis dürfen vernachlässigt werden. Die Ausgangsspannung des Umrichters ist im Bereich $0 \le U \le U_N$ stufenlos einstellbar.

$$0 \le f_1 \le f_N \quad = \quad 50\,\text{Hz:} \ U(f_1) = U_N / f_N \cdot f_1,$$
$$f_N \le f_1 \le f_{1max} = 100\,\text{Hz:} \ U(f_1) = \text{konst.} = U_N.$$

a) Berechnen Sie die Drehzahl n_{max} und das Drehmoment M_{min} am Anfang des Wickelvorgangs (Trommel leer).

b) Berechnen Sie die Drehzahl n_{min} und das Drehmoment M_{max} am Ende des Wickelvorgangs (Trommel voll).

c) Berechnen Sie die Zeitfunktion des Trommeldurchmessers $d_{Tr}(t)$ und der Drehzahl $n(t)$ während des Aufwickelvorgangs!

Anleitung: Berechnen Sie zunächst das aufgewickelte Papiervolumen als Funktion des Durchmessers $d_{Tr}(t)$. Ermitteln Sie mit Hilfe der Papierlänge $l(t) = v \cdot t$ die Zeitfunktion des Durchmessers aus dem Volumen.

Wie lange dauert der Aufwickelvorgang?

d) Zeichnen Sie die Stromortskurve des Leiterstroms ($m_I = 20\,\text{A/cm}$).
Bestimmen Sie
- Streureaktanz X_k,
- Läuferwiderstand R'_2,
- Kippschlupf s_{kipp}.

Wie müssen die Maßstäbe der Stromortskurve verändert werden, damit die Stromortskurve auch für den Feldschwächbereich verwendet werden kann? Wie ändert sich die Parametrierung der Ortskurve?

e) Berechnen Sie näherungsweise die zu Beginn des Aufwickelvorgangs einzustellende Frequenz f_{1a}.

Anleitung: Verwenden Sie die lineare Näherung

$$M(s) = M_{min} = 2 \cdot M_{kipp}(f_{1a}) \cdot s \, / \, s_{kipp}(f_{1a}).$$

Setzen Sie den Schlupf in die Frequenzgleichung

$$f_{1a} = p \cdot n_{max} + s \cdot f_{1a}$$

ein und bestimmen Sie hieraus die Ständerfrequenz f_{1a}.

f) Wie groß ist der Motorstrom zu Beginn des Aufwickelvorgangs?
   Zeichnen Sie hierzu die Gerade P = konst. = $F_{Zug} \cdot v$ in die Stromortskurve ein.

g) Bis zu welcher Drehzahl wird der Motor im Feldschwächbereich betrieben?

h) Berechnen Sie die Spannung U und den Strom I_1 am Ende des Aufwickelvorgangs.

Die volle Trommel soll in t_{Br} = 30 s durch generatorische Bremsung stillgesetzt werden. Die Zugkraft F_{Zug} ist dabei Null. Die Änderung des Trägheitsmomentes während des Bremsens darf vernachlässigt werden.

i) Berechnen Sie das Trägheitsmoment der Trommel und das erforderliche Bremsmoment!
   Wie groß ist der Motorstrom während des Bremsvorganges?

j) Nach welcher Zeitfunktion muss die Klemmenspannung verstellt werden, damit der Bremsvorgang mit konstantem Bremsmoment nach i) erfolgt?

4.10 Verluste, Wirkungsgrad

Infolge der stetig steigenden Energiekosten kommt den Verlusten und damit auch deren messtechnischer Bestimmung wachsende Bedeutung zu. Im Leistungsbereich oberhalb 1 MW sind je nach Einsatzbereich Verlustbewertungen von € 1000...4000,- pro kW Verlustleistung üblich.

Bei kleineren elektrischen Maschinen ist die messtechnische Bestimmung von Verlusten und Wirkungsgrad durch direkte Leistungsmessung möglich. Im Motorbetrieb ergeben sich die Motorverluste aus der Differenz zwischen der aufgenommenen elektrischen Leistung und der mechanisch an der Welle abgegebenen Leistung.

$$P_V = P_{auf} - P_{ab} = P_{el} - P_{mech} \Rightarrow \eta = P_{mech} / P_{el}$$

Bei den hohen Wirkungsgraden größerer elektrischer Maschinen ist die Ermittlung der Verluste durch direkte Leistungsmessung problematisch, da sich elektrisch aufgenommene und mechanisch abgegebene Leistung nur wenig unterscheiden und der Fehler der Differenz selbst bei kleinen Messfehlern der Einzelleistungen unzulässig groß wird. Aus diesem Grund wird der Wirkungsgrad indirekt bestimmt. Hierzu werden die einzelnen Verlustanteile getrennt erfasst. Es sind

- lastabhängige Verluste, wie zum Beispiel
  - Stromwärmeverluste in den Wicklungen,
  - Übergangsverluste an den Bürsten der Gleichstrommaschinen sowie bei Asynchronmaschinen mit Schleifringläufer,

- lastunabhängige Verluste, wie zum Beispiel
  - Eisenverluste,
  - Reibungsverluste (bei rotierenden elektrischen Maschinen: Lager-, Bürsten- und Luftreibungsverluste),

- lastabhängige Zusatzverluste
- pauschale Zusammenfassung von verschiedenen Verlustanteilen durch Wirbelströme, Oberfelder, Kommutierung usw.
- Erregerverluste (bei Gleichstrom- und Synchronmaschinen)

zu unterscheiden. Der Wirkungsgrad bei Bemessungsbetrieb ist im allgemeinen in den Katalogen der Hersteller angegeben. Um Verluste und Wirkungsgrad auch bei Teillastbetrieb oder bei Betrieb an variabler Spannung oder bei veränderlicher Frequenz bestimmen zu können, werden die Einzelverluste nach Art ihrer Abhängigkeit von den elektrischen Betriebsgrößen aufgeteilt.

Die Eisenverluste sind abhängig von der Induktion und der Frequenz. Handelsübliche Elektroblechsorten werden durch die Verluste bei $B = 1,5$ T und $f_N = 50$ Hz bezeichnet.

Beispiel: M800-50a: 8 W Eisenverluste pro kg, Blechdicke 0,5 mm.

Die Eisenverluste setzten sich zusammen aus den Ummagnetisierungsverlusten (Hystereseverluste) und den Verlusten durch Wirbelströme im Eisen (Wirbelstromverluste); sie nehmen durch die Verarbeitung (stanzen, paketieren) deutlich zu. Bei Induktionen im Bereich von 1...1,5 T können die Hystereseverluste mit hinreichender Genauigkeit durch

$$\frac{V_H(f,B)}{V_H(f_N,B_N)} = \frac{f}{f_N} \cdot \left[\frac{B}{B_N}\right]^2 \tag{4.73}$$

beschrieben werden, während die Wirbelstromverluste quadratisch von Spannung und Frequenz abhängig sind:

$$\frac{V_W(f,B)}{V_W(f_N,B_N)} = \left[\frac{f}{f_N}\right]^2 \cdot \left[\frac{B}{B_N}\right]^2 \tag{4.74}$$

Bei **konstantem Fluss** (B = konst., d.h. U/f = konst.) setzen sich die Eisenverluste aus zwei Komponenten mit linearer bzw. quadratischer Frequenzabhängigkeit zusammen.

$$v_{Fe}(f, \Phi = \Phi_N) = v_H(f_N, \Phi_N) \cdot f/f_N + v_W(f_N, \Phi_N) \cdot (f/f_N)^2$$

Für Elektroblech M800-50a verhalten sich bei $f_N = 50$ Hz Hysterese- und Wirbelstromverluste etwa wie 3:1.

Bei **konstanter Spannung** (Feldschwächbereich) vermindert sich der Hystereseanteil mit steigender Frequenz, während der Wirbelstromanteil konstant bleibt.

$$v_{Fe}(f, \Phi \sim 1/f) = v_H(f_N, \Phi_N) \cdot f_N/f + v_W(f_N, \Phi_N)$$

Bei **konstanter Frequenz** sind die Eisenverluste quadratisch von der Spannung abhängig.

$$v_{Fe}(f_N, U) = v_H(f_N, \Phi_N) \cdot (U/U_N)^2 + v_W(f_N, \Phi_N) \cdot (U/U_N)^2$$
$$= v_{Fe}(f_N, U_N) \cdot (U/U_N)^2$$

Diese Spannungsabhängigkeit wird zur Trennung der Eisen- und Reibungsverluste benutzt. Im Leerlauf bei konstanter Frequenz ($f = f_N$, $s \approx 0$) beträgt die aufgenommene Wirkleistung

$$P_0 = P_{Cu10} + P_{Fe} + P_{Reib} = m_1 R_1 I_{10}^2 + P_{FeN} \cdot (U/U_N)^2 + P_{Reib}.$$

Somit setzt sich die Differenz zwischen der aufgenommenen Wirkleistung P_0 und den Strom-wärmeverlusten im Leerlauf P_{Cu10},

$$P_0 - P_{Cu10} = P_{FeN} \cdot (U/U_N)^2 + P_{Reib},$$

aus einem konstanten (P_{Reib}) und einem quadratisch von der Spannung abhängigen Anteil (P_{Fe}) zusammen. Daher wird die im Leerlauf aufgenommene Wirkleistung P_0 im Spannungs-bereich zwischen etwa $0,3 \cdot U_N$ und $1,2 \cdot U_N$ gemessen und die Differenz $P_0 - P_{Cu10}$ über dem Quadrat der Spannung aufgetragen (Bild 4.22).

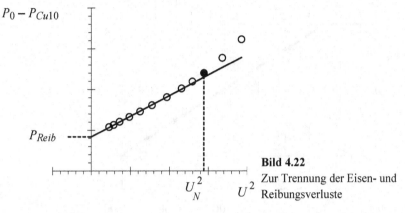

Bild 4.22
Zur Trennung der Eisen- und Reibungsverluste

Die Extrapolation für $U = 0$ ergibt die Reibungsverluste. Bei der Linearisierung wurden die Messwerte für $U > U_N$ nicht berücksichtigt, da bei stärkerer Sättigung ein überquadratischer Anstieg der Verluste zu sehen ist (Verluste im massiven Gehäuse).

Zur Berechnung der Stromwärmeverluste in der Ständerwicklung wird der gemessene Kaltwiderstand auf eine von der Wärmeklasse abhängige Bezugstemperatur umgerechnet.

$$P_{Cu1} = m_1 \cdot R_{1W} \cdot I_1^2 = P_{Cu1N} \cdot (I_1/I_N)^2 \qquad (4.75)$$

$$R_{1W} = R_{1k} \cdot (1 + \alpha\Delta\vartheta) \qquad (4.76)$$

mit $\quad \alpha$: Temperaturkoeffizient des elektrischen Widerstands,

$\qquad \alpha = 0,004 \ 1/K$

$\qquad \Delta\vartheta = 55$ K für Wärmeklasse B,

$\qquad \Delta\vartheta = 75$ K für Wärmeklasse F,

$\qquad R_{1k}$: Kaltwiderstand bei 20°C

Die Stromwärmeverluste in der Läuferwicklung werden mit Hilfe des Gesetzes über die Spaltung der Luftspaltleistung aus der mechanischen Leistung berechnet.

$$P_{Cu2} = s \cdot P_\delta = s / (1 - s) \cdot P_{mech} \qquad (4.77)$$

Die lastabhängige Umrechnung der Läuferstromwärmeverluste kann mit der Näherung $I_1 \approx I'_2$ ebenfalls quadratisch mit dem Strom vorgenommen werden.

$$P_{Cu2} \approx P_{Cu2N} \cdot (I_1/I_N)^2 \qquad (4.78)$$

Die lastabhängigen Zusatzverluste für Drehstromasynchronmaschinen werden nach IEC 60034 Teil 2 [21] entweder pauschal ermittelt oder messtechnisch erfasst. Für Maschinen bis

1 kW Nennleistung beträgt die Pauschale 2,5% der aufgenommenen elektrischen Leistung, für Maschinen mit einer Nennleistung größer als 1 kW gilt für die Zusatzverlustpauschale

$$\frac{P_{zusN}}{P_{1N}} = 100\% \cdot \left(0{,}025 - 0{,}005 \cdot \log \frac{P_N}{kW} \right). \tag{4.79}$$

Bild 4.23 zeigt die Zusatzverlustpauschale in Abhängigkeit von der Bemessungsleistung.

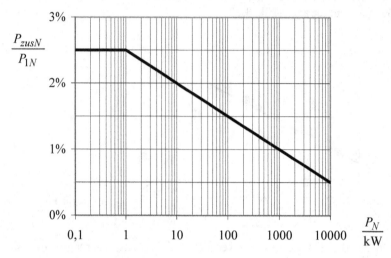

Bild 4.23
Pauschale Zusatzverluste nach IEC 60034 -2 als Funktion der Bemessungsleistung

Für Teillastpunkte werden die Zusatzverluste im Nennpunkt mit Hilfe von Ständerstrom I_1 und Leerlaufstrom I_0 umgerechnet.

$$P_{zus} = \frac{I_1^2 - I_0^2}{I_{1N}^2 - I_0^2} \cdot P_{zusN} \tag{4.80}$$

Zur messtechnischen Bestimmung der Zusatzverluste (Methode 1) sind für 6 Lastpunkte zu messen:

- P_1 aufgenommene elektrische Leistung
- U_{1L} Klemmenspannung
- I_1 Leiterstrom
- M Drehmoment
- n Drehzahl

Als Lastpunkte sollen gewählt werden:

$$\frac{M}{M_N} = 1{,}25; \quad 1{,}15; \quad 1{,}0; \quad 0{,}75; \quad 0{,}5; \quad 0{,}25 \,.$$

Die Eisenverluste für die Lastpunkte werden aus der Kurve $P_0 - P_{Cu10}$ (siehe Bild 4.22) bei der Spannung U_{rL} ermittelt, die sich nach Subtraktion des Spannungsabfalls am Ständerstrangwiderstand von der gemessenen Klemmenspannung U_{1L} ergibt.

$$U_{rL} = \sqrt{3} \cdot \sqrt{\left(\frac{U_{1L}}{\sqrt{3}} - I_1 \cdot R_1 \cdot \cos\varphi_1\right)^2 + \left(I_1 \cdot R_1 \cdot \sin\varphi_1\right)^2} \quad \text{für Sternschaltung}$$

$$U_{rL} = \sqrt{\left(U_{1L} - \frac{I_{1L}}{\sqrt{3}} \cdot R_1 \cdot \cos\varphi_1\right)^2 + \left(\frac{I_{1L}}{\sqrt{3}} \cdot R_1 \cdot \sin\varphi_1\right)^2} \quad \text{für Dreieckschaltung}$$

Die Läuferverlustleistung ergibt sich mit den Eisenverlusten P_{Fe} zu

$$P_{Cu2} = (P_1 - P_{Cu1} - P_{Fe}) \cdot s$$

Mit $P_{Cu1} = 3 \cdot R_1 \cdot I_{1Strang}^2$ sind die Stromwärmeverluste in der Ständerwicklung bezeichnet, s ist der Schlupf nach Gl. (4.24). Mit Hilfe der mechanischen Leistung

$$P_2 = 2\pi n \cdot M$$

und den Reibungsverlusten P_{Reib} ergeben sich die Restverluste zu

$$P_{Lr} = P_1 - P_2 - P_{Cu1} - P_{Fe} - P_{Reib} - P_{Cu2}$$

Die ermittelten Restverluste werden über dem Quadrat des Drehmoments aufgetragen, wie es in Bild 4.24 dargestellt ist.

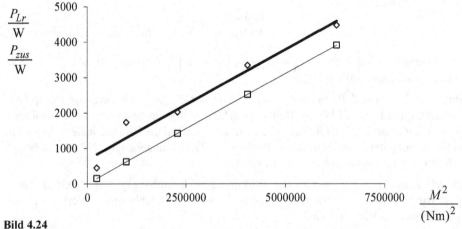

Bild 4.24
Zusatzverlustermittlung nach IEC 60034-2 am Beispiel eines 4poligen Transnormmotors Baugröße 315 ($P_N = 315$ kW)

Die Zusatzverluste im Nennpunkt werden mit Hilfe der Steigung A der linearen Näherung bestimmt.

$$P_{zusN} = A \cdot M_N^2$$

Als zweites mögliches Messverfahren sieht die Norm die Messung in eh-Y-Schaltung vor. Diese Schaltung wird in Abschnitt 4.13.3 vorgestellt.

Wegen der geringen Drehzahländerung bei Belastung gilt in guter Näherung $M \sim P$. Werden die lastabhängigen Verluste näherungsweise quadratisch mit der Leistung umgerechnet, was bei Belastungen zwischen 25% und 125% des Nennmoments recht gut erfüllt ist (Nebenschlussverhalten der Asynchronmaschine, vergl. Bild 4.13), kann die Abhängigkeit der Verluste in guter Näherung durch

$$P_V \approx (P_{Cu1N} + P_{Cu2N} + P_{zusN}) \cdot (P/P_N)^2 + P_{FeN} + P_{Reib} \qquad (4.81)$$

beschrieben werden. Bild 4.25 zeigt für einen listenmäßigen vierpoligen oberflächengekühlten Transnormmotor mit einer Bemessungsleistung von $P_N = 200$ kW, Wirkungsgrad $\eta_N =$ 96,1% die Aufteilung der Verlustleistung im Nennbetrieb. Die Zusatzverluste wurden nach „alter" Norm mit 0,5% der aufgenommenen elektrischen Leistung bei Nennbetrieb berücksichtigt.

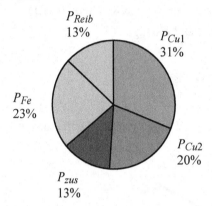

Bild 4.25
Aufteilung der Verluste für einen Transnormmotor

Die Gesamtverluste betragen $P_{VN} = (1 - \eta_N)/\eta_N \cdot P_N = 8,1$ kW, davon lastabhängig 5,1 kW (= 64%), lastunabhängig 3,0 kW (= 36 %).

Der Anteil der Eisen- und Reibungsverluste ist von der Polpaarzahl abhängig: zweipolige Maschinen haben tendenziell höhere Reibungsverluste und kleinere Eisenverluste, während bei höherpoligen Maschinen die Reibungsverluste geringer und die Eisenverluste größer sind. Die Größenordnung der Aufteilung der Verluste (etwa 1/3 lastunabhängig, 2/3 lastabhängig) kann jedoch durchaus als typisch angesehen werden.

Ähnlich wie beim Transformator ist der Wirkungsgrad lastabhängig. Der maximale Wirkungsgrad tritt wie beim Transformator dann auf, wenn die lastabhängigen Verluste gleich den lastunabhängigen Verlusten sind.

$$\eta_{max} \quad \text{bei} \quad \left[\frac{P}{P_N}\right]^2 = \frac{P_{FeN} + P_{Reib}}{P_{Cu1N} + P_{Cu2N} + P_{zusN}} \qquad (4.82)$$

Für eine Verlustaufteilung von lastunabhängigen zu lastabhängigen Verlusten von 1/3 : 2/3 liegt das Wirkungsgradoptimum nach Gl. (4.82) etwa bei 3/4- Last:

$$\eta_{max} \quad \text{bei} \quad \frac{P}{P_N} = \sqrt{\frac{1/3}{2/3}} = \sqrt{\frac{1}{2}} = 0,71$$

In Bild 4.26 ist der nach dem Einzelverlustverfahren berechnete Wirkungsgrad sowie der durch Verlustumrechnung nach Gl. (4.81) näherungsweise ermittelte Wirkungsgrad als Funktion der Belastung dargestellt. Auch im Teil- und Überlastbereich zeigt sich eine recht gute Übereinstimmung mit der genauen Berechnung. Die dargestellten Kurven verlaufen im Bereich des Wirkungsgradmaximums recht flach; erst bei kleiner Last sinkt der Wirkungsgrad deutlich ab.

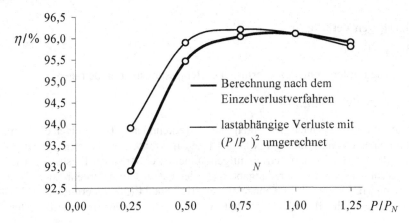

Bild 4.26
Wirkungsgrad als Funktion der Belastung (Motordaten siehe Beispiel 4.2)

Berechnung der Einzelverluste aus Katalogangaben

Benötigte Angaben: P_N Nennleistung

$\eta_{4/4}$ Wirkungsgrad bei Nennlast

$\eta_{3/4}$ Wirkungsgrad bei ¾- Nennlast

n_N Nenndrehzahl

p Polpaarzahl

f_N Nennfrequenz

Die lastabhängigen Verluste sollen näherungsweise mit der Leistung umgerechnet werden.

Mit den lastabhängigen Verlusten im Nennbetrieb P_{VLN} und den lastunabhängigen Verlusten P_{V0} gilt für die Gesamtverluste

$$P_V = P_{V0} + P_{VLN} \cdot \left(\frac{P}{P_N}\right)^2$$

Die Verluste bei Nennlast bzw. ¾- Nennlast können mit Hilfe der Wirkungsgrade $\eta_{4/4}$ und $\eta_{3/4}$ ausgedrückt werden.

$$P_{V4/4} = \frac{P_N}{\eta_{4/4}} - P_N = P_{V0} + P_{VLN}$$

$$P_{V3/4} = \frac{3/4 \cdot P_N}{\eta_{3/4}} - \frac{3}{4} \cdot P_N = P_{V0} + P_{VLN} \cdot \left(\frac{3}{4}\right)^2$$

Hieraus können die lastabhängigen Verluste zu

$$P_{VLN} = \frac{P_{V4/4} - P_{V3/4}}{1 - \left(\frac{3}{4}\right)^2}$$

und die lastunabhängigen Verluste zu

$$P_{V0} = P_{V4/4} - P_{VLN}$$

berechnet werden. Die Läuferstromwärmeverluste bei Bemessungsbetrieb betragen

$$P_{Cu2N} = \frac{s_N}{1 - s_N} \cdot P_N \quad \text{mit } s_N = \frac{f_N/p - n_N}{f_N/p} \ .$$

Wenn die Wirkungsgradangabe nach der „alten" Norm (erkennbar z. B. an einer eff-Kennzeichnung oder an einer Kennzeichnung EN 60034 (1998)) ermittelt ist, können die Zusatzverluste mit 0,5% der im Bemessungsbetrieb aufgenommenen elektrischen Leistung berücksichtigt werden. Wenn die Wirkungsgradangabe nach der neuen Norm (erkennbar z. B. an einer Kennzeichnung „IE2" oder einer Kennzeichnung IEC 60034 (2007)) ermittelt ist, können die Zusatzverluste nach Gl. (4.79) ermittelt werden. Die Ständerstromwärmeverluste ergeben sich aus

$$P_{Cu1N} = P_{VLN} - P_{Cu2N} - P_{zusN} \ .$$

Mit der berechneten Verlustaufteilung können für energetische Betrachtungen die Verluste bei unterschiedlichen Lasten mit hinreichender Genauigkeit aus den Katalogangaben abgeschätzt werden.

Für den Bereich der 2- und 4- poligen Normmotoren mit Bemessungsleistungen bis 90 kW gab es eine freiwillige Vereinbarung der europäischen Motorenhersteller (European Committee of Manufacturers of Electrical Machines and Power Electronics (CEMEP)) über eine Wirkungsgradklassifizierung.

Es wurden drei Wirkungsgradklassen $\boxed{\text{EFF 1}}$, $\boxed{\text{EFF 2}}$ und $\boxed{\text{EFF 3}}$ unterschieden.

Bild 4.27 zeigt die Wirkungsgrade 4- poliger Motoren als Funktion der Bemessungsleistung. Im Jahr 2005 betrug der Anteil von eff1- Motoren 9%, der Anteil der eff2- Motoren 87%.

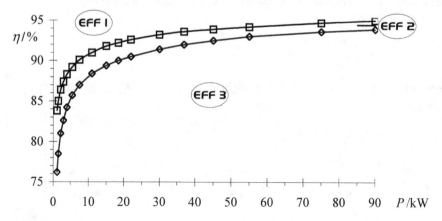

Bild 4.27
Wirkungsgrade als Funktion der Bemessungsleistung (4- polige Motoren)

In IEC 60034 Teil 30 [26] sind Effizienzklassen für dreiphasige Käfigläufermotoren mit Bemessungsleistungen von 0,12 kW bis 1000 kW festgelegt (2-, 4-, 6- und 8- polige Maschinen). Die Effizienzklassen lauten IE1, IE2, IE3 und IE4. Die Wirkungsgrade der Effizienzklasse IE4 waren ursprünglich im Anhang A von IEC/TS 60034-31 [27] angegeben. Bild 4.28 zeigt die Mindestwirkungsgrade der drei Effizienzklassen IE2, IE3 und IE4 für 4-polige Maschinen im Leistungsbereich bis 1000 kW.

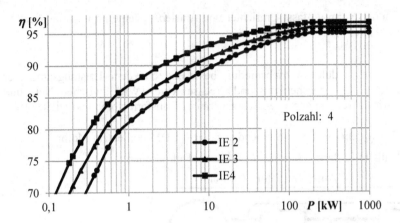

Bild 4.28

Wirkungsgrade der Klassen IE2, IE3 und IE4 als Funktion der Bemessungsleistung (4- polige Motoren)

Die Fristen für die Einführung von Mindestwirkungsgraden entsprechend der VERORDNUNG für Europa (EG) Nr. 640/2009 DER KOMMISSION vom 22. Juli 2009 (EU MEPS, European Minimum Energy Performance Standard) sind in Tabelle 4.3 aufgeführt.

Tabelle 4.3

Fristen zur Einführung von Mindestwirkungsgraden in Europa

Termin	Leistungsbereich [kW]	Forderung
16.06.2011	0,75 – 375	IE2 (Netz)
01.01.2015	7,5 – 375	IE3 (Netz) / IE2 + Frequenzumrichter
01.01.2017	0,75 – 375	IE3 (Netz) / IE2 + Frequenzumrichter

Verluste von Antriebssystemen – EN 50598 [38], [39], [40]

EN 50598 besteht aus drei Teilen:

Teil 1: Allgemeine Anforderungen
Teil 2: Indikatoren für die Energieeffizienz von Antriebssystemen, Effizienzklassen
Teil 3: Umweltaspekte und Produktdeklaration der Antriebskomponenten von Power-Drive-
Systemen und Motorstartern

Der Geltungsbereich der Norm umfasst Umrichter und Antriebssysteme im Leistungsbereich von 0,12 kW bis 1000 kW.

Definitionen

CDM: (complete drive module) Antriebsmodul, bestehend aus dem Leistungsumrichter (Gleichrichter (GR), Zwischenkreis und Wechselrichter (WR) zwischen Netz und Motor), sowie Erweiterungen wie Schutzgeräten, Transformatoren und Hilfseinrichtungen

PDS: (power drive system) System, bestehend aus einem CDM und einem Motor

Bild 4.29 veranschaulicht in stark vereinfachter Form die Definitionen.

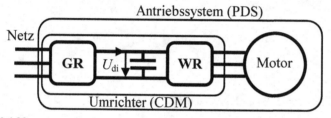

Bild 4.29
Definitionen der EN 50598-2 (ohne Schutzeinrichtungen, Transformatoren, Hilfseinrichtungen)

Effizienzklassen für Umrichter

In Analogie zu den Effizienzklassen der Motoren werden in EN 50598-2 Effizienzklassen der Umrichter festgelegt. Zur Bestimmung der Effizienzklasse des Umrichters werden die Umrichterverluste $P_{L,CDM}$ mit den Verlusten eines Referenzumrichters $P_{L,RCDM}$ im Betriebspunkt mit 90% der Nennfrequenz und 100% des Nennmoments des zugeordneten Motors verglichen. Der Referenzumrichter hat definitionsgemäß die Effizienzklasse IE1; die Verluste sind mit $P_{L,RCDM}$ bezeichnet.

Für die Effizienzklassen gilt folgende Festlegung:

IE0: $P_{L,CDM} > 1{,}25 \cdot P_{L,RCDM}$

IE1: $0{,}75 \cdot P_{L,RCDM} < P_{L,CDM} < 1{,}25 \cdot P_{L,RCDM}$

IE2: $P_{L,CDM} < 0{,}75 \cdot P_{L,RCDM}$

Für den Leistungsbereich bis 90 kW sind in Bild 4.30 die Verluste des Referenzumrichters sowie die Grenzen der Klassen IE0 und IE2 als Funktion der Motorleistung dargestellt.

Anmerkung: der Gültigkeitsbereich der Norm erstreckt sich bis zu einer Motorleistung von 1000 kW. Die Darstellung ist auf den Leistungsbereich bis 90 kW beschränkt, in dem für den Referenzumrichter die Pulsfrequenz 4 kHz beträgt.

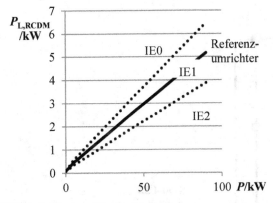

Bild 4.30

Verluste des Referenzumrichters sowie die Grenzen der Klassen IE0 und IE2 als Funktion der Motorleistung

Effizienzklassen für Antriebssysteme

Wie für die Umrichter werden für die kompletten Antriebssysteme (Motor und Umrichter) drei Effizienzklassen definiert (IES0, IES1, IES2). Die Effizienzklasse eines Antriebssystems wird durch Vergleich der Verluste des Antriebssystems $P_{L,PDS}$ im Betriebspunkt mit Nennfrequenz und Nennmoment mit denen des Referenzantriebssystems $P_{L,RPDS}$, das definitionsgemäß die Klasse IES1 hat, bestimmt.

Für die Effizienzklassen gilt folgende Festlegung:

IES0: $\quad P_{L,PDS} > 1{,}2 \cdot P_{L,RPDS}$

IES1: $\quad 0{,}8 \cdot P_{L,RPDS} < P_{L,PDS} < 1{,}2 \cdot P_{L,RPDS}$

IES2: $\quad P_{L,PDS} < 0{,}8 \cdot P_{L,RPDS}$

Bild 4.31 zeigt die Verluste des Referenzantriebssystems als Funktion der Motorleistung sowie die Grenzen der Effizienzklassen IES0 und IES2.

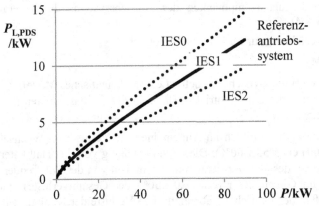

Bild 4.31

Verluste des Referenzantriebssystems sowie die Grenzen der Klassen IES0 und IES2 als Funktion der Motorleistung

Verluste bei Teillast

Neben der Angabe der Verluste für Bemessungsbetrieb müssen die Hersteller die Verluste der Umrichter bzw. der Antriebssysteme für Teillast angeben. Die erforderlichen Teillastpunkte für Umrichter sind in Bild 4.32 dargestellt.

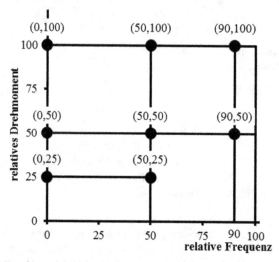

Bild 4.32

Teillastpunkte, für die die Umrichterverluste bestimmt werden

Für komplette Antriebssysteme, bestehend aus Motor und Umrichter, sind die Verluste des Antriebssystems statt für eine relative Motorfrequenz von 90% für 100% anzugeben.

Bestimmung der Verluste

Mögliche Verfahren zur Verlustbestimmung sind nach EN 50598

-   Messtechnische Bestimmung durch Messung der vom Netz aufgenommenen Leistung und

    - der Ausgangsleistung des Umrichters (Bestimmung der Umrichterverluste)

    - bzw. von Drehmoment und Drehzahl des Motors (Bestimmung der Verluste von Antriebssystemen)

-   Bestimmung der Verluste der Komponenten des Antriebssystems durch semianalytische Modelle (SAM)

-   Kalorimetrische Messverfahren (nur für Umrichter möglich)

Semianalytisches Modell (SAM)

Das in EN 50598-2 beschriebene semianalytische Modell ist ein mathematisches Modell, mit dem die Verluste eines Umrichters oder eines Antriebssystems in den Teillastpunkten nach Bild 4.32 bestimmt werden können.

Den größten Anteil der Umrichterverluste bilden im Allgemeinen die Verluste im Wechselrichter (im Betriebspunkt (90,100) etwa 50...60%). Diese sind abhängig von den Halbleitereigenschaften, den Ausgangsgrößen des Wechselrichters und zum Teil von der Pulsfrequenz (Schaltverluste). Die Verluste im Gleichrichter (etwa 20...30% der Gesamtverluste) sind ebenfalls von den Ausgangsgrößen des Umrichters abhängig. Die Verluste der Kühlung sind proportional zu den elektrischen Umrichterverlusten (Standardwert für den Referenzumrichter nach EN 50598-2 betriebspunktunabhängig 20%; bei Standard-Umrichtern in der Regel deutlich kleiner und bei Einsatz drehzahlvariabler Lüfter lastabhängig).

4.11 Motorerwärmung, Explosionsschutz

Asynchronmaschinen sind in der Regel so bemessen, dass die bei Belastung mit dem Bemessungsdrehmoment auftretenden Verluste zu der entsprechend der Wärmeklasse des Isoliersystems zulässigen Übertemperatur führen. Zur Ermittlung des Zeitverlaufs der **Motorerwärmung** soll die Maschine als **ein** homogener Körper betrachtet werden, der am Ende des Erwärmungsvorgangs die mittlere stationäre Übertemperatur $\Delta\vartheta_{M\infty N}$ aufweist. Die stationäre Übertemperatur ist proportional zu den auftretenden Verlusten und zum Wärmeübergangswiderstand, der durch die Kühloberfläche und die Kühlungsbedingungen (Volumenstrom, Strömungsgeschwindigkeit) bestimmt ist. Die Wicklungsübertemperatur, die bei oberflächengekühlten Motoren stets größer als die mittlere Motorübertemperatur ist, darf den der Wärmeklasse zugeordneten Grenzwert nicht überschreiten (EN 60034-1:2005, siehe auch Abschnitt 2.7). Die zulässige Wicklungserwärmung begrenzt die mechanische Leistung, die bei ungünstigen Kühlungsbedingungen (Umgebungstemperatur über 40°C, Aufstellungshöhe über 1000 m) reduziert werden muss.

Der Dauerbetrieb (Betriebsart S1) der AsM ist daher nur für $|s| \le s_N$ zulässig; der Betrieb mit größerem Schlupf würde wegen $I_1 > I_N$ zu unzulässig hohen Wicklungserwärmungen führen. Aus diesem Grund darf die AsM bei großem Schlupf ($|s| > s_N$), wie zum Beispiel beim Anlauf oder im Gegenstrombremsbereich, nur kurzzeitig betrieben werden. So muss die AsM gegen ein längeres Blockieren nach dem Einschalten durch Motorschutzschalter oder in die Wicklung eingebaute Temperaturfühler mit angeschlossenem Auslösegerät geschützt werden.

Zunächst wird der Zeitverlauf der mittleren Motorübertemperatur ermittelt.

Der Quotient aus der mittleren stationären Motorerwärmung und den elektrischen Motorverlusten wird als Wärmeübergangswiderstand bezeichnet.

$$R_{th} = \Delta\vartheta_{M\infty N} / P_{VelN}$$

Aus der mittleren spezifischen Wärmekapazität c_W und dem Motorgewicht m kann die Wärmekapazität berechnet werden.

$$C_{th} = c_W \cdot m \tag{4.83}$$

Zur Berechnung des Zeitverlaufs der mittleren Motorübertemperatur soll unterstellt werden, dass der Motor nach dem Einschalten das Drehmoment $M = M_L$ abgibt. Die zugehörigen elektrischen Verluste können nach Gl. (4.81) bestimmt werden ($P \sim M$, $U = U_N$).

$$P_{Vel} \approx (P_{Cu1N} + P_{Cu2N} + P_{zusN}) \cdot (M_L / M_N)^2 + P_{FeN} \tag{4.84}$$

Die zugehörige stationäre Übertemperatur beträgt

$$\Delta\vartheta_{M\infty} = (P_{Vel} / P_{VelN}) \cdot \Delta\vartheta_{M\infty N} . \tag{4.85}$$

Die Zeitfunktion der Motorübertemperatur wird durch eine Exponentialfunktion beschrieben.

$$\Delta\vartheta_M(t) = \Delta\vartheta_{M0} + (\Delta\vartheta_{M\infty} - \Delta\vartheta_{M0}) \cdot (1 - e^{-t/\tau_{th}}) \tag{4.86}$$

Die thermische Zeitkonstante ist das Produkt von Wärmeübergangswiderstand R_{th} und Wärmekapazität C_{th}.

$$\tau_{th} = R_{th} \cdot C_{th} \tag{4.87}$$

Bild 4.33 zeigt für $\Delta\vartheta_{M0} = 0$ (Motor vor dem Einschalten kalt) den Zeitverlauf der Motor-übertemperatur in bezogener Darstellung. Nach einer Zeitkonstante ($t = \tau_{th}$) sind 63% des Endwertes erreicht; nach drei Zeitkonstanten ist der Ausgleichsvorgang nahezu abgeklungen (Abweichung von Endwert < 5%). Die Ursprungstangente schneidet den Endwert bei $t = \tau_{th}$.

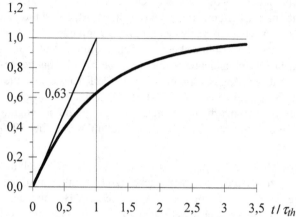

Bild 4.33
Zeitverlauf der Motorübertemperatur
nach dem Einschalten

In der Praxis werden viele Motoren nicht mit einem zeitlich konstanten Drehmoment belastet. In EN 60034-1 sind daher außer dem Dauerbetrieb (S1, thermischer Beharrungszustand wird erreicht) weitere Betriebsarten, wie zum Beispiel Kurzzeitbetrieb (S2, nach Belastung Abkühlung auf Umgebungstemperatur) oder ununterbrochener periodischer Betrieb (S6, Folge identischer Lastspiele mit konstanter Belastung und anschließendem Leerlauf) definiert.

Die Motorerwärmung im S6- Betrieb soll quantitativ ermittelt werden. Die während der Belastungszeit t_B (Lastmoment $M = M_L$) entstehenden elektrischen Verluste können nach Gl. (4.84) bestimmt werden. Während der Leerlaufzeit t_L entstehen die Leerlaufverluste P_{0el}. Da im Leerlauf die Proportionalität $M \sim I_1$ nicht gegeben ist ($M = 0$, $I_1 = I_0$), sind die Verluste durch Summation der Stromwärmeverluste in der Ständerwicklung und der Eisenverluste zu bestimmen.

$$P_{0el} = P_{Cu1N} \cdot (I_0/I_N)^2 + P_{FeN}$$

Die Summe aus Belastungszeit und Leerlaufzeit ist die Spieldauer, die nach EN 60034-1 10 min betragen muss. Das Verhältnis zwischen Belastungszeit und Spieldauer wird als relative Einschaltdauer (ED) bezeichnet und kann die Werte 15%, 25%, 40% oder 60% haben.

$$ED = t_B/(t_B + t_L)$$

Bild 4.34 zeigt für S6- Betrieb das Lastmoment und die elektrischen Motorverluste als Funktion der Zeit.

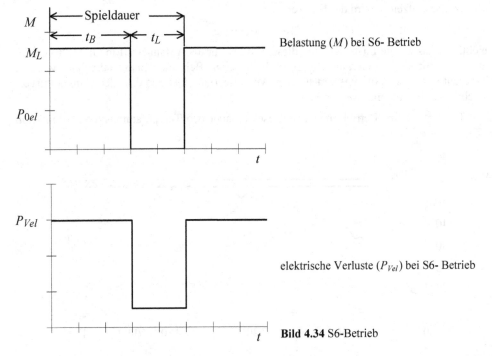

Belastung (M) bei S6- Betrieb

elektrische Verluste (P_{Vel}) bei S6- Betrieb

Bild 4.34 S6-Betrieb

Da die während eines Spiels entstehende mittlere Verlustleistung nicht größer sein darf, als die Verluste bei Bemessungsbetrieb, folgt

$$P_{VelN} \cdot (t_B + t_L) = \left(P_{FeN} + \left(P_{VelN} - P_{FeN} \right) \cdot \left(\frac{M_L}{M_N} \right)^2 \right) \cdot t_B + P_{0el} \cdot t_L.$$

Bei Vernachlässigung der Stromwärmeverluste während der Leerlaufzeit ($P_{0el} \approx P_{FeN}$) ergibt sich für das im S6- Betrieb thermisch zulässige Drehmoment ein besonders einfacher Ausdruck.

$$M / M_N \approx \sqrt{(t_B + t_L)/t_B} = \sqrt{1/ED} \tag{4.88}$$

Das Moment ist proportional zur Wurzel aus dem Kehrwert der Einschaltdauer. Während des ersten Lastspiels erwärmt sich der Motor zunächst nach Gl. (4.86) auf die Temperatur

$$\Delta\vartheta_M(t_B) = \Delta\vartheta_{M0} + (\Delta\vartheta_{M\infty} - \Delta\vartheta_{M0}) \cdot (1 - e^{-t_B/\tau_{th}}).$$

Mit der stationären Erwärmung bei Leerlauf,

$$\Delta\vartheta_{M\infty L} = (P_{0el} / P_{VelN}) \cdot \Delta\vartheta_{M\infty N},$$

die im Allgemeinen deutlich kleiner ist als die stationäre Übertemperatur bei Nennbetrieb, und dem Anfangswert $\Delta\vartheta_{M0} = \Delta\vartheta_M(t_B)$ lautet der Temperaturverlauf während der ersten Leerlaufphase

$$\Delta\vartheta_M(t) = \Delta\vartheta_{M\infty L} \cdot (1 - e^{-t/\tau_{th}}) - \Delta\vartheta_M(t_B) \cdot e^{-t/\tau_{th}}. \tag{4.89}$$

Nach der Leerlaufzeit t_L wird der Endwert

$$\Delta\vartheta_M(t_L) = \Delta\vartheta_{M\infty L} \cdot (1 - e^{-t_L/\tau_{th}}) - \Delta\vartheta_M(t_B) \cdot e^{-t_L/\tau_{th}}$$

erreicht. Für das zweite Lastspiel kann diese Temperatur als Anfangswert in Gl. (4.86) eingesetzt und damit die Temperatur am Ende der zweiten Belastungsphase berechnet werden. Diese dient wieder als Anfangswert für die zweite Leerlaufphase, so dass der Temperaturverlauf schrittweise berechnet werden kann.

Bild 4.35 zeigt für S6- Betrieb mit 60% Einschaltdauer den Temperaturanstieg als Funktion der Zeit.

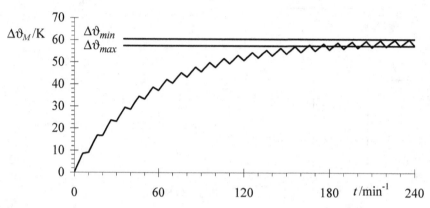

Bild 4.35

Motorübertemperatur nach dem Einschalten (S6- 60%, Daten siehe Beispiel 4.6)

Nach langer Zeit ($t > 3 \cdot \tau_{th}$) werden zum Ende jedes Belastungsintervalls und zum Ende jedes Leerlaufintervalls immer dieselben Temperaturen $\Delta\vartheta_{max}$, $\Delta\vartheta_{min}$ erreicht. Aus Gl. (4.86) mit $\Delta\vartheta_{M0} = \Delta\vartheta_{min}$ und Gl. (4.89) mit $\Delta\vartheta_M(t_B) = \Delta\vartheta_{max}$ können die Temperaturen $\Delta\vartheta_{max}$ und $\Delta\vartheta_{min}$ berechnet werden.

$$\Delta\vartheta_{max} = \frac{\Delta\vartheta_{M\infty B} \cdot (1 - e^{-t_B/\tau_{th}}) + \Delta\vartheta_{M\infty L} \cdot (1 - e^{-t_L/\tau_{th}}) \cdot e^{-t_B/\tau_{th}}}{1 - e^{-t_B/\tau_{th}} \cdot e^{-t_L/\tau_{th}}} \qquad (4.90)$$

$$\Delta\vartheta_{min} = \frac{\Delta\vartheta_{M\infty L} \cdot (1 - e^{-t_L/\tau_{th}}) + \Delta\vartheta_{M\infty B} \cdot (1 - e^{-t_B/\tau_{th}}) \cdot e^{-t_L/\tau_{th}}}{1 - e^{-t_B/\tau_{th}} \cdot e^{-t_L/\tau_{th}}} \qquad (4.91)$$

Beispiel 4.6

Berechnen Sie für einen Motor mit

$$P_N \quad = 200\,\text{kW} \qquad \eta_N \qquad = 96{,}1\%$$
$$P_{FeN} = 1867\,\text{W} \qquad P_{ReibN} \quad = 1055\,\text{W}$$
$$m \quad = 1200\,\text{kg} \qquad \Delta\vartheta_{M\infty N} = 60\,\text{K} \qquad c_W = 350\,\text{Ws/kgK}$$

für S6- 40%- Betrieb das zulässige Lastmoment sowie die Temperaturen $\Delta\vartheta_{max}$ und $\Delta\vartheta_{min}$.

Für die quantitative Untersuchung der **Wicklungserwärmung** nach dem Einschalten werden einige Materialeigenschaften der für elektrische Maschinen wichtigsten Leiterwerkstoffe, Kupfer und Aluminium, benötigt, die in Tabelle 4.4 zusammengestellt sind.

Tabelle 4.4
Werkstoffeigenschaften von Kupfer und Aluminium (20°C)

Bezeichnung	Formel-zeichen	Einheit	Kupfer	Aluminium
spezifische elektrische Leitfähigkeit	κ	$m/(\Omega mm^2)$	57	36
spezifische Wärmekapazität	c_W	J/kgK	386	910
Dichte	ρ	kg/dm^3	8,96	2,7

Für den Explosionsschutz ist vor allem die Wicklungserwärmung kurz nach dem Einschalten von Bedeutung. Es soll dabei unterstellt werden, dass während kurzer Zeit nach dem Einschalten (bis etwa $t = 30$ s) noch keine Wärmeabgabe an das Blechpaket erfolgt (adiabatische Erwärmung). Die hohen Stromdichten in der Wicklung beim Anlauf führen zu einem steilen Anstieg der Wicklungstemperatur, wie die folgende Abschätzung zeigt. Aus der Stromdichte S in der Wicklung und der spezifischen elektrischen Leitfähigkeit κ kann die Verlustleistungsdichte (Verlustleistung pro Leitervolumen) berechnet werden.

$$P/V = S^2/\kappa$$

Bei adiabatischer Erwärmung beträgt der Temperaturanstieg in der Wicklung

$$\frac{d\vartheta}{dt} = \frac{P/V}{c_W \cdot \rho} = \frac{S^2}{c_W \cdot \rho \cdot \kappa} \qquad (4.92)$$

Die Gleichung (4.92) hat nur etwa für die erste halbe Minute nach dem Einschalten der Maschine Gültigkeit, da für längere Zeiträume die Voraussetzung der adiabatischen Erwärmung nicht mehr erfüllt ist.

Mit der Stromdichte im Stillstand, $S = S_A = I_A/I_N \cdot S_N$, und den Materialeigenschaften nach Tabelle 4.4 können nach Gleichung (4.92) die Erwärmungsanstiege für den Fall, dass der Läufer beim direkten Einschalten der Maschine an volle Spannung ($U = U_N$) blockiert ist, ermittelt werden (Tabelle 4.5).

Tabelle 4.5
Wicklungstemperaturanstieg bei direktem Einschalten ($U = U_N$, blockierter Läufer, Beispiele)

	Ständerwicklung aus Kupfer-lackdraht		Aluminiumkäfig
Bemessungsleistung P_N/kW	37	200	200
Nennstromdichte $S_N/(A/mm^2)$	5,5	3,7	1,7
Einschaltstrom I_A/I_N	7,4	7,4	8,0
mittlere Wicklungstemperatur ϑ_{Wi}	20°C (kalt)	110°C	150°C
		= 40°C + 70K	= 40°C + 110K
spezifische Leitfähigkeit $\kappa/(1/\Omega m)$	$57 \cdot 10^6$	$41,9 \cdot 10^6$	$23,7 \cdot 10^6$
Temperaturanstieg $d\vartheta/dt/(K/s)$	8,4	5,2	3,2

Beim direkten Einschalten des Normmotors nimmt bei blockiertem Läufer die Ständerwicklungstemperatur je Sekunde um 8,4 K zu. Die Größenordnung der zulässigen Festbremszeiten aus kaltem Zustand beträgt daher bei normal bemessenen Asynchronmaschine nur etwa 10...20 s.

Im Anhang A zu EN 60079-7 wird für den Temperaturanstieg in Ständerwicklungen folgender Zusammenhang angegeben:

$$d\vartheta\,/\,dt = a \cdot (S_A)^2 \cdot b$$

mit $a = 0,0065 \text{ K}/\text{s}\,/(\text{A}/\text{mm}^2)^2$ (Kupfer, $a = 1/(c_W \cdot \rho \cdot \kappa)$),

   $b = 0,85$ (Reduktionsfaktor zur Berücksichtigung der Wärmeableitung bei getränkten Wicklungen).

Für einen Transnormmotor (Tabelle 4.5, $S_A = 7,4 \cdot 3,7 \text{ A}/\text{mm}^2$) ergibt sich ein Temperaturanstieg von

$$d\vartheta\,/\,dt = 4,1 \text{ K}/\text{s}.$$

Der Vergleich mit dem Temperaturanstieg nach Gl. (4.92) (Tabelle 4.5: 5,2 K/s, ohne Berücksichtigung der Wärmeabgabe der Wicklung) zeigt gute Übereinstimmung.

Hinsichtlich des Betriebs in explosionsgefährdeter Umgebung wird zwischen gas- und staubexplosionsgefährdeten Bereichen unterschieden. Die den Gas- bzw. Staubexplosionsschutz betreffenden Vorschriften wurden harmonisiert und in die Normenreihe IEC / EN 60079 überführt. Aufgrund seiner höheren Bedeutung wird nachfolgend beispielhaft der Gasexplosionsschutz erläutert.

Wenn elektrische Maschinen in gasexplosionsgefährdeter Umgebung, wie zum Beispiel in der Chemie- oder Erdölindustrie oder in Klärwerken, betrieben werden, dürfen bei Betrieb weder zündfähige Funken entstehen, noch darf die Zündtemperatur der explosiven Gase oder Dämpfe erreicht werden. Dabei wird unterschieden, ob die explosionsfähige Atmosphäre aus brennbaren Gasen, Dämpfen oder Nebeln ständig oder langzeitig (Zone 0), gelegentlich (Zone 1) oder selten und dann auch nur kurzzeitig (Zone 2) auftritt.

Die Betriebsmittel für gasexplosionsgefährdete Bereiche werden in Zündschutzarten eingeteilt.
   - erhöhte Sicherheit (Ex e; zukünftig Ex eb, IEC 60079-7 bzw. EN 60079-7)
   - druckfeste Kapselung (Ex d, IEC 60079-1 bzw. EN 60079-1)
   - Überdruckkapselung (Ex p, IEC 60079-2 bzw. EN 60079-2)
   - nicht funkengebend (Ex n; zukünftig Ex ec, IEC 60079-15 bzw. EN 60079-15; zukünftig IEC 60079-7 bzw. EN 60079-7)

Allgemeine Anforderungen (IEC 60079-0 bzw. EN 60079-0)

In IEC / EN 60079-0 sind unter anderem die Schutzart (mindestens IP 54) sowie maximal zulässige Oberflächentemperaturen festgelegt (Tabelle 4.6). Weiterhin ist ein alternatives Verfahren zur Risikobewertung unter Einbeziehung des Geräteschutzniveaus (Equipment Protection Level, EPL) beschrieben, welches die Zuordnung des Betriebsmittels zu der Zone erleichtert, in welcher es betrieben werden darf.

Temperaturklasse	Maximale Oberflächentemperatur
T1	450°C
T2	300°C
T3	200°C
T4	135°C
T5	100°C
T6	85°C

Tabelle 4.6
Temperaturklassen und maximale Oberflächentemperaturen (Betriebsmittel der Gruppe II, EN 60079-0 [11])

Zündschutzart erhöhte Sicherheit (Ex e, Ex eb)

Zu keinem Zeitpunkt darf die Temperatur eines **beliebigen** Maschinenteils die Zündtemperatur nach Tabelle 4.6 erreichen.

Die Zündschutzart Ex e / Ex eb ist bei Käfigläufermotoren im Allgemeinen nur durch eine besondere elektrische Bemessung zu erreichen. Schleifringläufermotoren enthalten „betriebsmäßig funkengebende" Teile und können daher nicht in der Zündschutzart Ex e / Ex eb ausgeführt werden.

Käfigläufermotoren weisen ein Risiko hinsichtlich des Auftretens von Funken im Luftspalt auf. Motoren der Zündschutzart Ex e / Ex eb werden daher einer Bewertung des Zündrisikos unterzogen, welches aufgrund der spezifischen Auslegung und Betriebsbedingungen vom Läufer als auch vom Ständer ausgeht. Entsprechend dem Ergebnis der Zündrisikobewertung werden besondere Maßnahmen ergriffen, um den sicheren Betrieb des Motors zu gewährleisten.

Am Beispiel eines Transnormmotors mit einer Bemessungsleistung von $P_N = 200$ kW soll die zulässige Festbremszeit bei Temperaturklasse T3 (zulässige Maximaltemperatur 200°C, Wärmeklasse B, Grenztemperatur der isolierten Ständerwicklung 110°C [12]) abgeschätzt werden (Übertemperaturen nach Tabelle 4.5, Heißpunkte der Ständerwicklung $\Delta\vartheta_{WiHP} = 10$ K über der mittleren Wicklungsübertemperatur).

$$t_E = (\vartheta_{zul} - (\vartheta_U + \Delta\vartheta_{Wistat} + \Delta\vartheta_{WiHP}))/(d\vartheta/dt) \tag{4.93}$$

Ständer: $t_E = (200°C - (40°C + 70\,K + 10\,K))/(d\vartheta/dt) = 15{,}4$ s

Läufer: $t_E = (200°C - (40°C + 110\,K))/(d\vartheta/dt) = 15{,}6$ s

In [12] sind die Mindestwerte für die Zeit t_E in Abhängigkeit vom Anzugsstromverhältnis genormt (für $I_A/I_N > 7$: $t_E > 5$s).

Zündschutzart druckfeste Kapselung (Ex d)

Bei einer Explosion im Inneren des Motors darf kein Funke nach außen gelangen. Dies bedingt eine sehr massive Ausbildung von Motorgehäuse und Lagerschilden sowie lange Dichtspalte an der Wellendurchführung sowie zwischen Motorgehäuse und Klemmenkasten.

Zündschutzart Überdruckkapselung (Ex p)

Bei Maschinen in der Zündschutzart Überdruckkapselung wird das Maschineninnere unter einem Überdruck gegenüber der umgebenden Atmosphäre gehalten. Dadurch wird das Eindringen explosionsfähiger Gase in das Maschineninnere vermieden.

Zündschutzart nicht funkengebend (Ex n, Ex ec)

Betriebsmäßig dürfen weder zündfähige Funken noch unzulässige Temperaturen (s. Tabelle 4.6) auftreten. Dies ist bei Käfigläufermotoren im Normalfall gewährleistet. Motoren dieser Zündschutzart dürfen nur in Zone 2 eingesetzt werden. Auch für Motoren dieser Zündschutzart sind Zündrisikobewertungen wie bei Motoren der Zündschutzart Ex e / Ex eb durchzuführen. Entsprechend dem Ergebnis sind besondere Maßnahmen zu ergreifen, um den sicheren Betrieb des Motors zu gewährleisten.

4.12 Asynchrongeneratoren

Aus wirtschaftlichen Gründen (günstige Herstellungskosten, weitgehende Wartungsfreiheit) werden bei kleineren Anlagen anstelle von Synchronmaschinen zum Teil auch Asynchronmaschinen als Generatoren eingesetzt (z. B. Windkraftanlagen). Der generatorische Betrieb von Asynchronmaschinen beim Bremsen (Energierückspeisung ins Netz, zum Beispiel bei Bahnantrieben) ist ohne Schaltungsänderung möglich (Nebenschlussverhalten). Bei Asynchrongeneratoren ist der Betrieb am Netz und der so genannte Inselbetrieb zu unterscheiden.

Die generatorischen Betriebspunkte ($s < 0$, $n > n_1$) liegen in der unteren Halbebene der komplexen Ebene (unterer Halbkreis der Stromortskurve, Wirkstrom negativ, vergleiche Stromortskurve nach Bild 4.9).

Die Richtung der Blindkomponente des Ständerstroms bleibt dabei jedoch unverändert: Asynchronmaschinen benötigen stets induktive Blindleistung zum Aufbau des Luftspaltfeldes. Bei Netzbetrieb wird diese aus dem Netz bezogen, während sie im Inselbetrieb durch Kondensatoren bereitgestellt werden muss, wie in Bild 4.36 dargestellt ist. Selbstverständlich können Asynchronmaschine, Kondensatoren und Last in Y oder in Δ geschaltet sein. Bild 4.37 zeigt das einsträngige Ersatzschaltbild.

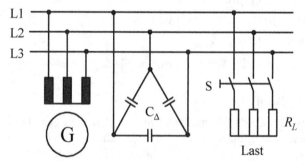

Bild 4.36
Schaltung des Asynchrongenerators mit Kondensatoren und Lastwiderständen

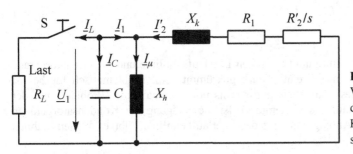

Bild 4.37
Vereinfachtes Ersatzschaltbild
der Asynchronmaschine mit
Kondensator und Lastwider-
stand

Im Leerlauf (Schalter S offen) ist die Wirkkomponente des Ständerstroms Null und $\underline{I}_C = -\underline{I}_\mu$. Diese Bedingung führt auf zwei mögliche Betriebspunkte: $s = -R'_2 / R_1$, $s = 0$, wobei aus energetischen Überlegungen jedoch nur der Punkt $s = 0$ als Leerlaufpunkt in Frage kommt.

Anmerkung:

> Wird nicht das vereinfachte Ersatzschaltbild mit Ständerwiderstand und Ständerstreureaktanz im Läuferkreis verwendet, so muss der Schlupf im Betriebspunkt mit $I_{1W} = 0$ etwas kleiner als Null sein, da die Ständerstromwärmeverluste aus der Luftspaltleistung gedeckt werden müssen ($s \approx -R_1 R'_2 / X_h^2$).

Bild 4.38 zeigt die Leerlaufkennlinie $U = f(I_\mu)$ der Asynchronmaschine mit eingetragener Kondensatorgerade $U = I_C / \omega C$.

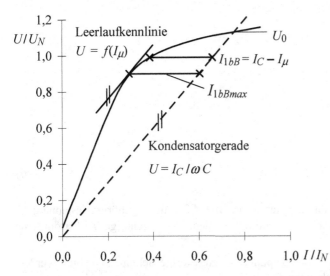

Bild 4.38
Leerlaufkennlinie einer
Asynchronmaschine,
Kondensatorgerade

Wird der Läufer angetrieben, so kann der Schwingkreis aus Kondensator und Hauptreaktanz durch Restmagnetismus angeregt werden, bis sich ein stabiler Betriebspunkt einstellt (Schnittpunkt der Leerlaufkennlinie mit der Kondensatorgeraden, $U = U_0$).

Der erforderliche Kondensator ergibt sich aus

$$\underline{I}_C = \underline{U}_0 \cdot j\omega C = -\underline{I}_\mu = -\underline{U}_0 / jX_h$$

zu

$$C = 1/\omega^2 L_h = 1/(2\pi f)^2 L_h \tag{4.94}$$

mit

$$f \approx p \cdot n \, .$$

Damit sich ein eindeutiger Schnittpunkt zwischen Leerlaufkennlinie und Kondensatorgerade ergibt, muss die Leerlaufkennlinie relativ stark gekrümmt sein. Problematisch hierbei ist jedoch der starke Anstieg des Magnetisierungsstroms mit der Spannung (Probleme mit der Erwärmung schon bei Leerlauf des Generators). Ist die Steigung der Kondensatorgeraden gleich oder größer als die Anfangssteigung der Leerlaufkennlinie, gibt es keinen stabilen Leerlaufpunkt.

Bei Belastung benötigt die Asynchronmaschine zusätzliche Blindleistung (zunehmende Blindkomponente des Ständerstroms für $|s| > 0$), die ebenfalls aus der Kondensatorblindleistung gedeckt werden muss. Die resultierende Blindkomponente des Ständerstroms setzt sich zusammen aus dem Magnetisierungsstrom I_μ und einem lastabhängigen Anteil I_{1bB}.

$$I_C = I_\mu + I_{1bB}$$

Bei Vernachlässigung des Ständerwicklungswiderstands gilt bei konstanter Frequenz und reiner Wirklast für das Verhältnis zwischen der Wirkkomponente I_{1W} und der lastabhängigen Blindkomponente I_{1bB} des Ständerstroms

$$\frac{I_{1W}}{I_{1bB}} = \frac{R_2'/s}{X_k} \, . \tag{4.95}$$

Aus

$$I_{1bB} = \frac{U_1 X_k}{(R_2'/s)^2 + X_k^2}$$

folgt

$$\frac{R_2'}{s} = \sqrt{\frac{U_1 X_k}{I_{1bB}} - X_k^2}$$

und damit aus Gl. (4.95)

$$I_{1W} = I_{1bB} \cdot \sqrt{\frac{U_1}{I_{1bB} \cdot X_k} - 1} \, . \tag{4.96}$$

Zu jeder beliebigen Klemmenspannung kann aus Bild 4.38 die zugehörige lastabhängige Blindkomponente I_{1bB} des Ständerstroms ermittelt werden. Der zugehörige Wirkstrom kann nach Gl. (4.96) berechnet werden.

Mit der Gl. (4.95) kann zu jedem Betriebspunkt der zugehörige Schlupf berechnet werden, wenn die Ersatzschaltbilddaten bekannt sind.

Mit zunehmender Last nimmt die Klemmenspannung ab, bis der maximale Blindstrom I_{1bBmax} erreicht ist (Bild 4.39).

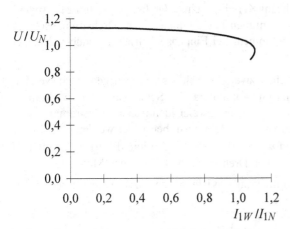

Bild 4.39
Klemmenspannung als Funktion der Belastung (Wirklast, f_1 = konstant)

Bei größeren Belastungen reicht der Blindstrom der Kondensatoren nicht aus, um die Magnetisierungsblindleistung der Asynchronmaschine zu decken; der Generator entregt sich.

Bei ohmsch-induktiver Last vermindert sich der zur Verfügung stehende Magnetisierungsblindstrom um den induktiven Blindstrom der Last. Die Lastabhängigkeit der Klemmenspannung nimmt gegenüber der bei reiner Wirklast zu.

Der lastabhängige Spannungsabfall kann verringert werden, in dem anstelle fester Kondensatoren stufenweise veränderbare Erregerkapazitäten vorgesehen werden. Nachteilig sind hierbei die höheren Investitionskosten (mehrere Kondensatoren, Schaltvorrichtung, größerer Regelungsaufwand) sowie die Spannungsspitzen beim Schalten der Kondensatoren. Eine weitere Möglichkeit zur Verbesserung der Spannungskonstanz stellt der Einsatz so genannter Sättigungsdrosseln dar.

4.13 Wechselstromasynchronmotoren

Im Bereich kleiner Leistungen werden Asynchronmotoren häufig am Wechselstromnetz betrieben. Einsatzbereiche sind beispielsweise Pumpen für Waschmaschinen und Geschirrspüler, Antriebe für Wäschetrockner, Kreissägen, Rasenmäher usw.

Das Wechselfeld eines einzelnen Wicklungsstranges wird durch Gl. (4.10) als Summe zweier entgegengesetzt umlaufender Drehfelder halber Amplitude dargestellt.

Die Abweichungen der Läuferdrehzahl n von den Umlaufgeschwindigkeiten dieser Felder lauten

$$s_m = \frac{n_1 - n}{n_1} = s \qquad s_g = \frac{-n_1 - n}{-n_1} = 2 - s_m = 2 - s \tag{4.97}$$

($s_m = s$: Schlupf gegenüber dem mitlaufenden Feld, s_g: Schlupf gegenüber dem gegenlaufenden Feld). Das resultierende Drehmoment beim Schlupf $s = s_m$ wird durch zwei Drehmomentanteile bestimmt:

- das Drehmoment des mitlaufenden Feldes $M_m(s)$

- und das Drehmoment des gegenlaufenden Feldes $M_g(s)$.

In Bild 4.40, das die Drehmoment-Drehzahl-Kennlinie eines Drehstrommotors bei Ausfall einer Phase zusammen mit den beiden Kennlinien bei symmetrischem Drehstromanschluss zeigt, ist deutlich zu sehen, dass das Kippmoment bei Einphasenbetrieb gegenüber dem bei Drehstromanschluss deutlich reduziert ist.

Die Kennlinie $M_g(s)$ kann nach Vertauschen zweier Anschlussleitungen gemessen werden. Der einphasige Betrieb eines Drehstromasynchronmotors (Y- Schaltung, zwei Wicklungs- stränge in Reihe geschaltet) kann als Reihenschaltung zweier identischer Drehstrommotoren, einer davon jedoch mit zwei vertauschten Anschlussleitungen, betrachtet werden [20]. In der Nähe der synchronen Drehzahlen $-n_1$ und n_1 nähert sich die Kennlinie des Einphasenmotors der jeweiligen Kennlinie des am symmetrischen Drehstromnetz betriebenen Motors an.

Die Kennlinie bei Einphasenbetrieb kann nicht auf triviale Weise durch Addition der beiden Kennlinien $M_m(s)$ und $M_g(s)$ ermittelt werden.

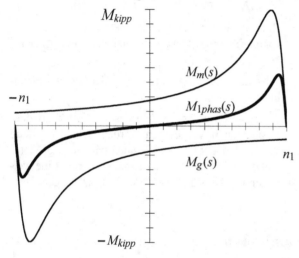

Bild 4.40
Drehmoment-Drehzahl-Kennlinien bei
Einphasenbetrieb ($M_{1phas}(s)$) sowie bei
Drehstromanschluss ($M_m(s)$ bzw. $M_g(s)$
(zwei Anschlussleitungen vertauscht))

Aus der Vorstellung der Reihenschaltung zweier Drehstrommotoren, davon einer mit zwei vertauschten Zuleitungen, folgt, dass die an den beiden Motoren anliegenden Spannungen im allgemeinen nicht identisch sind. Lediglich beim Anlauf sind die beiden Motorimpedanzen gleich; die beiden Drehmomentanteile addieren sich daher zu Null.

$$M_A(s = 1) = M_m(s) + M_g(s) = M_m(s) - M_m(2 - s) = M_m(1) - M_m(1) = 0$$

Nachfolgend wird das Verfahren der Symmetrischen Komponenten erläutert, mit dem der unsymmetrische Betrieb (z. B. Netzunsymmetrie, Einphasenasynchronmotoren, Asynchron- motor in Steinmetzschaltung am Wechselstromnetz) analytisch beschrieben werden kann.

4.13.1 Beschreibung des Betriebsverhaltens mit Hilfe der Symmetrischen Komponenten

Das einsträngige Ersatzschaltbild der Asynchronmaschine gilt nur für Betrieb an einem sinus- förmigen symmetrischen Drehstromnetz. Aus diesem Grund können zum Beispiel einphasi- ger Betrieb oder Betrieb an einem unsymmetrischen Drehstromnetz nicht mit Hilfe des ein- strängigen Ersatzschaltbilds behandelt werden. Daher wird mit Hilfe des Verfahrens der

Symmetrischen Komponenten das unsymmetrische System als Summe von symmetrischen Systemen dargestellt. Für jedes der symmetrischen Systeme kann ein einsträngiges Ersatzschaltbild angegeben werden.

Jedes beliebige unsymmetrische System von 3 Zeigern oder Augenblickswerten kann durch die Summe von 3 Symmetrischen Komponenten dargestellt werden. Ein System ist symmetrisch, wenn die beschreibenden Zeiger gleiche Effektivwerte und gleiche Phasenverschiebung zueinander haben. Bei Drehstromsystemen werden die 3 Symmetrischen Komponenten als Mitkomponente (Mitsystem, Index m), Gegenkomponente (Index g) und Nullkomponente (Index 0) bezeichnet. Das Mitsystem wird als rechtsdrehend bezeichnet; die Phasenfolge ist L1 – L2 – L3. Das Gegensystem ist linksdrehend mit der Phasenfolge L1 – L3 – L2. Das Nullsystem besteht aus 3 gleichphasigen Zeigern. Zur Abkürzung wird der komplexe Faktor $\underline{a}$ eingeführt.

$$\underline{a} = e^{j\frac{2\pi}{3}} \tag{4.98}$$

Die drei Phasenspannungen von Mit- und Gegensystem lauten

$$\underline{U}_{mL1} = \underline{U}_m \qquad \underline{U}_{mL2} = \underline{a}\,\underline{U}_m \qquad \underline{U}_{mL3} = \underline{a}^2 \underline{U}_m$$

$$\underline{U}_{gL1} = \underline{U}_g \qquad \underline{U}_{gL2} = \underline{a}^2 \underline{U}_g \qquad \underline{U}_{gL3} = \underline{a}\,\underline{U}_g$$

Die Berechnungsvorschrift der Symmetrischen Komponenten aus den „Originalgrößen" lautet

$$\underline{U}_0 = \frac{1}{3}\left(\underline{U}_{L1-L2} + \underline{U}_{L2-L3} + \underline{U}_{L3-L1}\right) \tag{4.99a}$$

$$\underline{U}_m = \frac{1}{3}\left(\underline{U}_{L1-L2} + \underline{a}\,\underline{U}_{L2-L3} + \underline{a}^2 \underline{U}_{L3-L1}\right) \tag{4.99b}$$

$$\underline{U}_g = \frac{1}{3}\left(\underline{U}_{L1-L2} + \underline{a}^2 \underline{U}_{L2-L3} + \underline{a}\,\underline{U}_{L3-L1}\right) \tag{4.99c}$$

Aus der Berechnungsvorschrift für die Nullkomponente wird deutlich, dass bei Dreieckschaltung keine Nullkomponente der Leiterspannungen existieren kann ($\Sigma\underline{U} = 0$). Bei Sternschaltung der Motoren existiert wegen $\Sigma\underline{I} = 0$ keine Nullkomponente der Strangströme.

Ebenso, wie aus den Originalgrößen die Symmetrischen Komponenten berechnet werden können, ist es möglich, die Symmetrischen Komponenten wieder in Originalgrößen zurück zu transformieren. Durch Summation der drei Berechnungsgleichungen für die Symmetrischen Komponenten ergibt sich

$$\underline{U}_{L1-L2} = \underline{U}_m + \underline{U}_g + \underline{U}_0 \tag{4.100a}$$

Analog erhält man durch Summation der Gleichung (4.99a), der mit $\underline{a}^2$ multiplizierten Gleichung (4.99b) und der mit $\underline{a}$ multiplizierten Gleichung (4.99c)

$$\underline{U}_{L2-L3} = \underline{a}^2 \underline{U}_m + \underline{a}\,\underline{U}_g + \underline{U}_0 \tag{4.100b}$$

Werden die Gleichung (4.99b) mit $\underline{a}$ und die Gleichung (4.99c) mit $\underline{a}^2$ multipliziert und zur Gleichung (4.99a) addiert, so ergibt sich

$$\underline{U}_{L3-L1} = \underline{a}\,\underline{U}_m + \underline{a}^2\,\underline{U}_g + \underline{U}_0 \tag{4.100c}$$

Anhand eines Beispiels soll die Berechnung der Symmetrischen Komponenten erläutert werden. An einem Motor in Dreieck- Steinmetzschaltung (siehe Abschnitt 4.13.2) wurden die drei Strangspannungen (= Leiterspannungen) gemessen:

$U_U = 230$ V (Netzspannung) $U_V = 205{,}5$ V $U_W = 148{,}6$ V

$\quad = U_{L1-L2}$ $\quad = U_{L2-L3}$ $\quad = U_{L3-L1}$

Die Berechnung der Zeiger der Leiterspannungen (3- Seiten- Konstruktion) ergibt mit der Netzspannung als Bezugszeiger

$\underline{U}_U = 230$ V e^{j0^o} $\underline{U}_V = 205{,}5$ V $e^{-j140{,}6^o}$ $\underline{U}_W = 148{,}6$ V $e^{-j241{,}4^o}$

Die Symmetrischen Komponenten (Gln. 4.99a bis 4.99c) lauten

$\underline{U}_0 = 0$ V $\underline{U}_m = 192$ V $e^{-j7{,}6^o}$ $\underline{U}_g = 47{,}1$ V $e^{j32{,}5^o}$

Bild 4.41 zeigt die Zeiger der Leiterspannungen, die Zeiger des Mitsystems sowie die Zeiger des Gegensystems. Das unsymmetrische System der Leiterspannungen wurde durch die Summe von zwei symmetrischen Systemen dargestellt.

Mitsystem (Index m)
Zeiger der Leiterspannungen (Indizes U, V, W)

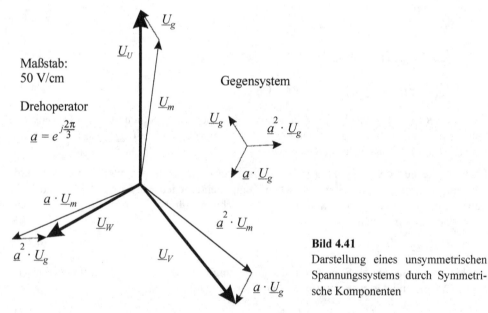

Bild 4.41
Darstellung eines unsymmetrischen Spannungssystems durch Symmetrische Komponenten

Der Zusammenhang zwischen den Symmetrischen Komponenten der Spannungen und der Ströme wird durch die Impedanzen hergestellt. Mit $\underline{Z}_m$ wird die Impedanz für das Mitsystem bezeichnet, mit $\underline{Z}_g$ die Impedanz für das Gegensystem.

$$\underline{U}_m = \underline{Z}_m \, \underline{I}_{1m} \tag{4.101a}$$

$$\underline{U}_g = \underline{Z}_g \, \underline{I}_{1g} \tag{4.101b}$$

Der Index „1" bei den Symmetrischen Komponenten der Ströme wurde zur Bezeichnung der Ständergrößen verwendet.

Die Maschinenimpedanzen für Mit- und Gegensystem ergeben sich jeweils aus einem einsträngigen Ersatzschaltbild (Bild 4.42, 4.43), da die Systeme selber symmetrisch sind. Wenn der Schlupf des Mitsystems wie bei symmetrischem Betrieb mit s bezeichnet wird, so beträgt der Schlupf des Gegensystems nach Gl. (4.97) (andere Umlaufrichtung)

$$s_g = 2 - s.$$

Bei Kleinmaschinen darf der Ständerwicklungswiderstand nicht vernachlässigt werden, so dass das vollständige Ersatzschaltbild (Bild 4.5) zu verwenden ist.

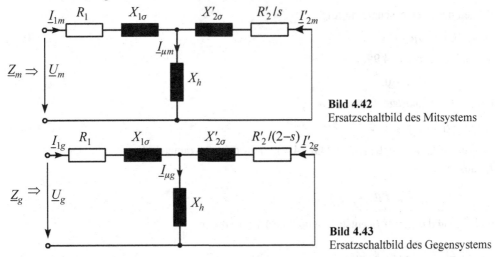

Bild 4.42
Ersatzschaltbild des Mitsystems

Bild 4.43
Ersatzschaltbild des Gegensystems

Bei der Behandlung des unsymmetrischen Betriebs von Drehfeldmaschinen werden die Maschen- und Knotengleichungen für die physikalischen Größen formuliert. Anschließend werden die physikalischen Größen durch ihre Symmetrischen Komponenten ersetzt, wobei die Spannungs- und Stromkomponenten über die Impedanzen $\underline{Z}_m$ und $\underline{Z}_g$ verknüpft sind. Nach Lösung des Gleichungssystems der Symmetrischen Komponenten können die physikalischen Größen durch Rücktransformation berechnet werden.

Am Beispiel der Steinmetzschaltung soll die Vorgehensweise erläutert werden.

4.13.2 Steinmetzschaltung

In der Steinmetzschaltung können Drehstrommotoren mit Hilfe eines Kondensators am Wechselstromnetz betrieben werden. Die wichtigere Schaltung ist die Dreieckschaltung, da in dieser Drehstrommotoren für Betrieb in Sternschaltung am 400 V-Netz am 230 V-Wechselstromnetz in Dreieckschaltung betrieben werden können.

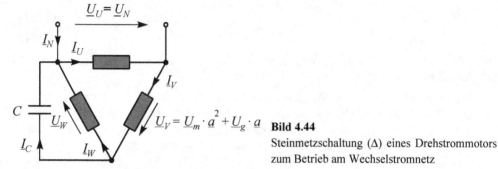

Bild 4.44

Steinmetzschaltung (Δ) eines Drehstrommotors zum Betrieb am Wechselstromnetz

Der Strang U ist direkt an die Wechselspannung angeschlossen; über einen Kondensator C wird die dritte Phasenspannung gebildet.

Wegen der Dreieckschaltung folgt

$$\underline{U}_U + \underline{U}_V + \underline{U}_W = 0 \tag{4.102}$$

und daher nach Gl. (4.99a)

$$\underline{U}_0 = 0, \ \underline{I}_0 = 0.$$

Die Knotenpunktregel liefert

$$-\underline{I}_V + \underline{I}_W + \underline{I}_C = 0 \tag{4.103}$$

Der Strom $\underline{I}_W$ wird entsprechend Gl. (4.100c) durch die symmetrischen Komponenten $\underline{I}_{1m}$ und $\underline{I}_{1g}$ ausgedrückt,

$$\underline{I}_W = \underline{a}\,\underline{I}_{1m} + \underline{a}^2\,\underline{I}_{1g}$$

und analog der Strom $\underline{I}_V$ entsprechend Gl. (4.100b) durch

$$\underline{I}_V = \underline{a}^2\,\underline{I}_{1m} + \underline{a}\,\underline{I}_{1g}$$

ersetzt. Für den Kondensatorstrom ergibt sich

$$\underline{I}_C = \frac{\underline{U}_W}{-jX_C} = \frac{\underline{U}_m\underline{a} + \underline{U}_g\underline{a}^2}{-jX_C}$$

Durch Einsetzen der Ströme in die Knotenpunktgleichung (4.103) erhält man

$$\underline{I}_{1m} \cdot \left(\underline{a} - \underline{a}^2\right) + \underline{I}_{1g} \cdot \left(\underline{a}^2 - \underline{a}\right) + \frac{\underline{U}_m\underline{a} + \underline{U}_g\underline{a}^2}{-jX_C} = 0. \tag{4.104}$$

Mit $\underline{I}_{1m} = \underline{U}_m/\underline{Z}_m$ und $\underline{I}_{1g} = \underline{U}_g/\underline{Z}_g$ folgt aus Gl. (4.104)

$$\underline{U}_m \cdot \left(\frac{\underline{a} - \underline{a}^2}{\underline{Z}_m} + \frac{\underline{a}}{-jX_C}\right) + \underline{U}_g \cdot \left(\frac{\underline{a}^2 - \underline{a}}{\underline{Z}_g} + \frac{\underline{a}^2}{-jX_C}\right) = 0 \tag{4.105}$$

Mit $\underline{U}_U = \underline{U}_N$ ergibt sich nach Gl. (4.100a) die zweite Gleichung zur Berechnung der beiden unbekannten Spannungskomponenten $\underline{U}_m$ und $\underline{U}_g$.

$$\underline{U}_m \qquad\qquad + \underline{U}_g \qquad\qquad = \underline{U}_N. \tag{4.106}$$

Mit der Gegenkomponente $\underline{U}_g = \underline{U}_N - \underline{U}_m$ erhält man die Bestimmungsgleichung für die Mitkomponente $\underline{U}_m$.

$$\underline{U}_m \cdot \left(\frac{a - a^2}{\underline{Z}_m} + \frac{a}{-jX_C} \right) + (\underline{U}_N - \underline{U}_m) \cdot \left(\frac{a^2 - a}{\underline{Z}_g} + \frac{a^2}{-jX_C} \right) = 0$$

$$\underline{U}_m \cdot \left(\frac{a - a^2}{\underline{Z}_m} + \frac{a}{-jX_C} + \frac{a - a^2}{\underline{Z}_g} - \frac{a^2}{-jX_C} \right) = -\underline{U}_N \cdot \left(\frac{a^2 - a}{\underline{Z}_g} + \frac{a^2}{-jX_C} \right)$$

$$a \cdot \underline{U}_m \cdot \left(\frac{1 - a}{\underline{Z}_m} - \frac{1}{jX_C} + \frac{1 - a}{\underline{Z}_g} + \frac{a}{jX_C} \right) = -a \cdot \underline{U}_N \cdot \left(\frac{a - 1}{\underline{Z}_g} - \frac{a}{jX_C} \right)$$

$$(1 - a) \cdot \underline{U}_m \cdot \left(\frac{1}{\underline{Z}_m} + \frac{1}{\underline{Z}_g} + \frac{1}{-jX_C} \right) = \underline{U}_N \cdot \left(\frac{1 - a}{\underline{Z}_g} + \frac{a}{jX_C} \right)$$

$$\underline{U}_m = \frac{\underline{U}_N}{1 - a} \cdot \frac{\left(\dfrac{1 - a}{\underline{Z}_g} + \dfrac{a}{jX_C} \right)}{\left(\dfrac{1}{\underline{Z}_m} + \dfrac{1}{\underline{Z}_g} - \dfrac{1}{jX_C} \right)} \tag{4.107}$$

Die Gegenkomponente kann aus Gl. (4.106) berechnet werden.

$$\underline{U}_g = \frac{\underline{U}_N}{1 - a} \cdot \frac{\left(\dfrac{1 - a}{\underline{Z}_m} - \dfrac{1}{jX_C} \right)}{\left(\dfrac{1}{\underline{Z}_m} + \dfrac{1}{\underline{Z}_g} - \dfrac{1}{jX_C} \right)} \tag{4.108}$$

Aus Gl. (4.107) und (4.108) ergeben sich mit $\underline{I}_{1m} = \underline{U}_m/\underline{Z}_m$ und $\underline{I}_{1g} = \underline{U}_g/\underline{Z}_g$ die Stromkomponenten $\underline{I}_{1m}$ und $\underline{I}_{1g}$. Durch inverse Transformation können die physikalischen Größen aus den Symmetrischen Komponenten berechnet werden.

$$\underline{U}_U = \underline{U}_N = \underline{U}_m + \underline{U}_g \qquad\qquad \underline{I}_U = \underline{I}_{1m} + \underline{I}_{1g}$$

$$\underline{U}_V = a^2 \underline{U}_m + a \underline{U}_g \qquad\qquad \underline{I}_V = a^2 \underline{I}_{1m} + a \underline{I}_{1g}$$

$$\underline{U}_W = a \underline{U}_m + a^2 \underline{U}_g = \underline{U}_C \qquad\qquad \underline{I}_W = a \underline{I}_{1m} + a^2 \underline{I}_{1g}$$

$$\underline{I}_C = \frac{\underline{U}_C}{-jX_C}$$

Abschließend soll der Sonderfall der Symmetrie betrachtet werden. Aus $\underline{U}_g = 0$ folgt

$$\underline{Z}_m = j \cdot (1 - \underline{a}) \cdot X_C = \sqrt{3} X_C \cdot e^{j\pi/3}$$

Symmetrie kann nur dann vorliegen, wenn der Strom gegenüber der Spannung eine Phasen-verschiebung von $-j\pi/3 = -60°$ aufweist, wie es in Bild 4.45 dargestellt ist.

Nur in zwei Betriebspunkten (Punkt P_1, Schlupf s_1, Punkt P_2, Schlupf s_2) ist die Symmetriebedingung erfüllbar. Der Betriebspunkt P_1 liegt in der Nähe des Nennpunktes, der Betriebspunkt P_2 in der Nähe des Stillstands. Für Dauerbetrieb ist der Betriebspunkt P_1 für die Auslegung des Kondensators zu wählen.

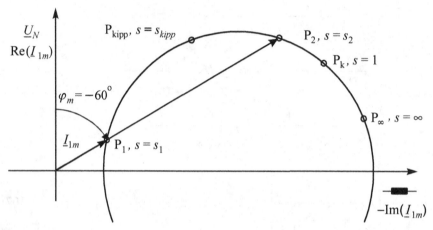

Bild 4.45

Stromortskurve der Mitkomponente mit Lage der möglichen Symmetrierungspunkte (P_1, P_2)

Aus der Stromortskurve für symmetrischen Betrieb am Drehstromnetz ist hierzu der Strom $I_{1sym} = I_{1m}(\cos\varphi_m = 0{,}5)$ bei einem Leistungsfaktor von $\cos\varphi_m = 0{,}5$ zu bestimmen. Mit

$$X_C = \frac{Z_m}{\sqrt{3}} = \frac{U_m}{\sqrt{3} \cdot I_{1m}(\cos\varphi_m = 0{,}5)}$$

kann der erforderliche Symmetrierungskondensator bestimmt werden. Für $\underline{U}_m = \underline{U}_N$ folgt

$$C = \frac{\sqrt{3} I_{1sym}}{\omega U_N}$$

Für praktische Anwendungen kann die erforderliche Kapazität grob abgeschätzt werden. Im Symmetrierungspunkt beträgt die elektrisch aufgenommene Leistung etwa die Hälfte der Wirkleistung im Nennpunkt ($I_{1sym}/I_N \approx 0{,}8$, $\cos\varphi_m/\cos\varphi_N \approx 0{,}5/0{,}8$).

$$I_{1sym} = \frac{P_{elsym}}{3 \cdot 0{,}5 \cdot U_N} = \frac{0{,}5 \cdot P_N}{3 \cdot 0{,}5 \cdot \eta_N U_N} = \frac{I_C}{\sqrt{3}} = \frac{U_N \omega C}{\sqrt{3}}$$

Im Leistungsbereich zwischen 0,55 kW und 2,2 kW beträgt der Wirkungsgrad 4poliger Stan-dard-Drehstromasynchronmotoren etwa $\eta_N \approx 75\%$. Für eine Netzspannung von $U_N = 230$ V und eine Netzfrequenz von $f_N = 50$ Hz ergibt kann folgende „Faustformel" zur Bestimmung der Kapazität des Betriebskondensators angegeben werden:

$$\frac{C}{P_N} = \frac{1}{\sqrt{3}\eta_N \omega U_N^2} = \frac{1}{\sqrt{3} \cdot 0{,}75 \cdot 2\pi \cdot 50 \text{ s}^{-1} \cdot (230 \text{ V})^2} = \frac{46 \,\mu\text{F}}{\text{kW}}. \tag{4.109}$$

Die durch die Maschinenerwärmung begrenzte maximale mechanische Leistung des Motors in Steinmetzschaltung beträgt etwa 70% der Nennleistung bei Betrieb am Drehstromnetz. Außerhalb des Symmetrierungspunktes bildet sich ein unsymmetrisches Stromsystem aus. Bild 4.46 zeigt die berechneten Stromkomponenten als Funktion der Drehzahl.

Motordaten: $P_N = 1{,}5$ kW $\quad U_N = 230/400$ V (Δ/Y) $\quad I_N = 6{,}9/4$ A $\quad n_N = 1450$ min^{-1}

Ersatzschaltbilddaten: $R_1 = 3{,}75\ \Omega$ $\qquad X_{1\sigma} = 4{,}98\ \Omega$ $\qquad X_h = 85\ \Omega$

$\qquad\qquad\qquad\qquad R_2' = 2{,}8\ \Omega$ $\qquad X_{2\sigma}' = 4{,}98\ \Omega$ $\qquad C = 75\ \mu\text{F}$

Anmerkung: Nach Gl. 4.109 ergibt sich überschlägig eine Kapazität von

$$C \approx 46\ \mu\text{F/kW} \cdot 1{,}5\ \text{kW} = 69\ \mu\text{F}$$

Die Kapazität von $C = 75\ \mu\text{F}$ wurde messtechnisch ermittelt.

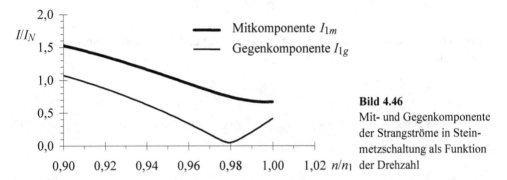

Bild 4.46
Mit- und Gegenkomponente der Strangströme in Steinmetzschaltung als Funktion der Drehzahl

Deutlich erkennbar ist der Symmetriepunkt bei $s \approx 2\%$ ($I_{1g} \approx 0$). Für kleinere und größere Drehzahlen steigt die Gegenkomponente.

In Bild 4.47 sind die aus den Symmetrischen Komponenten berechneten Strangströme als Funktion der Drehzahl aufgetragen. Auch in Bild 4.47 ist der Symmetriepunkt erkennbar (s ≈ 2%: $I_U \approx I_V \approx I_W$). Die Bedingung $I_U, I_V, I_W \leq I_N$ ergibt den in Bild 4.47 eingezeichneten stationär zulässigen Betriebsbereich.

Mit Hilfe der Ersatzschaltbilder (4.41, 4.42) können Mit- und Gegenkomponente des Läuferstroms berechnet werden.

$$\underline{I}_{2m}' = \frac{-jX_h}{jX_h + jX_{2\sigma}' + R_2'/s} \cdot \underline{I}_{1m} \tag{4.110}$$

$$\underline{I}_{2g}' = \frac{-jX_h}{jX_h + jX_{2\sigma}' + R_2'/(2-s)} \cdot \underline{I}_{1g} \tag{4.111}$$

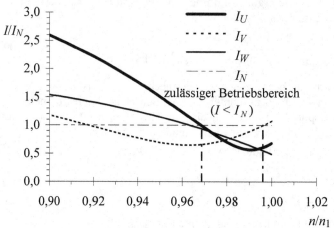

Bild 4.47
Strangströme bei Betrieb in
Steinmetzschaltung

Die von Mit- und Gegensystem übertragenen Luftspaltleistungen betragen

$$P_{\delta m} = \frac{3 \cdot R_2' \cdot I_{2m}'^2}{s} \qquad\qquad P_{\delta g} = \frac{3 \cdot R_2' \cdot I_{2g}'^2}{(2-s)}$$

Hieraus können die Drehmomente des Mitsystems (M_m) und des Gegensystems (M_g) berechnet werden.

$$M_m = \frac{P_{\delta m}}{2\pi n_1} \qquad\qquad M_g = -\frac{P_{\delta g}}{2\pi n_1}$$

Bei Auftreten eines Gegensystems ($|\, I_{2g}'\, | > 0$) ist das resultierende Drehmoment kleiner als das Drehmoment bei symmetrischem Betrieb.

$$M = M_m + M_g = \frac{P_{\delta m}}{2\pi n_1} - \frac{P_{\delta g}}{2\pi n_1} \qquad\qquad\qquad (4.112)$$

4.13.3 eh-Stern-Schaltung

Eine der in IEC 60034-2 [21] erwähnten Methoden zur messtechnischen Bestimmung der lastabhängigen Zusatzverluste ist die Messung in der eh-Y-Schaltung (Bild 4.48). Das Messverfahren wurde bereits 1967 veröffentlicht [22].

Zwei Wicklungsstränge der in Stern geschalteten Maschine sind an die Phasen L1 und L2 angeschlossen. Der dritte Wicklungsstrang ist über eine Impedanz $\underline{Z}$ ebenfalls an die Phase L1 angeschlossen Bild 4.48).

Anmerkung: Für die Zusatzverlustmessung wird als Impedanz $\underline{Z}$ ein ohmscher Widerstand R_{eh} verwendet.

Da die Maschine in eh-Stern-Schaltung nur ein relativ kleines Anlaufmoment entwickelt (siehe Bild 4.49), sollte der Anlauf am symmetrischen Netz erfolgen (Schaltung Bild 4.50).

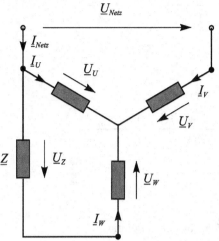

Bild 4.48
eh-Y-Schaltung

Die beschreibenden Spannungsgleichungen lauten

$$\underline{U}_U - \underline{U}_V = \underline{U}_{Netz} \tag{4.113}$$

$$\underline{U}_U - \underline{U}_W - \underline{Z} \cdot \underline{I}_W = 0 \tag{4.114}$$

Nach Ersetzen der physikalischen Größen durch ihre Symmetrischen Komponenten ergibt sich

$$\underline{U}_m + \underline{U}_g - \underline{a}^2 \cdot \underline{U}_m - \underline{a} \cdot \underline{U}_g = \underline{U}_{Netz}$$

$$\underline{U}_m \cdot \left(1 - \underline{a}^2\right) + \underline{U}_g \cdot \left(1 - \underline{a}\right) = \underline{U}_{Netz} \tag{4.115}$$

$$\underline{U}_m + \underline{U}_g - \underline{a} \cdot \underline{U}_m - \underline{a}^2 \cdot \underline{U}_g - \underline{Z} \cdot \left(\underline{a} \cdot \underline{Y}_m \cdot \underline{U}_m + \underline{a}^2 \cdot \underline{Y}_g \cdot \underline{U}_g\right) = 0$$

$$\underline{U}_m \cdot \left(1 - \underline{a} - \underline{a} \cdot \underline{Z} \cdot \underline{Y}_m\right) + \underline{U}_g \left(1 - \underline{a}^2 - \underline{a}^2 \cdot \underline{Z} \cdot \underline{Y}_g\right) = 0 \tag{4.116}$$

Wird Gl. (4.115) nach $\underline{U}_m$ aufgelöst,

$$\underline{U}_m = \frac{\underline{U}_{Netz}}{1 - \underline{a}^2} - \frac{\underline{U}_g \cdot \left(1 - \underline{a}\right)}{1 - \underline{a}^2} \tag{4.117}$$

und $\underline{U}_m$ in Gl. (4.116) eingesetzt, so folgt mit

$$\frac{1 - \underline{a}}{1 - \underline{a}^2} = -\underline{a} \quad \text{und} \quad \underline{Y} = \frac{1}{\underline{Z}}$$

$$\underline{U}_g \cdot \left(\underline{a} \cdot \left(1 - \underline{a} - \underline{a} \cdot \frac{\underline{Y}_m}{\underline{Y}}\right) + 1 - \underline{a}^2 - \underline{a}^2 \cdot \frac{\underline{Y}_g}{\underline{Y}}\right) = -\frac{\underline{U}_{Netz}}{1 - \underline{a}^2} \cdot \left(1 - \underline{a} - \underline{a} \cdot \frac{\underline{Y}_m}{\underline{Y}}\right)$$

$$\underline{U}_g \cdot \left(\underline{a} - \underline{a}^2 + 1 - \underline{a}^2 - \underline{a}^2 \cdot \frac{\underline{Y}_m}{\underline{Y}} - \underline{a}^2 \cdot \frac{\underline{Y}_g}{\underline{Y}} \right) = -\frac{\underline{U}_{Netz}}{1 - \underline{a}^2} \cdot \left(1 - \underline{a} - \underline{a} \cdot \frac{\underline{Y}_m}{\underline{Y}} \right) \qquad (4.118)$$

Wegen

$$1 + \underline{a} + \underline{a}^2 = 0 \Rightarrow 1 + \underline{a} - 2 \cdot \underline{a}^2 = -3 \cdot \underline{a}^2$$

vereinfacht sich Gl. (4.118) zu

$$\underline{U}_g \cdot \left(\frac{-3 \cdot \underline{a}^2 \cdot \underline{Y} - \underline{a}^2 \cdot \underline{Y}_m - \underline{a}^2 \cdot \underline{Y}_g}{\underline{Y}} \right) = -\frac{\underline{U}_{Netz}}{1 - \underline{a}^2} \cdot \left(\frac{\underline{Y} \cdot (1 - \underline{a}) - \underline{a} \cdot \underline{Y}_m}{\underline{Y}} \right)$$

$$\underline{U}_g = \frac{\underline{U}_{Netz}}{\underline{a}^2 \cdot (1 - \underline{a}^2)} \cdot \left(\frac{\underline{Y} \cdot (1 - \underline{a}) - \underline{a} \cdot \underline{Y}_m}{3 \cdot \underline{Y} + \underline{Y}_m + \underline{Y}_g} \right)$$

Nach Multiplikation von Zähler und Nenner mit $-\underline{a}^2$ ergibt sich endgültig

$$\underline{U}_g = \frac{\underline{U}_{Netz}}{1 - \underline{a}} \cdot \left(\frac{\underline{Y} \cdot (1 - \underline{a}^2) + \underline{Y}_m}{3 \cdot \underline{Y} + \underline{Y}_m + \underline{Y}_g} \right) \qquad (4.119)$$

Durch Einsetzen von $\underline{U}_g$ in Gl. (4.117) erhält man den Ausdruck für $\underline{U}_m$.

$$\underline{U}_m = -\frac{\underline{a} \cdot \underline{U}_{Netz}}{1 - \underline{a}} \cdot \left(\frac{\underline{Y} \cdot (1 - \underline{a}) + \underline{Y}_g}{3 \cdot \underline{Y} + \underline{Y}_m + \underline{Y}_g} \right) \qquad (4.120)$$

Nach Gl. (4.101a, b) können die Ständerstromkomponenten $\underline{I}_{1m}$ und $\underline{I}_{1g}$ und nach Gl. (4.110) und (4.111) die Läuferstromkomponenten $\underline{I}_{2m}$ und $\underline{I}_{2g}$ berechnet werden.

Aus den Luftspaltleistungen von Mit- und Gegensystem ergibt sich nach Gl. (4.112) das Drehmoment.

Bild 4.49 zeigt für einen 4- poligen Transnormmotor ($U_N = 400$ V (Δ)) mit $P_N = 315$ kW die berechnete Drehmoment-Drehzahl-Kennlinie mit $\underline{Z} = R_{eh} = 0,25$ Ω. ($U = 293$ V).

Bei ungekuppelter Maschine muss die Summe der Drehmomente von Mit- und Gegensystem gleich dem Reibmoment sein. Dies trifft für eine Drehzahl knapp unter der synchronen Drehzahl zu.

Die Messschaltung zur Bestimmung der lastabhängigen Zusatzverluste gemäß IEC 60034-2 ist in Bild 4.50 dargestellt.

Der Anlauf des ungekuppelten Motors erfolgt in Schalterstellung 1 am symmetrischen Netz. Nach Hochlauf wird in eh-Y-Schaltung umgeschaltet (Schalterstellung 2).

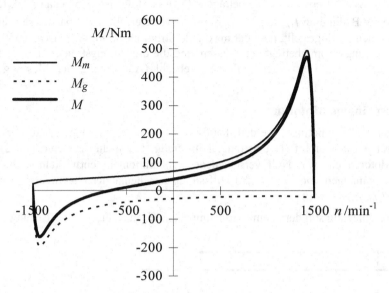

Bild 4.49
Drehmoment-Drehzahl-Kennlinie eines 4- poligen Transnormmotors in eh-Y-Schaltung

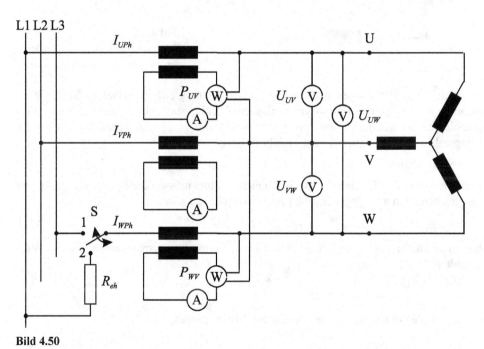

Bild 4.50
eh-Y-Messschaltung zur Bestimmung der Zusatzverluste

Der Widerstand R_{eh} soll etwa $0,2 \cdot Z_N$ betragen (Definition der Nennimpedanz: Gl. (3.14)). Dadurch wird die Bedingung $I_{1m} < 0,3 \cdot I_{1g}$ normalerweise erfüllt. Die Spannungen für die 6 Lastpunkte werden so eingestellt, dass der maximale Strom im Strang V zwischen 150% und 75% des Bemessungsstroms beträgt. Zu messen sind die drei Strangströme, die drei Leiterspannungen, die beiden Leistungen und die Drehzahl (Auswertung der Messung: [21], Anhang A).

4.13.4 Zweisträngige Motoren

Wechselstromasynchronmotoren werden häufig mit zwei elektromagnetisch wirksamen Wicklungssträngen ausgeführt (Hauptstrang, Hilfsstrang, räumliche Verschiebung $2\pi/4p$). Damit die Motoren ein von Null verschiedenes Anlaufmoment entwickeln, müssen die Ströme und Spannungen von Haupt- und Hilfsstrang gegeneinander phasenverschoben sein (Idealfall: $\angle(\underline{I}_{Ha}, \underline{I}_{Hi}) = \pi/2$).

Die Phasenverschiebung soll durch eine Zusatzimpedanz $\underline{Z}_Z$ in Reihe zum Hilfsstrang erreicht werden (Bild 4.51).

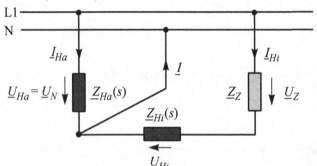

Bild 4.51
Ersatzschaltbild des zweisträngigen Motors mit Zusatzimpedanz

Bei symmetrischen Wicklungen sind Haupt- und Hilfsstrang gleich aufgebaut (effektive Windungszahlen $N_{Ha} = N_{Hi}$), bei quasisymmetrischen Wicklungen unterscheiden sich die Windungszahlen bei identischem Kupfergewicht ($N_{Ha} \neq N_{Hi}$, $G_{CuHa} = G_{CuHi}$). Der Quotient der Windungszahlen wird als Übersetzungsverhältnis bezeichnet.

$$\ddot{u} = N_{Ha}/N_{Hi}$$

Für den symmetrischen Betrieb des zweisträngigen Motors müssen die Strangdurchflutungen betragsgleich und um $\pi/2$ gegeneinander phasenverschoben sein:

$$N_{Hi} \cdot \underline{I}_{Hi} = N_{Ha} \cdot \underline{I}_{Ha} \cdot e^{j\pi/2} = j \cdot N_{Ha} \cdot \underline{I}_{Ha} . \qquad (4.121)$$

Nach dem Induktionsgesetz verhalten sich die induzierten Strangspannungen wie die Windungszahlen,

$$\frac{U_{Ha}}{U_{Hi}} = \frac{N_{Ha}}{N_{Hi}} = \ddot{u},$$

woraus für die Zeiger der Strangspannungen der Zusammenhang

$$\underline{U}_{Hi} = j \cdot 1/\ddot{u} \cdot \underline{U}_{Ha}$$

folgt. Die Spannung über der Zusatzimpedanz beträgt

$\underline{U}_Z = \underline{U}_{Ha} - \underline{U}_{Hi} = \underline{U}_{Ha} \cdot (1 - j/\ddot{u})$,

woraus eine Bedingung für die Zusatzimpedanz abgeleitet werden kann:

$$\underline{Z}_Z = \frac{\underline{U}_Z}{\underline{I}_{Hi}} = \frac{\underline{U}_{Ha} \cdot (1 - j/\ddot{u})}{\underline{I}_{Ha} \cdot j \cdot \ddot{u}} = \frac{\underline{U}_{Ha}}{\underline{I}_{Ha}} \cdot \frac{-1 - j \cdot \ddot{u}}{\ddot{u}^2}.$$

Die Impedanz des Hauptstranges ist wegen der Schlupfabhängigkeit des Widerstands im Läuferkreis ebenfalls schlupfabhängig.

$$\underline{Z}_{Ha} = \underline{U}_{Ha}/\underline{I}_{Ha} = R_{Ha}(s) + j \cdot X_{Ha}(s)$$

$$\underline{Z}_Z = \left(R_{Ha}(s) + j \cdot X_{Ha}(s)\right) \cdot \frac{-1 - j \cdot \ddot{u}}{\ddot{u}^2}$$

$$= \frac{1}{\ddot{u}^2} \cdot \left[-R_{Ha}(s) + \ddot{u} \cdot X_{Ha}(s) - j \cdot \left(\ddot{u} \cdot R_{Ha}(s) + X_{Ha}(s)\right) \right]$$

Der Imaginärteil der Zusatzimpedanz ist stets negativ; die Zusatzimpedanz muss demnach kapazitiv sein. Wenn die Symmetrierung mit einem idealen Kondensator (kein ohmscher Anteil, $\underline{Z}_Z = -jX_{CB}$) erfolgen soll, so muss gelten:

$$-R_{Ha}(s^*) + \ddot{u} \cdot X_{Ha}(s^*) = 0 \quad \Rightarrow \quad R_{Ha}(s^*) = \ddot{u} \cdot X_{Ha}(s^*).$$

Nur für den Schlupf s^*, bei dem der Realteil der Strangimpedanz $\ddot{u}$ mal so groß ist wie der Imaginärteil, ist die Symmetrierung mit einem idealen Kondensator möglich. Die erforderliche Reaktanz des Kondensators beträgt

$$X_{CB} = \frac{1}{\omega C_B} = \frac{\ddot{u} \cdot R_{Ha}(s^*) + X_{Ha}(s^*)}{\ddot{u}^2} = \frac{\ddot{u}^2 \cdot X_{Ha}(s^*) + X_{Ha}(s^*)}{\ddot{u}^2} \qquad (4.122)$$

$$= X_{Ha}(s^*) \cdot \frac{1 + \ddot{u}^2}{\ddot{u}^2}$$

Mit den Additionstheoremen der trigonometrischen Funktionen und

$$\left| \tan \varphi_{Ha} \right| = \frac{X_{Ha}(s^*)}{R_{Ha}(s^*)} = \frac{1}{\ddot{u}}$$

$$Z_{Ha} = \frac{U_N}{I_{Ha}} = \sqrt{(R_{Ha}(s^*))^2 + (X_{Ha}(s^*))^2} = X_{Ha}(s^*) \cdot \sqrt{1 + \ddot{u}^2}$$

kann Gl. (4.122) nochmals umgeformt werden.

$$C_B = \frac{\ddot{u}^2}{\omega Z_{Ha} \cdot \sqrt{1 + \ddot{u}^2}} = \frac{I_{Ha} \cdot \cos\varphi_{Ha}}{\omega U_N \cdot \left|\tan\varphi_{Ha}\right|} \qquad (4.123)$$

Mit dem Netzstrom $\underline{I} = \underline{I}_{Ha} + \underline{I}_{Hi} = \underline{I}_{Ha} \cdot (1 + j\ddot{u})$ kann die Gesamtimpedanz berechnet werden:

$$\underline{Z} = \frac{U_N}{\underline{I}} = \frac{U_N}{\underline{I}_{Ha} \cdot (1 + j \cdot \ddot{u})} = \frac{\underline{Z}_{Ha}}{1 + j \cdot \ddot{u}} = \frac{R_{Ha}(s^*) + j \cdot X_{Ha}(s^*)}{1 + j \cdot \ddot{u}}$$

$$= \frac{\ddot{u} \cdot X_{Ha}(s^*) + j \cdot X_{Ha}(s^*)}{1 + j \cdot \ddot{u}} = X_{Ha}(s^*) \cdot \frac{\ddot{u} + j}{1 + j \cdot \ddot{u}}$$

$$= X_{Ha}(s^*) \cdot \frac{(\ddot{u} + j) \cdot (1 - j \cdot \ddot{u})}{(1 + j \cdot \ddot{u}) \cdot (1 - j \cdot \ddot{u})} = X_{Ha}(s^*) \cdot \frac{2\ddot{u} + j \cdot (1 - \ddot{u}^2)}{1 + \ddot{u}^2}$$

Aus $\cos\varphi = \mathrm{Re}(\underline{Z}) / Z$ folgt der Netzleistungsfaktor

$$\cos\varphi = \frac{2\ddot{u}}{\sqrt{(2\ddot{u})^2 + (1 - \ddot{u}^2)^2}} = \frac{2\ddot{u}}{1 + \ddot{u}^2} = \frac{2/|\tan\varphi_{Ha}|}{1 + 1/\tan^2\varphi_{Ha}} = 2 \cdot |\sin\varphi_{Ha}| \cdot \cos\varphi_{Ha} \quad (4.124)$$

Am Beispiel eines Motors mit:

$$U_N = 230 \text{ V} \qquad\qquad I_{Ha} = 7 \text{ A} \qquad\qquad N_{Ha} / N_{Hi} = \ddot{u} = 1/\sqrt{3}$$

sollen die Gleichungen quantitativ ausgewertet werden.

$$|\tan\varphi_{Ha}| = 1/\ddot{u} = \sqrt{3} \qquad \varphi_{Ha} = \varphi_{Hi} = -\pi/3 \qquad \cos\varphi_{Ha} = 0{,}5$$

$$\underline{I}_{Ha} = 7\text{A} \cdot e^{-j\pi/3}$$

$$\underline{I}_{Hi} = j\ddot{u}\underline{I}_{Ha} = 7\text{A}/\sqrt{3} \cdot e^{-j\pi/3} \cdot e^{j\pi/2} = 4{,}04 \text{ A} \cdot e^{j\pi/6}$$

$$\underline{I} = \underline{I}_{Ha} + \underline{I}_{Hi} = 7\text{A} \cdot e^{-j\pi/3} + 4{,}04 \text{ A} \cdot e^{j\pi/6} = 8{,}08 \text{ A} \cdot e^{-j\pi/6}$$

$$\cos\varphi = 2 \cdot |\sin\varphi_{Ha}| \cdot \cos\varphi_{Ha} = \sqrt{3}/2$$

$$\underline{U}_{Ha} = \underline{U}_N = 230 \text{ V} \cdot e^{j0}$$

$$\underline{U}_{Hi} = j/\ddot{u} \cdot \underline{U}_{Ha} = 400 \text{ V} \cdot e^{j\pi/2}$$

$$\underline{U}_C = \underline{U}_{Ha} - \underline{U}_{Hi} = \underline{U}_{Ha} \cdot (1 - j/\ddot{u}) = 230 \text{ V} \cdot (1 - j \cdot \sqrt{3}) = 460\text{V} \cdot e^{-j\pi/3}$$

$$C_B = \frac{I_{Ha} \cdot \cos\varphi_{Ha}}{\omega U_N \cdot |\tan\varphi_{Ha}|} = \frac{7\text{A} \cdot 0{,}5}{2\pi \cdot 50\text{s}^{-1} \cdot 230\text{V} \cdot \sqrt{3}} = 28 \text{ μF}$$

Bild 4.52 zeigt zu diesem Beispiel das vollständige Zeigerbild mit allen Spannungen und Strömen.

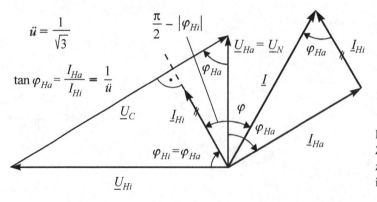

$$\ddot{u} = \frac{1}{\sqrt{3}}$$

$$\tan\varphi_{Ha} = \frac{I_{Ha}}{I_{Hi}} = \frac{1}{\ddot{u}}$$

Bild 4.52
Zeigerdiagramm des zweisträngigen Motors im Symmetriepunkt

Anlauf

Die Stromortskurve des Stroms im Hauptstrang bei symmetrischer Speisung, die nur an einem symmetrischen zweiphasigen Netz gemessen werden kann (Bild 4.53), zeigt, dass lediglich zwei Betriebspunkte die Symmetriebedingung $\varphi_{Ha} = -60°$ erfüllen. Ein Punkt (P_1, $s = 0{,}036$) liegt unterhalb des Nennschlupfes, der Punkt P_2 ($s = 0{,}65$) liegt zwischen Kipppunkt und Stillstand.

Der Betriebskondensator wurde mit Rücksicht auf den Dauerbetrieb für den Betriebspunkt P_1 ausgelegt, der üblicherweise zwischen dem Leerlauf und dem (theoretischen) Bemessungspunkt bei symmetrischer Speisung liegt. Der zweite mögliche Symmetrierungspunkt liegt in der Regel zwischen Kipppunkt und Anlauf.

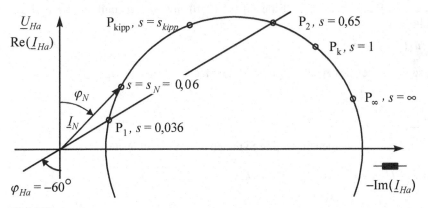

Bild 4.53
Stromortskurve eines zweisträngigen Motors bei Betrieb an einem symmetrischen zweiphasigen Netz

Anmerkung: Wegen $I_{Ha}(P_2) = 4{,}4 \cdot I_{Ha}(P_1)$ müsste der Symmetrierungskondensator für den Betriebspunkt P_2 die 4,4fache Kapazität haben ($C_B{}^* = 4{,}4 \cdot C_B$).

Mit dem für den Betriebspunkt P_1 ausgelegten Kondensator bildet sich im Anlauf ein stark unsymmetrisches Stromsystem aus, da die Symmetriebedingung nach Gl. (4.121) im Anlauf nicht erfüllt ist. Das Anlaufmoment wird daher gegenüber der symmetrischen Speisung durch die Wirkung des gegenlaufenden Feldes verringert.

Zur Erzielung eines ausreichenden Anlaufmoments bestehen zwei Möglichkeiten:

1. Zum Kondensator C_B nach Gl. (4.123) wird ein abschaltbarer Anlaufkondensator C_A parallelgeschaltet ($C_A \approx C_B{}^* - C_B$, Abschaltung nach erfolgtem Hochlauf mit Hilfe von Zeitrelais oder Fliehkraftschalter).

2. Der Symmetrierungskondensator wird gegenüber dem idealen Wert nach Gl. (4.123) auf C'_B vergrößert ($C_B < C'_B < C_A + C_B$). Die Vergrößerung bewirkt eine Erhöhung des Anlaufmoments. Im Betriebspunkt P_1 ist dann jedoch die Symmetriebedingung nicht mehr erfüllt. Infolge der Stromunsymmetrie wird der Motor im Vergleich zum symmetrischen Betrieb bei gleichem Drehmoment wärmer.

Das Betriebsverhalten des zweisträngigen Motors kann außerhalb des Symmetriepunkts mit Hilfe der Symmetrischen Komponenten berechnet werden. Die Berechnungsvorschriften der Symmetrischen Komponenten aus den physikalischen Größen lauten

$$\underline{U}_m = \frac{1}{2}\left(\underline{U}_{Ha} - j \cdot \frac{\underline{U}_{Hi}}{\ddot{u}}\right) \tag{4.125a}$$

$$\underline{U}_g = \frac{1}{2}\left(\underline{U}_{Ha} + j \cdot \frac{\underline{U}_{Hi}}{\ddot{u}}\right) \tag{4.125b}$$

Durch Addition der Gl. (4.125a) und (4.125b) ergibt sich

$$\underline{U}_{Ha} = \underline{U}_m + \underline{U}_g . \tag{4.126a}$$

Werden die Gl. (4.125a) mit $j \cdot \ddot{u}$ und die Gl. (4.125b) mit $-j \cdot \ddot{u}$ multipliziert und anschließend addiert, so folgt

$$\underline{U}_{Hi} = \ddot{u} \cdot (j\underline{U}_m - j\underline{U}_g) . \tag{4.126b}$$

Die Spannungsgleichungen des zweisträngigen Motors lauten

$$\underline{U}_{Hi} + \underline{Z}_Z \cdot \underline{I}_{Hi} = \underline{U}_{Ha}$$

$$\underline{U}_{Ha} = \underline{U}_N$$

Die physikalischen Größen werden durch ihre Symmetrischen Komponenten ersetzt.

$$j \cdot \ddot{u} \cdot (\underline{U}_m - \underline{U}_g) + \underline{Z}_Z \cdot \frac{j}{\ddot{u}} \cdot (\underline{I}_m - \underline{I}_g) = \underline{U}_N$$

$$\underline{U}_m \cdot \left(j \cdot \ddot{u} + \frac{j}{\ddot{u}} \cdot \frac{\underline{Z}_Z}{\underline{Z}_m}\right) + \underline{U}_g \cdot \left(-j \cdot \ddot{u} - \frac{j}{\ddot{u}} \cdot \frac{\underline{Z}_Z}{\underline{Z}_g}\right) = \underline{U}_N \tag{4.127}$$

$$\underline{U}_m \qquad\qquad + \underline{U}_g \qquad\qquad = \underline{U}_N \tag{4.128}$$

Wird Gl. (4.128) nach $\underline{U}_g$ aufgelöst und der Ausdruck in Gl. (4.127) eingesetzt, so ergibt sich

$$\underline{U}_m \cdot \left(j \cdot \ddot{u} + \frac{j}{\ddot{u}} \cdot \frac{\underline{Z}_Z}{\underline{Z}_m}\right) + (\underline{U}_N - \underline{U}_m) \cdot \left(-j \cdot \ddot{u} - \frac{j}{\ddot{u}} \cdot \frac{\underline{Z}_Z}{\underline{Z}_g}\right) = \underline{U}_N$$

$$\underline{U}_m \cdot \left(j \cdot 2\ddot{u} + \frac{j}{\ddot{u}} \cdot \frac{\underline{Z}_Z}{\underline{Z}_m} + \frac{j}{\ddot{u}} \cdot \frac{\underline{Z}_Z}{\underline{Z}_g}\right) = \underline{U}_N \left(1 + j \cdot \ddot{u} + \frac{j}{\ddot{u}} \cdot \frac{\underline{Z}_Z}{\underline{Z}_g}\right)$$

$$\underline{U}_m = \underline{U}_N \cdot \frac{1 + j \cdot \ddot{u} + \dfrac{j}{\ddot{u}} \cdot \dfrac{\underline{Z}_Z}{\underline{Z}_g}}{j \cdot 2\ddot{u} + \dfrac{j}{\ddot{u}} \cdot \dfrac{\underline{Z}_Z}{\underline{Z}_m} + \dfrac{j}{\ddot{u}} \cdot \dfrac{\underline{Z}_Z}{\underline{Z}_g}}$$

$$\underline{U}_g = \underline{U}_N \cdot \left(1 - \frac{1 + j \cdot \ddot{u} + \dfrac{j}{\ddot{u}} \cdot \dfrac{\underline{Z}_Z}{\underline{Z}_g}}{j \cdot 2\ddot{u} + \dfrac{j}{\ddot{u}} \cdot \dfrac{\underline{Z}_Z}{\underline{Z}_m} + \dfrac{j}{\ddot{u}} \cdot \dfrac{\underline{Z}_Z}{\underline{Z}_g}} \right) = \underline{U}_N \cdot \left(\frac{-1 + j \cdot \ddot{u} + \dfrac{j}{\ddot{u}} \cdot \dfrac{\underline{Z}_Z}{\underline{Z}_m}}{j \cdot 2\ddot{u} + \dfrac{j}{\ddot{u}} \cdot \dfrac{\underline{Z}_Z}{\underline{Z}_m} + \dfrac{j}{\ddot{u}} \cdot \dfrac{\underline{Z}_Z}{\underline{Z}_g}} \right)$$

Mit- und Gegenkomponente des Läuferstroms können nach Gl. (4.110) und (4.111) berechnet werden. Bei der Berechnung der Luftspaltleistungen ist für die Strangzahl 2 einzusetzen.

$$P_{\delta m} = \frac{2 \cdot R_2' \cdot I_{2m}'^2}{s}$$

$$P_{\delta g} = \frac{2 \cdot R_2' \cdot I_{2g}'^2}{(2-s)}$$

Wie beim Drehstrommotor in Steinmetzschaltung beträgt das Motormoment

$$M = M_m + M_g = \frac{P_{\delta m}}{2\pi n_1} - \frac{P_{\delta g}}{2\pi n_1}.$$

Beispiel:
Motor mit symmetrischer Wicklung ($N_{Ha} = N_{Hi}$; $\ddot{u} = 1$)

$$P_N = 1{,}35\ \text{kW} \qquad U_N = 230\ \text{V} \qquad I_N = 7{,}0\ \text{A} \qquad n_N = 1404\ \text{min}^{-1}$$

Ersatzschaltbilddaten:

$$R_1 = 3{,}84\ \Omega \qquad X_{1\sigma} = 2{,}65\ \Omega \qquad X_h = 60{,}1\ \Omega$$

$$R_2' = 3{,}84\ \Omega \qquad X_{2\sigma}' = 2{,}65\ \Omega \qquad \underline{Z}_Z = \frac{1}{j\omega C} \ \text{mit}\ C = 48{,}7\ \mu\text{F}$$

Bild 4.54 zeigt die Symmetrischen Komponenten von Spannung und Strom als Funktion der Drehzahl.

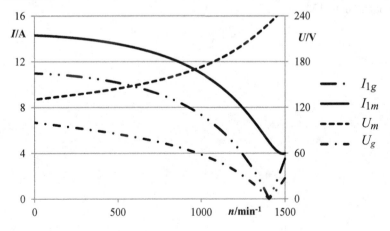

Bild 4.54
zweisträngiger Motor mit symmetrischer Wicklung:
Symmetrische Komponenten von Spannung und Strom als Funktion der Drehzahl

Deutlich erkennbar ist der Symmetriepunkt bei etwa 1400 min^{-1} (U_g, $I_g \approx 0$). In Bild 4.55 ist die Drehmoment-Drehzahlkennlinie dargestellt.

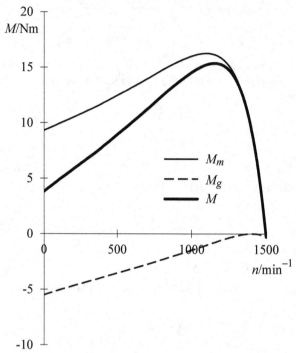

Bild 4.55
zweisträngiger Motor mit symmetrischer Wicklung:
Drehmoment-Drehzahl-Kennlinie

Die Überlastbarkeit ist mit M_{kipp}/M_N = 15,1 Nm/9,2 Nm = 1,64 nicht sehr hoch.

Bei zweisträngigen Motoren mit symmetrischer Wicklung beträgt der Netz-Leistungsfaktor im Symmetriepunkt nach Gl. (4.124)

$$\cos\varphi_{sym} = 1 \qquad (\cos\varphi_{Ha} = \cos\varphi_{Hi} = \frac{\sqrt{2}}{2}).$$

5 Synchronmaschinen

Synchronmaschinen werden im Ständer mit einer dreisträngigen Drehstromwicklung ausgeführt. Aus der Frequenzgleichung der Drehfeldmaschinen,

$$f_2 = f_1 \cdot (1 - n \cdot p/f_1) = f_1 - p \cdot n \tag{4.21}$$

folgt, dass für synchronen Lauf der Läufer mit Gleichstrom erregt werden muss ($f_2 = 0$). Die Maschinendrehzahl ist dann - unabhängig vom Betriebszustand - gleich der synchronen Drehzahl.

$$n = n_1 = f_1/p \text{ für } f_2 = 0 \tag{5.1}$$

Synchronmaschinen großer Leistung dienen vor allem als Generatoren. Je nach Einsatzbereich werden

- schnelllaufende Generatoren (Turbogeneratoren, Polzahlen $2p = 2$ oder 4, Grenzleistungen bis etwa 1200 MVA (2- polig), 1700 MVA (4- polig); Einsatz in Wärmekraftwerken)

und

- langsamlaufende Generatoren (hochpolige Wasserkraftgeneratoren, Polzahlen $2p =$ 40...100, Grenzleistungen bis etwa 800 MVA ; Einsatz in Wasserkraftwerken)

unterschieden.

Größere Notstromanlagen, wie zum Beispiel Notstromversorgungen für Krankenhäuser oder Baustellen) werden ebenfalls häufig mit Synchrongeneratoren ausgeführt (Inselbetrieb).

Als motorische Antriebe werden Synchronmaschinen häufig über Umrichter gespeist. Der Leistungsbereich von Synchronmotoren reicht von unter 1 kW (Servoantriebe) bis weit in den Megawatt- Bereich (Antrieb für Zementmühlen, Hochofengebläse, Pumpen).

Je nach Erregung des Läuferfeldes werden mehrere Läuferbauformen unterschieden (siehe Prinzipdarstellung Bild 5.1):

- Vollpolläufer (Bild 5.1 oben links)
  Die Erregerwicklung wird in Nuten eingelegt, die in den Läuferballen gestanzt oder gefräst sind (bei größeren Turbogeneratoren in der Regel massiver Läuferballen zur Beherrschung der Fliehkräfte).

- Schenkelpolläufer (Bild 5.1 oben rechts)
  Die Erregerwicklung wird als konzentrierte Wicklung auf die Polschuhkerne aufgebracht. Die Einzelpole werden auf den Läuferkörper aufgeschraubt (vor allem bei langsamlaufenden Generatoren).

- permanenterregte Läufer
  Die Erregung erfolgt durch auf den Läufer aufgeklebte und bandagierte Dauermagnete (vor allem bei Synchronmaschinen kleiner Leistung, wie zum Beispiel Servoantrieben). Die Amplitude des Läuferfeldes kann im Gegensatz zu Maschinen mit Erregerwicklung nicht verändert werden.

5.1 Luftspaltfeld des Läufers

Bild 5.1 zeigt im oberen Teil in stark vereinfachter Form die Abwicklung des Umfangs von Vollpolläufer (links) und Schenkelpolläufer (rechts).

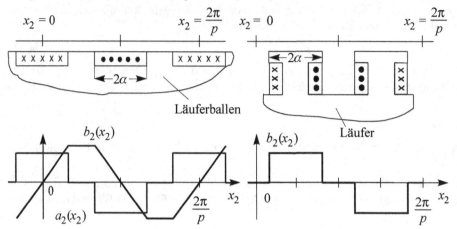

Bild 5.1

a) Abwicklung des Umfangs (oben) und Feld-   kurve eines Vollpolläufers

b) Abwicklung des Umfangs (oben) und Feld-   Feldkurve eines Schenkelpolläufers

Bei konstantem Luftspalt kann die Feldkurve des Vollpolläufers aus dem Strombelag ermittelt werden (vergleiche auch Bild 4.1). Im unteren Teil von Bild 5.1 sind die zugehörigen Feldkurven dargestellt.

Beim Vollpolläufer ist die Zonenbreite mit 2α bezeichnet; beim Schenkelpolläufer wurde die Polbreite mit 2α bezeichnet.

Aus dem Durchflutungsgesetz ergeben sich die Maximalwerte der Luftspaltinduktion aus Erregerstrom I_E und Erregerwindungszahl pro Polpaar N_E/p (Vollpolläufer) bzw. pro Pol $N_E/2p$ (Schenkelpolläufer) mit Hilfe des magnetisch wirksamen Luftspalts δ'' für den Vollpolläufer zu

$$2\delta'' \cdot \frac{B}{\mu_0} = \frac{N_E}{p} \cdot I_E \qquad \Rightarrow \qquad B = \frac{\mu_0}{\delta''} \cdot \frac{N_E}{2p} \cdot I_E \tag{5.2a}$$

Auf demselben Weg erhält man für den Schenkelpolläufer dasselbe Ergebnis.

$$2\delta'' \cdot \frac{B}{\mu_0} = 2 \cdot \frac{N_E}{2p} \cdot I_E \qquad \Rightarrow \qquad B = \frac{\mu_0}{\delta''} \cdot \frac{N_E}{2p} \cdot I_E \tag{5.2b}$$

Bild 5.1 lässt erkennen, dass die Form des Läuferfeldes in beiden Fällen von der Sinusform abweicht. Die Darstellung als Fourierreihe ermöglicht die weitere analytische Behandlung des Läuferfeldes.

$$b(x_2) = \sum_{v=p(1+2g)} B_v \sin(vx_2) \tag{5.3}$$

mit den Feldamplituden

$$B_\nu = \frac{4}{\pi} \cdot \frac{1}{\nu/p} \cdot \frac{\sin(\nu\alpha)}{\nu\alpha} \tag{5.4a}$$

für den Vollpolläufer bzw.

$$B_\nu = \frac{4}{\pi} \cdot \frac{1}{\nu/p} \cdot \sin(\nu\alpha) \cdot \sin\left[\frac{\nu}{p} \cdot \frac{\pi}{2}\right] \tag{5.4b}$$

für den Schenkelpolläufer. Die Ausdrücke

$$\xi_{E\nu} = \frac{\sin(\nu\alpha)}{\nu\alpha} \tag{5.5a}$$

bzw.

$$\xi_{E\nu} = \sin(\nu\alpha) \cdot \sin\left[\frac{\nu}{p} \cdot \frac{\pi}{2}\right] \tag{5.5b}$$

werden als Wicklungsfaktoren bezeichnet. Neben der Grundwelle ($\nu = p$) enthält die Fourierreihendarstellung des Läuferfeldes Oberfelder mit den Polpaarzahlen $\nu = p \cdot (1 + 2\,g)$, deren Amplituden mit wachsender Ordnungszahl abnehmen. Für die bei Wechselstromwicklungen übliche Zonenbreite von $2\alpha = 2\pi/3p$ (Gl. (4.1)) ergeben sich die Oberfeldamplituden gemäß Tabelle 5.1.

	Vollpolläufer	Schenkelpolläufer
ν/p	B_ν/B_p	B_ν/B_p
1	1,0	1,0
3	0,0	0,0
5	− 0,04	− 0,2
7	0,02	− 0,14
9	0,0	0,0

Tabelle 5.1
Feldamplituden für $2\alpha = 2\pi/3p$

Anmerkung:

Für eine Zonenbreite von $2\alpha = 2\pi/3p$ treten wegen

$$\sin(\nu\alpha) = \sin(g \cdot 3p \cdot \pi/3p) = \sin(g \cdot \pi) = 0$$

keine Oberfelder mit durch drei teilbaren Ordnungszahlen auf. Die Oberfeldamplituden des Schenkelpolläufers sind als Folge des als konstant unterstellten Luftspalts unter den Polschuhen deutlich größer als die des Vollpolläufers. In der Praxis wird der Luftspalt zu den Polrändern hin aufgeweitet, so dass sich im Bereich der Polschuhe bei Schenkelpolläufern ein näherungsweise sinusförmiges Feld ergibt. Die Allgemeinheit der Betrachtungen wird dadurch jedoch nicht beeinträchtigt, da die tatsächliche Feldform durch entsprechende Wicklungsfaktoren berücksichtigt werden kann.

5.2 Vollpolmaschine

Nachfolgend wird zunächst das stationäre Betriebsverhalten der Vollpolmaschinen behandelt. Die das Betriebsverhalten der Schenkelpolmaschinen beschreibenden Gleichungen werden in Abschnitt 5.3 abgeleitet.

5.2.1 Spannungsgleichung und Ersatzschaltbild

Zur Berechnung der vom Polradfeld in den Strängen der Ständerwicklung induzierten Spannungen wird das Polradfeld in Ständerkoordinaten transformiert.

Mit dem Zusammenhang zwischen Ständer- und Läuferkoordinaten,

$$x_1 = x_2 + 2\pi n_1 t + \gamma/p, \tag{5.6}$$

wobei der Winkel γ/p die Relativposition von Ständer und Läufer zum Zeitpunkt $t = 0$ bezeichnet, lautet das Polradfeld nach Gl. (5.3)

$$b(x_1,t) = \sum_{\nu=p(1+2g)} B_\nu \sin\left(\nu(x_1 - 2\pi n_1 t - \gamma/p)\right) \tag{5.7}$$

$$= \sum_{\nu=p(1+2g)} B_\nu \sin\left(\nu x_1 - \frac{\nu}{p}\cdot(\omega_1 t - \gamma)\right)$$

Aus dieser Darstellung wird deutlich, dass

- das Läufergrundfeld im Ständer netzfrequente Spannungen induziert,

- die Läuferoberfelder Spannungen der Frequenzen $f_\nu = \nu f_1$ induzieren.

Die bei erregtem Polrad bei offenen Ständerklemmen messbare Spannung ist daher nicht rein sinusförmig[2]. Die vom Grundfeld induzierte Spannung soll mit $\underline{U}_P$ (Polradspannung) bezeichnet werden. Sie ist proportional zur Grundfeldamplitude, Gl. (5.4a, 5.4b) für $\nu = p$, und damit bei Vernachlässigung der Sättigung auch zum Erregergleichstrom I_E, sowie zum Grundfeldwicklungsfaktor der Ständerwicklung nach Gl. (4.6) für $\nu = p$.

Wie bei der Asynchronmaschine treten verschiedenfrequente Ströme auf: der netzfrequente Ständerstrom $\underline{I}_1$ sowie der Erregergleichstrom I_E.

Um ein Ersatzschaltbild angeben zu können, wird bei der Synchronmaschine anstelle des tatsächlichen Erregergleichstroms I_E ein fiktiver netzfrequenter Strom $\underline{I}'_E$ verwendet, der, in der Ständerwicklung fließend, dasselbe Feld erregen würde, wie der Erregergleichstrom I_E.

Durch Vergleich der Polradgrundfeldamplitude nach Gl. (5.4a, 5.4b) für $\nu = p$ mit der Grundfeldamplitude des Ständerstroms ($B_p = m_1/2 \cdot B_{pW}$, B_{pW} nach Gl. (4.7) für $\nu = p$) folgt für den Zusammenhang zwischen I_E und I'_E

---

[2] Anforderungen an die Kurvenform der Leiterspannungen von Synchrongeneratoren mit 300 kW (oder kVA) und darüber siehe EN 60034-1 [16]

$$\frac{I'_E}{I_E} = \frac{\sqrt{2}w_E\xi_{Ep}}{m_1w_1\xi_{1p}} \tag{5.8}$$

Mit Gl. (5.8) kann die Polradspannung in der Form

$$\underline{U}_P = jX_h \cdot \underline{I}'_E \tag{5.9}$$

geschrieben werden. Der Proportionalitätsfaktor zwischen dem bezogenen Erregerstrom und der Polradspannung wird wie bei der Asynchronmaschine als Hauptreaktanz bezeichnet. Die resultierende Wirkung von Ständer- und Läuferstrom wird wiederum als Magnetisierungsstrom bezeichnet.

$$\underline{I}_\mu = \underline{I}_1 + \underline{I}'_E \tag{5.10}$$

Mit den Bezeichnungen aus Kapitel 4,

R_1 Widerstand eines Ständerwicklungsstranges

$X_{1\sigma}$ Streureaktanz eines Ständerwicklungsstranges

lautet die Spannungsgleichung für einen Ständerwicklungsstrang in Analogie zu Gl. (4.29)

$$\begin{aligned}
\underline{U}_1 &= (R_1 + jX_{1\sigma})\underline{I}_1 + jX_h\underline{I}_\mu \tag{5.11}\\
&= (R_1 + jX_{1\sigma})\underline{I}_1 + jX_h(\underline{I}_1 + \underline{I}'_E)\\
&= (R_1 + jX_{1\sigma} + jX_h)\underline{I}_1 + jX_h\underline{I}'_E\\
&= (R_1 + jX_1)\underline{I}_1 + \underline{U}_p
\end{aligned}$$

Das Produkt aus Hauptreaktanz X_h und Magnetisierungsstrom $\underline{I}_\mu$ wird als Spannung des resultierenden Luftspaltfeldes $\underline{U}_r$ bezeichnet (vergl. Gl. 4.28).

$$\underline{U}_r = jX_h\underline{I}_\mu$$

Sie unterscheidet sich nach Gl. (5.11) durch die Spannungsabfälle am Wicklungswiderstand und an der Streureaktanz von der Klemmenspannung.

$$\underline{U}_1 = (R_1 + jX_{1\sigma})\underline{I}_1 + \underline{U}_r \tag{5.12}$$

Der Spannungsgleichung (5.11) entspricht das in Bild 5.2a gezeigte Ersatzschaltbild. Das zugehörige Zeigerdiagramm für einen generatorischen Betriebspunkt mit $\cos\varphi = -0{,}8$ (kapazitiv) ist in Bild 5.2b dargestellt.

Der Winkel zwischen der Polradspannung $\underline{U}_P$ und der Klemmenspannung $\underline{U}_1$ wird in der Literatur als Polradwinkel oder Lastwinkel ϑ_L bezeichnet.

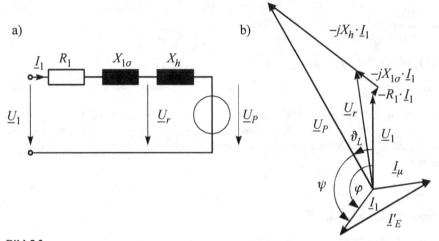

Bild 5.2
a) Ersatzschaltbild der Synchronmaschine   b) Zeigerdiagramm der Synchronmaschine

5.2.2 Leerlauf- und Kurzschlusskennlinie

Variiert man bei synchroner Drehzahl den Erregergleichstrom und trägt die an der offenen Ständerwicklung messbare Spannung über dem Erregergleichstrom auf, so erhält man die Leerlaufkennlinie der Synchronmaschine. Der zur Spannung $\sqrt{3}U_i = U_N$ gehörige Erregerstrom I_{E0} wird als Leerlauferregerstrom bezeichnet. Zur Abkürzung werden alle Erregerströme auf den Leerlauferregerstrom bezogen ($i_E = I_E / I_{E0}$). Bild 5.3 zeigt die Leerlaufkennlinie in bezogener Darstellung:

$$\sqrt{3}U_i / U_N = f(I_E / I_{E0}).$$

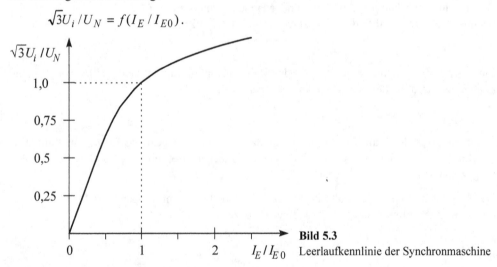

Bild 5.3
Leerlaufkennlinie der Synchronmaschine

Bei kleineren Erregerströmen ist der Magnetisierungsbedarf des Eisens gering. Die Leerlaufkennlinie entspricht im Anfangsbereich der Luftspaltgeraden. Bei größeren Erregerströmen nimmt wegen der Sättigung des magnetischen Kreises der Magnetisierungsbedarf zu, und der Zusammenhang zwischen induzierter Spannung und Erregerstrom ist nichtlinear.

Wird die mit synchroner Drehzahl angetriebene Maschine an den Klemmen dreipolig kurzgeschlossen und nach Abklingen der Ausgleichsvorgänge der Dauerkurzschlussstrom in Abhängigkeit vom Erregerstrom gemessen, so ergibt die graphische Darstellung die (Dauer-) Kurzschlusskennlinie $I_k = f(I_E)$. Bild 5.4 zeigt die Kurzschlusskennlinie in bezogener Darstellung ($I_k / I_N = f(I_E / I_{E0})$).

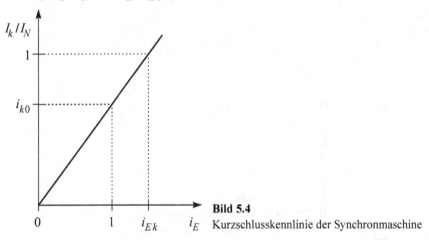

Bild 5.4
Kurzschlusskennlinie der Synchronmaschine

Im Gegensatz zur Leerlaufkennlinie ist die Kurzschlusskennlinie eine Gerade, da die Sättigung des Eisens im Kurzschluss gering ist. Im Kurzschluss ist die vom resultierenden Luftspaltfeld induzierte Spannung nach Gl. (5.12) klein.

$$\underline{U}_r = -(R_1 + jX_{1\sigma}) \cdot \underline{I}_1$$

Erregerfeld und Ständerfeld löschen sich nahezu gegenseitig aus. Bei Vernachlässigung des Ständerwicklungswiderstands ergibt sich aus dem Ersatzschaltbild für den Kurzschlussstrom

$$I_k = U_P / X_d, \tag{5.13}$$

wobei zur Abkürzung die Synchronreaktanz

$$X_d = X_{1\sigma} + X_h$$

eingeführt wurde. Der zum Leerlauferregerstrom I_{E0} (siehe Bild 5.4) zugehörige Kurzschlussstrom I_{k0} wird als Kurzschlussstrom bei Leerlauferregung bezeichnet.

$$I_{k0} = \frac{U_N / \sqrt{3}}{X_d} \tag{5.14}$$

Bezieht man diesen auf den Nennstrom, so erhält man eine wichtige Kenngröße der Synchronmaschine, das Leerlauf-Kurzschluss-Verhältnis k_C, das ein Maß für die Überlastbarkeit darstellt.

$$k_C = \frac{I_{k0}}{I_N} = \frac{I_{E0}}{I_{Ek}} = \frac{1}{i_{Ek}} \tag{5.15}$$

5.2.3 Potier-Diagramm

Nachfolgend wird das in DIN EN 60034 Teil 4 [16] dokumentierte Verfahren zur Bestimmung der Potierreaktanz, die näherungsweise gleich der Streureaktanz $X_{1\sigma}$ ist, beschrieben.

Zunächst wird der Betriebspunkt $U = U_N$, $I_1 = I_N$, $\cos\varphi = 0$ (kapazitiv, übererregter Phasenschieberbetrieb) eingestellt und der erforderliche Erregerstrom I_{EA} gemessen. Bild 5.5a zeigt das zugehörige Zeigerdiagramm.

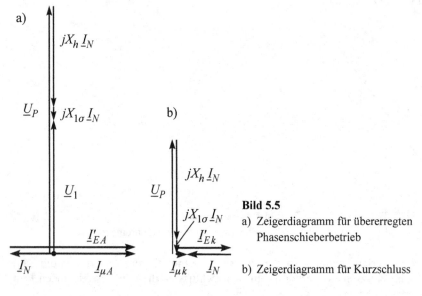

Bild 5.5

a) Zeigerdiagramm für übererregten Phasenschieberbetrieb

b) Zeigerdiagramm für Kurzschluss

Da alle Ströme reine Blindströme sind, gilt der algebraische Zusammenhang

$$I_{\mu A} = I'_{EA} - I_N .$$ (5.16)

Der Unterschied zwischen der Klemmenspannung U_{1N} und der Spannung des resultierenden Luftspaltfeldes U_r beträgt

$$U_{rA} - U_{1N} = X_{1\sigma}I_N .$$ (5.17)

Bild 5.5b zeigt das Zeigerdiagramm für Kurzschluss mit $I_k = I_N$. Im Kurzschluss mit Nennstrom beträgt die Spannung des resultierenden Luftspaltfeldes

$$U_{rN} = X_{1\sigma}I_N ;$$

sie entspricht der Differenz nach Gl. (5.17). Für die Ströme entnimmt man Bild 5.5b den algebraischen Zusammenhang

$$I_{\mu k} = I'_{Ek} - I_N$$ (5.18)

In Bild 5.6, das die Leerlaufkennlinie nach Bild 5.3 und die Kurzschlusskennlinie nach Bild 5.4 in einem Diagramm zeigt, wird der Betriebspunkt $U = U_N$, $I_1 = I_N$, $\cos\varphi = 0$ eingetragen ($i_E = i_{EA} = I_{EA} / I_{E0}$; Punkt A).

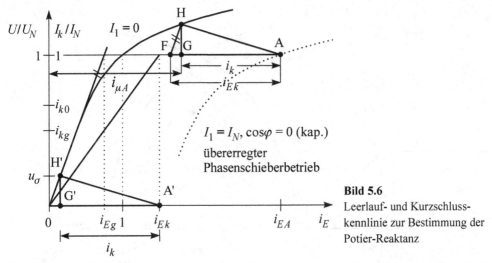

Bild 5.6
Leerlauf- und Kurzschluss-
kennlinie zur Bestimmung der
Potier-Reaktanz

Vom Punkt A aus wird die Strecke $i_{Ek} = I_E \, (I_k = I_N)/I_{E0}$ nach links angetragen (Punkt F). Im Punkt F wird eine Parallele zur Luftspaltgeraden gezeichnet, die die Leerlaufkennlinie in Punkt H schneidet. Das Lot von H auf die Abszisse ergibt bei $U/U_N = 1$ den Punkt G. Die Strecke $\overline{HG}$ entspricht, ebenso wie auch $\overline{H'G'}$, der Spannungsdifferenz nach Gl. (5.17).

$$X_{1\sigma} = \overline{HG} \cdot Z_N \quad \text{mit} \quad Z_N = \frac{U_N/\sqrt{3}}{I_N} \tag{5.19}$$

Die Nennimpedanz Z_N ist ein reiner Rechenwert. Sie dient bei Synchronmaschinen bei der Angabe von Impedanzen häufig als Bezugswert ($Z_N \equiv 1\,p.u.$, p.u.: per unit).

Die Synchronreaktanz kann ebenfalls aus Bild 5.6 bestimmt werden.

$$X_d = Z_N \cdot \frac{i_{Ek}}{i_{Eg}} = Z_N \cdot \frac{1}{i_{kg}} \tag{5.20}$$

Der Strom i_{Eg} ergibt sich, wenn vom Schnittpunkt der Luftspaltgeraden mit der Nennspannung das Lot auf die Abszisse gefällt wird.

5.2.4 Bestimmung des Nennerregerstroms

Der Erregernennstrom I_{EN} ist der Erregerstrom beim Betrieb der Synchronmaschine mit ihren Nennwerten für Spannung, Strom, Leistungsfaktor und Drehzahl. Er wird vorzugsweise durch direkte Messung unter Nenn-Betriebsbedingungen ermittelt. Nachfolgend wird ein Verfahren beschrieben, das die Bestimmung auf zeichnerischem Wege gestattet. In das Diagramm mit Leerlauf- und Kurzschlusskennlinie wird im Winkel φ_N zur Abszissenachse die Nennspannung eingezeichnet (Bild 5.7).

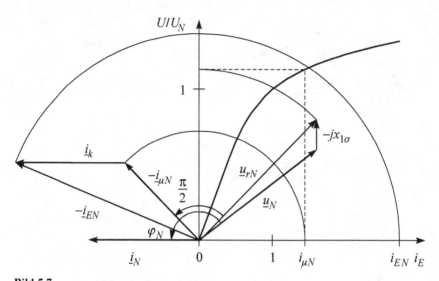

Bild 5.7

Bestimmung des Nennerregerstroms aus dem Potier-Diagramm ([16], Teil 4)

Durch die normierte Darstellung hat der Spannungszeiger $\underline{U}_N$ die Länge 1. Die Spannung des resultierenden Luftspaltfeldes beträgt in bezogener Darstellung

$$\underline{u}_{rN} = \frac{\underline{U}_{rN}}{\underline{U}_{1N}} = \frac{\underline{U}_{1N} - jX_{1\sigma}\underline{I}_N}{\underline{U}_{1N}} = 1 - \frac{jX_{1\sigma}\underline{I}_N}{\underline{U}_{1N}} = 1 - \frac{jX_{1\sigma}}{Z_N} = 1 - jx_{1\sigma} \ .$$

Sie ergibt sich durch geometrische Addition des Zeigers $-jx_{1\sigma}$ zum Zeiger der Klemmenspannung. Der zugehörige Magnetisierungsstrom $i_{\mu N}$ kann mit Hilfe der Leerlaufkennlinie von der Abszisse abgelesen (Betrag) und im Ursprung senkrecht zu $\underline{u}_{rN}$ angetragen werden. Durch Addition des Stromes i_k (Strecke AG in Bild 5.6) in Richtung der negativen Abszissenachse zum Zeiger $-i_{\mu N}$ ergibt sich der Erregerstrom $-i_{EN}$.

Der Strom i_k ist der Anteil des Erregerstroms, der die Ankerrückwirkung bei Nennstrom kompensiert ($i_{EA} - i_k = i_{\mu A}$).

5.2.5 Stromortskurve bei konstantem Erregerstrom

Bei konstantem Erregerstrom ist nach Gl. (5.9) die Polradspannung ebenfalls konstant. Bei vernachlässigbarem Ständerwiderstand kann mit Gl. (5.11) der Ständerstrom in der Form

$$\underline{I}_1 = \frac{\underline{U}_1}{jX_d} - \frac{\underline{U}_P}{jX_d} \tag{5.21}$$

dargestellt werden. Legt man den Zeiger $\underline{U}_1$ in die reelle senkrechte Achse, so bedeutet der erste Term in Gl. (5.21) einen reinen induktiven Blindstrom, der bei Nennspannung dem Leerlauf - Kurzschlussstrom I_{k0} nach Gl. (5.14) entspricht.

Der zweite Term stellt wegen I_E = konstant einen Zeiger mit konstanter Länge dar. Somit ergeben sich bei konstanter Erregung als Stromortskurven Kreise mit dem Radius U_P/X_d um den Mittelpunkt $\underline{U}_1/jX_d$ (Bild 5.8).

Der Kreis für $I_E = I_{E0}$ geht durch den Koordinatenursprung. In Bild 5.8 lassen sich die unterschiedlichen Betriebszustände der Synchronmaschine erkennen:

obere Halbebene: motorischer Bereich, elektrische Leistung aufgenommen, mechanische Leistung abgegeben,

untere Halbebene: generatorischer Bereich, elektrische Leistung abgegeben, mechanische Leistung aufgenommen,

linke Halbebene: übererregter Betrieb, induktive Blindleistung abgegeben,

rechte Halbebene: untererregter Betrieb, induktive Blindleistung aufgenommen.

Betriebspunkte mit Polradwinkeln $|\vartheta_L| > 90°$ können nicht eingestellt werden, da sie instabil sind (vergl. Gl. 5.25).

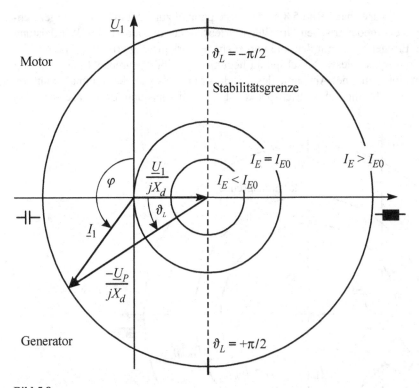

Bild 5.8
Stromortskurven der Vollpolsynchronmaschine

Beispiel 5.1

Von einem zweipoligen Turbogenerator sind folgende Daten bekannt:

$S_N = 250$ MVA $U_N = 13,8$ kV (Y) $\cos\varphi_N = -0,8$ (übererregt)

Streureaktanz $x_{1\sigma} = 0,2$ p.u.   Leerlaufkurzschlussstrom $I_{k0}/I_N = 0,63$

Alle Verluste sowie Sättigungserscheinungen dürfen vernachlässigt werden.

a) Berechnen Sie die Nennleistung P_N, den Nennstrom I_N, die Synchronreaktanz X_d, die Streureaktanz X_σ und die Hauptreaktanz X_h.

b) Zeichnen Sie die Stromortskurve für Nennerregung ($m_I = 2000$ A/cm). Ermitteln Sie den Lastwinkel ϑ_{LN}, die Polradspannung U_{PN} und den bezogenen Erregernennstrom I'_{EN}.

c) Zeichnen Sie in die Stromortskurve den dauernd zulässigen Betriebsbereich ein.

Der Generator wird bei Betrieb am Netz belastet mit $S = 220$ MVA bei $\cos\varphi = -0,7$.

d) Tragen Sie diesen Betriebspunkt in die Stromortskurve ein. Ist dieser Betrieb dauernd zulässig (Begründung)? Wie groß ist der fiktive Erregerstrom I'_E in diesem Betriebspunkt?

5.2.6 V-Kurven

Wird in die Stromortskurve nach Bild 5.8 eine Gerade parallel zur Imaginärachse eingezeichnet, so stellt diese den geometrischen Ort aller Betriebspunkte mit identischer Wirkleistung dar. Der kleinste Erregerstrom, mit dem die vorgegebene Wirkleistung erreicht werden kann, ist der Erregerstrom I_{Emin}. Dieser Betriebspunkt liegt an der Stabilitätsgrenze. Eine Erhöhung des Erregerstroms führt zu einer Abnahme des Ständerstroms, bis sich der minimale Ständerstrom I_{1min} einstellt. In diesem Betriebspunkt ist die Blindleistung der Maschine Null ($|\cos\varphi| = 1$).

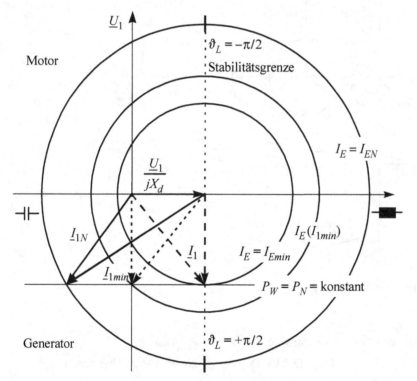

Bild 5.9

Stromortskurven mit eingezeichneter Gerade für $P_W =$ konstant zur Erläuterung der V-Kurven

Wird der Erregerstrom ausgehend von $I_E(I_{1min})$ vergrößert, so nimmt auch der Ständerstrom wieder zu.

Die grafische Darstellung des Zusammenhangs zwischen dem Ständerstrom und dem erforderlichen Erregerstrom für konstante Wirkleistung ergibt demnach eine V-förmige Kurve.

Die Kurvenschar für mehrere Wirkleistungen (in Bild 5.10: generatorische Wirkleistungen P_W/P_N = 0; 0,25; 0,5; 0,75; 1,0) wird in der Literatur abkürzend als "V-Kurven" bezeichnet.

Die unterste Kurve besteht wegen des algebraischen Zusammenhangs zwischen den Strömen im Phasenschieberbetrieb aus Geraden (Gl. 5.16). Für Leerlauf ($\underline{I}_1$ = 0) ist der Leerlauferregerstrom I_{E0} einzustellen (Schnittpunkt der Kennlinienäste bei $i_E = i_{E0}$). Links von der eingezeichneten Grenzlinie für $|\cos\varphi| = 1$ liegen die Betriebspunkte mit induktiver Blindleistungsaufnahme (Untererregung), rechts die Betriebspunkte mit induktiver Blindleistungsabgabe (Übererregung).

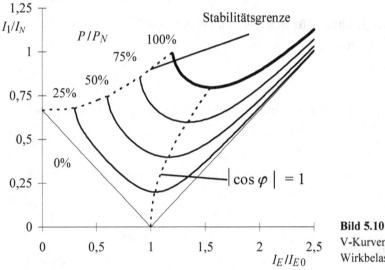

Bild 5.10
V-Kurven für verschiedene
Wirkbelastung

5.2.7 Regulierkennlinien

Wenn der Generator im Inselbetrieb arbeitet, ändert sich bei konstantem Erregerstrom die Klemmenspannung belastungsabhängig. Wie beim Transformator kommt es bei kapazitiven Strömen zu einer Spannungsüberhöhung, während die Klemmenspannung bei ohmscher oder induktiver Last absinkt. Um das Netz mit konstanter Spannung zu betreiben, muss der Erregerstrom lastabhängig so nachgestellt werden, dass sich lastunabhängig eine konstante Klemmenspannung einstellt. Aus der Spannungsgleichung folgt mit U_1 = konstant für die erforderliche Polradspannung

$$\underline{U}_P = \underline{U}_1 - (R_1 + jX_d) \cdot \underline{I}_1 \tag{5.22}$$

In Bild 5.11 ist für $U_1 = U_{1N}$ = konstant der erforderliche Erregerstrom, bezogen auf I_{E0}, dargestellt.

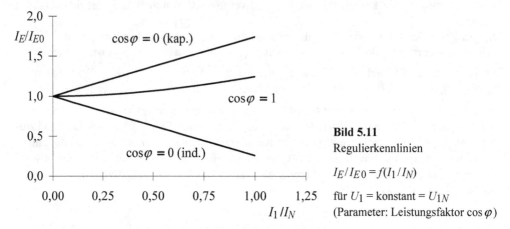

Bild 5.11
Regulierkennlinien

$I_E/I_{E0} = f(I_1/I_N)$

für U_1 = konstant = U_{1N}
(Parameter: Leistungsfaktor $\cos \varphi$)

5.2.8 Drehmomentgleichung für den Betrieb am starren Netz

Aus der Stromortskurve kann der Zusammenhang

$$I_1 \cos \varphi = -\frac{U_P}{X_d} \cdot \sin \vartheta_L \qquad (5.23)$$

entnommen werden. Die dem Netz entnommene Leistung kann mit Gl. (5.23) in der Form

$$P = 3 \cdot U_1 I_1 \cos \varphi = -3 \cdot U_1 \cdot \frac{U_P}{X_d} \cdot \sin \vartheta_L \qquad (5.24)$$

dargestellt werden. Mit dem Zusammenhang zwischen Luftspaltleistung und Drehmoment,

$$M = \frac{P_\delta}{2\pi n_1}, \qquad (4.40)$$

der für alle Drehfeldmaschinen gilt, kann wegen $P_\delta = P$ ($R_1 = 0$) aus Gl. (5.24) das Drehmoment berechnet werden.

$$M = -\frac{m_1}{2\pi n_1} \cdot U_1 \cdot \frac{U_P}{X_d} \cdot \sin \vartheta_L \qquad (5.25)$$

Das Drehmoment ist eine Funktion des Lastwinkels; nur bei einem Lastwinkel $|\vartheta_L| > 0$ ergibt sich ein von Null verschiedenes Drehmoment. Bei Generatorbetrieb ist $\vartheta_L > 0$ ($M < 0$); bei Motorbetrieb ist $\vartheta_L < 0$ ($M > 0$). Das maximale Drehmoment M_{kipp} ergibt sich für $\vartheta_L = \pm 90°$.

5.2.9 Zweipoliger und einpoliger Dauerkurzschluss

Neben dem dreipoligen Kurzschluss können als Fehlerfälle auch der zweipolige Kurzschluss (Leiter- Leiter) oder der einpolige Kurzschluss (Leiter- Erde) auftreten. Bei Durchflutung von einem oder zwei Ständerwicklungssträngen ist das sich ausbildende Ständerfeld ein reines Wechselfeld, das in zwei entgegengesetzt umlaufende Drehfelder halber Amplitude zerlegt werden kann (Gl. (4.10)). Das gegenlaufende Feld induziert in der Erregerwicklung Spannungen mit doppelter Netzfrequenz. In den Massivteilen des Läufers entstehen durch das inverse

Feld Wirbelstromverluste. Unter vereinfachenden Annahmen können die Kurzschlussströme abgeschätzt werden.

a) keine Dämpferwicklung vorhanden, Impedanz des Erregerkreises groß

Das Läuferdrehfeld kann ebenfalls in zwei Wechselfelder zerlegt werden, die räumlich **und** zeitlich um $\pi/2$ gegeneinander verschoben sind. Eins dieser beiden Felder schwingt senkrecht zur Achse der Ständerwicklung und induziert daher keine Spannung. Das andere Wechselfeld muss bei Vernachlässigung der Streuung vom Ständerwechselfeld aufgehoben werden. Die Impedanz bei dreisträngigem Kurzschluss ist 3/2-mal so groß wie die Wechselfeldhauptinduktivität X_{hW} eines Stranges. Mit den effektiven Windungszahlen $\sqrt{3} \cdot N_1$ (zweipoliger Kurzschluss) bzw. N_1 (einpoliger Kurzschluss) können die Hauptreaktanzen berechnet werden.

$$X_{h3poL} = X_h = 3/2 \cdot X_{hW} \quad X_{h2poL} = 3 \cdot X_{hW} \quad X_{h1poL} = X_{hW} \qquad (5.26)$$

Mit den induzierten Spannungen (k: Konstante, B_{2p}: Amplitude des Läuferdrehfelds)

$$U_{i3pol} = k \cdot B_{2p} \cdot N_1 \qquad U_{i2pol} = k \cdot B_{2p} \cdot \sqrt{3} \cdot N_1 \qquad U_{i1pol} = k \cdot B_{2p} \cdot N_1$$

ergeben sich die Kurzschlussströme zu

$$I_{k3pol} = \frac{2}{3} \cdot \frac{k \cdot B_{2p} \cdot N_1}{X_{hW}} \qquad I_{k2pol} = \frac{\sqrt{3}}{3} \cdot \frac{k \cdot B_{2p} \cdot N_1}{X_{hW}} \qquad I_{k1pol} = \frac{k \cdot B_{2p} \cdot N_1}{X_{hW}}$$

Die Kurzschlussströme verhalten sich im ungedämpften Fall wie

$$I_{k3pol} : I_{k2pol} : I_{k1pol} = 1 : \frac{\sqrt{3}}{2} : \frac{3}{2} . \qquad (5.27a)$$

b) ideale Dämpferwicklung

Bei einer idealen Dämpferwicklung wird das gegenlaufende Ständerteildrehfeld von der Dämpferwicklung vollständig abgedämpft. Das mitlaufende Ständerteildrehfeld muss bei Vernachlässigung der Streuung exakt so groß sein wie das Polradfeld.

$$\frac{1}{2} \cdot B_W = B_{2p} \quad \Rightarrow \quad B_W = 2 \cdot B_{2p}$$

$$U_{i3pol} = k \cdot B_{2p} \cdot N_1 \qquad U_{i2pol} = k \cdot 2 \cdot B_{2p} \cdot \sqrt{3} \cdot N_1 \qquad U_{i1pol} = k \cdot 2 \cdot B_{2p} \cdot N_1$$

Mit den Reaktanzen nach Gl. (5.26) folgt für die Kurzschlussströme

$$I_{k3pol} = \frac{2}{3} \cdot \frac{k \cdot B_{2p} \cdot N_1}{X_{hW}} \qquad I_{k2pol} = \sqrt{3} \cdot \frac{2}{3} \cdot \frac{k \cdot B_{2p} \cdot N_1}{X_{hW}} \qquad I_{k1pol} = 2 \cdot \frac{k \cdot B_{2p} \cdot N_1}{X_{hW}}$$

Bei idealer Dämpferwicklung verhalten sich die Kurzschlussströme wie

$$I_{k3pol} : I_{k2pol} : I_{k1pol} = 1 : \sqrt{3} : 3 . \qquad (5.27b)$$

Der gefährlichste Fehlerfall bei idealer Dämpferwicklung ist der einpolige Kurzschluss, der jedoch in der Praxis kaum auftritt, da die Generatoren in der Regel nicht mit geerdetem Sternpunkt betrieben werden.

Die genaue Berechnung der unsymmetrischen Kurzschlussfälle unter Berücksichtigung der Dämpferwicklung und der Streureaktanzen kann mit Hilfe der Symmetrischen Komponenten erfolgen [18].

In der Literatur wird als Verhältnis der Kurzschlussströme etwa folgende Relation angegeben [17]:

$$I_{k3pol} : I_{k2pol} : I_{k1pol} = 1 : 1{,}5 : 2{,}5 \,.$$

5.3 Besonderheiten der Schenkelpolmaschine

Bei Synchronmaschinen mit ausgeprägten Polen (Schenkelpolmaschinen) werden die d-Achse (direct axis; Längsachse, in Richtung des Erregerfeldes) und die q-Achse (Querachse, senkrecht zur Richtung des Erregerfeldes) unterschieden (Bild 5.12).

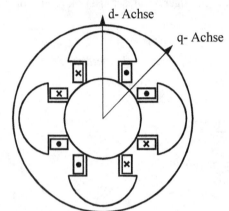

Bild 5.12
Prinzipdarstellung des Querschnitts einer vierpoligen Schenkelpolmaschine

5.3.1 Spannungsgleichung

Aus Bild 5.12 wird deutlich, dass bei Schenkelpolmaschinen die magnetischen Leitwerte in Längs- und Querachse unterschiedlich sind. Das Polrad magnetisiert stets in der Längsachse, während die Ständerwicklung je nach Phasenlage des Ständerstroms in Längs- und Querachse magnetisieren kann (Bild 5.13).

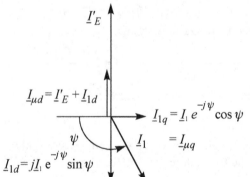

Bild 5.13
Zerlegung des Ständerstromzeigers in zwei orthogonale Komponenten

Die Komponente $\underline{I}_{1d}$ magnetisiert in der d-Achse und ergibt zusammen mit dem Erregerstrom den Magnetisierungsstrom in der d-Achse.

$$\underline{I}_{\mu d} = \underline{I}'_E + \underline{I}_{1d} \tag{5.28}$$

In der q-Achse magnetisiert ausschließlich die Ständerwicklung, so dass die q-Komponente des Magnetisierungsstroms gleich der q-Komponente des Ständerstroms ist.

$$\underline{I}_{\mu q} = \underline{I}_{1q} \tag{5.29}$$

Wegen der unterschiedlichen magnetischen Leitwerte in d- und q-Achse werden

- die synchrone Längsreaktanz $X_d = X_{1\sigma} + X_{hd}$ $\hspace{2cm}$ (5.30)
- die synchrone Querreaktanz $X_q = X_{1\sigma} + X_{hq}$ $\hspace{2cm}$ (5.31)

unterschieden. Das Verhältnis der Hauptreaktanzen in Längs- und Querrichtung (X_{hd}/X_{hq}) hängt von der Geometrie der Polschuhe ab (Polschuhform, Polbedeckungsgrad) und kann rechnerisch [18] oder messtechnisch bestimmt werden [16, Teil 4]. Als typischer Wert kann $X_{hd}/X_{hq} \approx 1{,}4...2$ angesehen werden [15, 18].

5.3.2 Zeigerdiagramm

Mit den Zusammenhängen aus Bild 5.13 kann die Spannung des resultierenden Luftspaltfeldes ebenfalls in zwei Komponenten zerlegt werden.

$$\underline{U}_{rq} = jX_{hq}\underline{I}_1 \cos\psi \cdot e^{-j\psi} \tag{5.32}$$

$$\underline{U}_{rd} = \underline{U}_P - X_{hd}\underline{I}_1 \sin\psi \cdot e^{-j\psi} \tag{5.33}$$

Bild 5.14 zeigt das Zeigerdiagramm der Schenkelpolmaschine.

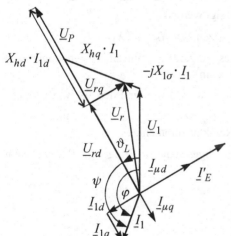

Bild 5.14
Zeigerbild einer Schenkelpolmaschine

Wie bei der Vollpolmaschine ergibt sich die Spannung des resultierenden Luftspaltfeldes ($\underline{U}_r$) durch Addition des Zeigers $-jX_{1\sigma}\underline{I}_1$ zum Zeiger der Klemmenspannung. In Richtung von $-jX_{1\sigma}\underline{I}_1$ wird an die Spitze von $\underline{U}_r$ die Strecke $X_{hq}I_1$ angetragen. Die Verbindung des Endpunkts dieser Strecke mit dem Ursprung ergibt die Richtung von $\underline{U}_P$. Somit kann die Spannung $\underline{U}_r$ in zwei orthogonale Komponenten $\underline{U}_{rd}$ (in Richtung von $\underline{U}_P$) und $\underline{U}_{rq}$ (senkrecht zu

U_P) zerlegt werden. Die Polradspannung $\underline{U}_P$ ergibt sich, in dem an $\underline{U}_{rd}$ in gleicher Richtung die Strecke $X_{hd} I_{1d}$ angetragen wird.

5.3.3 Drehmomentgleichung für den Betrieb am starren Netz

Wie bei der Vollpolmaschine kann das Drehmoment aus einer Leistungsbilanz berechnet werden. Bei Vernachlässigung des Ständerwiderstands kann für das Drehmoment der Ausdruck

$$ M = -\frac{m_1}{2\pi n_1} \cdot U_1 \cdot \left[\frac{U_P}{X_d} \cdot \sin\vartheta_L + \frac{U_1}{2} \cdot \left(\frac{1}{X_q} - \frac{1}{X_d} \right) \cdot \sin 2\vartheta_L \right] \tag{5.34} $$

abgeleitet werden (z. B. [5]). Zusätzlich zum Drehmoment der Vollpolmaschine (Gl. 5.25) tritt ein zweiter Drehmomentanteil auf, der unabhängig von der Erregung ist (2. Summand). Je größer der Unterschied zwischen Längs- und Querreaktanz ist, desto größer ist dieser Drehmomentanteil, der als Reaktionsmoment bezeichnet wird. Maschinen ohne Erregerwicklung, deren Drehmoment ausschließlich durch das Reaktionsmoment gebildet wird, werden als Reluktanzmaschinen bezeichnet. Wegen des wicklungslosen Läufers können Reluktanzmotoren bis zu höchsten Drehzahlen eingesetzt werden.

Beispiel 5.2

Von einem 16- poligen Schenkelpolgenerator sind folgende Daten bekannt:

$S_N = 7$ MVA $U_N = 6300$ V (Y) $\cos\varphi_N = -0{,}8$ (übererregt) $f_N = 50$ Hz

$x_{hd} = 1{,}9$ p.u. $x_{hq} = 1{,}0$ p.u $x_{1\sigma} = 0{,}09$ p.u

Sättigung und sämtliche Verluste dürfen vernachlässigt werden.

a) Berechnen Sie den Nennstrom I_N und die Reaktanzen X_{hd}, X_{hq} und $X_{1\sigma}$.

b) Zeichnen Sie für Nennbetrieb ein vollständiges Zeigerdiagramm aller Spannungen und Ströme (Maßstäbe: $m_U = 1000$ V/cm, $m_I = 200$ A/cm).

c) Bestimmen Sie die Polradspannung U_{PN}, den Lastwinkel ϑ_{LN} und den fiktiven Erregerstrom I'_{EN}.

d) Bestimmen Sie das Nennmoment M_N und das Reluktanzmoment.

e) Wie groß ist das maximale Drehmoment bei abgeschalteter Erregung? Bei welchem Lastwinkel tritt es auf?

5.4   Synchron-Reluktanzmaschinen

In Synchron-Reluktanzmaschinen erfolgt die Drehmomenterzeugung ausschließlich über die elektromagnetische Wechselwirkung des Rotoreisens (Blechpaket) mit dem Feld des Stators. Der Rotor erhält dafür eine spezielle Form mit ausgeprägten Polen entlang des Luftspaltes, die zu unterschiedlichen magnetischen Widerständen (Reluktanzen) in der Längs- und Querachse führen. Als Längsachse (d-Achse) wird definitionsgemäß die Achse in Richtung des geringsten magnetischen Widerstands und als q-Achse die Richtung senkrecht (elektrisch) dazu bezeichnet, siehe Bild 5.15. Durch das über die Ständerwicklung eingeprägte magnetische Drehfeld und den magnetischen Rückschluss über die ausgeprägten Pole des Läufers entsteht eine tangential gerichtete Maxwell'sche Kraft (Reluktanzkraft) auf den Läufer, so dass sich dieser synchron mit dem Ständerdrehfeld dreht.

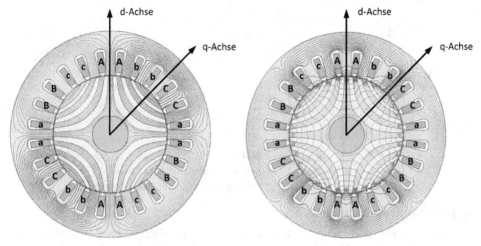

Bild 5.15
Prinzipdarstellung einer vierpoligen Synchron-Reluktanzmaschine mit maximaler Durchflutung in d-Achse (links) bzw. q-Achse (rechts)

5.4.1 Spannungsgleichung und Zeigerdiagramm

Analog zur konventionellen Drehfeldmaschine weist der Stator der Synchron-Reluktanzmaschine ein dreiphasiges symmetrisches Wicklungssystem auf. Die Statorspannungsgleichung der Synchron-Reluktanzmaschine kann aus der Spannungsgleichung der allgemeinen Drehfeldmaschine abgeleitet werden. Wie bei der Schenkelpolmaschine ist der Läufer der Reluktanzmaschine nicht rotationssymmetrisch und folglich müssen die Feldgrößen und Ersatzschaltbilder für die Läuferlängs- und -querachse unterschieden werden. Für die Beschreibung wird der Ständerstromzeiger in zwei orthogonale Komponenten zerlegt, wobei die die Läuferlängsachse auf die reelle Achse gelegt wird.

$$\underline{I}_1 = I_{1d} + j \cdot I_{1q} = \underline{I}_{1d} + \underline{I}_{1q} \tag{5.35}$$

Infolge der unterschiedlichen magnetischen Leitwerte in d- und q-Achse werden wie bei der Schenkelpolmaschine die synchrone Längsreaktanz $X_d = j\omega_1 L_d$ (Gl. (5.30)) und die synchrone Querreaktanz $X_q = j\omega_1 L_q$ (Gl. (5.31)) unterschieden. Die Reaktanzen sind stark sättigungsabhängig.

Durch Zerlegung des Ständerstromzeigers in zwei orthogonale Komponenten kann die Klemmenspannung ebenfalls in zwei Komponenten zerlegt werden.

$$\underline{U}_1 = j\omega_1 L_d \underline{I}_{1d} + j\omega_1 L_q \underline{I}_{1q} \tag{5.36}$$

Bild 5.16 zeigt exemplarisch das Zeigerdiagramm der Synchron-Reluktanzmaschine unter Vernachlässigung des Ständerwicklungswiderstands für den motorischen Betrieb. Als Stromwinkel θ wird der Winkel zwischen dem Ständerstromzeiger und der d-Achse bezeichnet. Der Winkel zwischen der Strangspannung und der q-Achse wird als Lastwinkel ϑ_L bezeichnet, φ

steht für den Winkel zwischen Strangspannung und Strangstrom, aus dem im Allgemeinen der Leistungsfaktor bestimmt werden kann.

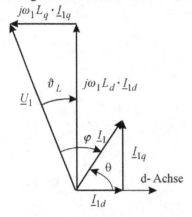

Bild 5.16
Zeigerdiagramm der Synchron-
Reluktanzmaschine im Motorbetrieb

5.4.2 Drehmomentgleichung

Analog zur Vollpol- und Schenkelpolmaschine kann das Drehmoment der Reluktanz-maschine aus der Leistungsbilanz abgeleitet werden. Unter Vernachlässigung des Strang-widerstandes der Ständerwicklung folgt aus Gl. (5.34) für $U_P = 0$.

$$M = -\frac{m_1}{2\pi n_1} \cdot \frac{U_1^2}{2} \cdot \left(\frac{1}{X_q} - \frac{1}{X_d} \right) \cdot \sin 2\vartheta_L \tag{5.37}$$

Anders als im Netzbetrieb (konstante Spannungsamplitude und Frequenz) können die Strangströme I_{1d} und I_{1q} im Umrichterbetrieb unabhängig voneinander geregelt werden, weshalb sich eine Darstellung des Drehmoments als Funktion des Ständerstromes und des Stromwinkels eignet. Die Drehmomentgleichung in Abhängigkeit von der Spannung und dem Lastwinkel, Gleichung (5.37), wird mittels der Spannungsgleichungen in Längs- und Querrichtung

$$-U_{1d} = -U_1 \cdot \sin \vartheta_L = X_q I_{1q} = X_q I_1 \cdot \cos \theta$$

$$U_{1q} = U_1 \cdot \cos \vartheta_L = X_d I_{1d} = X_d I_1 \cdot \sin \theta$$

in eine Darstellung als Funktion des Ständerstrangstromes und des Stromwinkels überführt.

$$M = \frac{m_1}{2\pi n_1} \cdot \frac{I_1^2}{2} \cdot \left(X_d - X_q \right) \cdot \sin 2\theta = \frac{m_1 \cdot p}{2} \cdot I_1^2 \cdot \left(L_d - L_q \right) \cdot \sin 2\theta \tag{5.38}$$

Das Reluktanzmoment ist abhängig von der Differenz der Reaktanzen in Längs- und Quer-achse. Aus Gleichung (5.37) bzw. (5.38) geht hervor, dass für ein maximales Drehmoment eine möglichst große Differenz der d- und q-Achsen-Reaktanzen vorherrschen muss. Die Hauptreaktanzen (X_d, X_q) hängen von der Geometrie des Stators und insbesondere des Rotors der Reluktanzmaschine ab. In Längsrichtung wird bei der Auslegung der Maschine dementsprechend gezielt ein definierter Flusspfad angestrebt, während in q-Richtung der magnetische Fluss durch sog. Flussbarrieren möglichst verhindert wird.

5.4.3 Leistungsfaktor und Wirkungsgrad

Unter Vernachlässigung des Strangwiderstandes gilt für den Phasenverschiebungswinkel zwischen Strangspannung und Strangstrom nachfolgende Winkelbeziehung, Bild 5.16.

$$-\vartheta_L + \frac{\pi}{2} = -\varphi + \theta$$

Für den Leistungsfaktor der Reluktanzmaschine folgt schließlich

$$\cos\varphi = \left(\frac{X_d}{X_q} - 1\right) \cdot \sqrt{\frac{\sin 2\theta}{2 \cdot \left(\tan\theta + \left(\frac{X_d}{X_q}\right)^2 \cdot \cot\theta\right)}} \tag{5.39}$$

Der Leistungsfaktor ist abhängig vom Verhältnis der Längs- zur Querinduktivität der Reluktanzmaschine und kann speziell auch durch die Auslegung des Rotors beeinflusst werden. Der Quotient aus Längs- und Querreaktanz wird im Allgemeinen als Schenkeligkeit bezeichnet.

$$\zeta = \frac{X_d}{X_q}$$

Für die Schenkeligkeit spielt insbesondere auch das sog. Luft- Eisen Verhältnis im Läufer eine wesentliche Rolle. Als Luft-Eisen- bzw. Isolationsverhältnis (engl. insulation ratio) wird das Verhältnis der Breite aller Fluss-Barrieren zur Breite aller Eisen-Segmente beschrieben. Eine Vergrößerung des Luftanteils in der Rotorquerachse hat deutlichen Einfluss auf das Verhältnis der Reaktanzen. Für das Verhältnis von Längs- zu Querinduktivität wurden in bisherigen Auslegungen Werte von $\zeta = 4...11$ erreicht [28], [29], [30], [31], [32], [33].

Eine vereinfachte Abschätzung des Wirkungsgrades von Synchron-Reluktanzmaschinen kann auf der Grundlage der Verluste von Asynchronmaschinen erfolgen [31].

Der wesentliche Unterschied in der Verlustleistung der Synchron-Reluktanzmaschine zur Asynchronmaschine beruht auf dem Wegfall der Rotorverluste aufgrund der synchronen Drehzahl von Rotor und Ständerdrehfeld. Die Rotorverluste von Asynchronmaschinen setzen sich aus Stromwärmeverlusten und Eisenverlusten (sehr gering wegen $f_2 = s \cdot f_1$) zusammen und können über den Schlupf der Maschine abgeschätzt werden. Aus den Gleichungen (4.38) und (4.39) folgt für die Läuferstromwärmeverluste einer Asynchronmaschine

$$P_{Cu2} = \frac{s}{1-s} \cdot P_{mech} \tag{5.40}$$

Unter der Annahme eines gleichen Arbeitspunktes und unter der vereinfachten Annahme, dass der einzige Unterschied der Gesamtverluste im Wegfall der Rotorverluste nach Gl. (5.40) liegt, gilt für den Wirkungsgrad der Synchron-Reluktanzmaschine auf Basis der Leistungen von Asynchronmaschinen

$$\eta_{SynRM} = \frac{P_{mech}}{P_{1,AsM} - P_{Cu2}}$$

bzw. als Funktion des Wirkungsgrades von Asynchronmaschinen

$$\eta_{SynRM} = \frac{\eta_{AsM}}{1 - \eta_{AsM} \cdot \dfrac{s}{1-s}}$$

In Abhängigkeit von der Maschinengröße kann die Wirkungsgradverbesserung einige Prozentpunkte betragen.

5.4.4 Einfache Regelverfahren

Die Leistungsaufnahme einer umrichtergespeisten rotierenden elektrischen Maschine ist in der Regel durch eine maximale Spannung (meist bei Nenndrehzahl) und durch den Maximalstrom des Umrichters begrenzt.

$$I_{1d}^2 + I_{1q}^2 \le I_{1max}^2$$

$$U_{1d}^2 + U_{1q}^2 \le U_{1max}^2$$

Die Leistungsfähigkeit (Dynamik, Effizienz etc.) der Synchron-Reluktanzmaschine ist zudem stark von den Betriebspunkten bzw. Regelung der Maschine abhängig. Nach [34], [35], [36], und [37] erscheinen für den Betrieb der Synchron-Reluktanzmaschine folgende vektorbasierte Regelverfahren geeignet:

- Maximales Drehmoment pro Strom (engl. Maximum Torque per Ampere - MTPA)
- Maximales Drehmoment pro Volt (engl. Maximum Torque per Volt - MTPV)
- Maximaler Leistungsfaktor (engl. Maximum Power Factor - MPF)

Maximales Drehmoment pro Strom

Die Regelung nach dem MTPA-Verfahren stellt sicher, dass der Motorstrom in jedem Betriebspunkt so gering wie möglich gehalten wird. Der Stromwinkel für die Regelung kann über die Drehmomentgleichung (5.38) und die hinreichenden Bedingung für ein relatives Extremum bestimmt werden.

$$\frac{dM(\theta)}{d\theta} = 0 \quad \text{und} \quad \frac{d^2 M(\theta)}{d\theta^2} < 0$$

Unter Vernachlässigung sämtlicher Sättigungseffekte wird das maximale Drehmoment für einen Stromwinkel von $\tan\theta = 1$ ($\theta = 45°$) bzw. einem Lastwinkel von

$$\tan\vartheta_L = \frac{1}{\zeta}$$

erreicht. Aus dem Zeigerdiagramm (Bild 5.16) kann der einfache Zusammenhang des Strom- und Lastwinkels über die Schenkeligkeit abgeleitet werden.

$$\tan \vartheta_L = \frac{U_{1d}}{U_{1q}} = \frac{X_q \cdot I_{1q}}{X_d \cdot I_{1d}} = \frac{1}{\zeta} \cdot \tan\theta \qquad (5.41)$$

Der nichtlineare Zusammenhang der Magnetisierung des Eisens führt zu einer Vergrößerung des optimalen Stromwinkel bei Sättigung. Das MTPA-Verfahren kann nur verwendet werden, wenn die notwendige Spannung nicht größer als die Maximalspannung der Maschine ist.

Maximales Drehmoment pro Spannung

Bei Regelung nach dem MTPV-Verfahren wird der Fluss der Maschine so eingestellt, dass bei möglichst niedriger Spannung ein maximales Drehmoment erreicht wird. Basierend auf der Drehmomentgleichung (5.38) und dem Zusammenhang zwischen Strom- und Lastwinkel (5.41) kann das Drehmoment als Funktion der Spannung und des Stromwinkels beschrieben werden.

$$M = \frac{m_1}{2\pi n_1} \cdot \frac{U_1^2}{2} \cdot \left(\frac{1}{X_q} - \frac{1}{X_d} \right) \cdot \sin\left(2 \cdot \arctan\left(\frac{\tan\theta}{\zeta} \right) \right)$$

Das maximale Drehmoment pro Volt wird bei einem Stromwinkel von $\tan\theta = \zeta$ erreicht. Der optimale Stromwinkel für maximales Drehmoment ist abhängig von der Schenkeligkeit der Maschine.

Maximaler Leistungsfaktor

Unter Vernachlässigung des Strangwiderstandes und der Eisenverluste ist der Leistungsfaktor nach (5.39) abhängig vom Verhältnis der Induktivitäten von Längs- zu Querachse und vom Phasenwinkel des Stromes zur d-Achse. Es folgt für den maximal möglichen Leistungsfaktor mit einer Regelung nach dem MPF-Verfahren mit einem Stromwinkel von $\tan\theta = \sqrt{\zeta}$.

$$\cos\varphi |_{max} = \frac{\zeta - 1}{\zeta + 1} \quad \text{bei} \quad \tan\theta = \sqrt{\zeta}$$

Bild 5.17 zeigt den Leistungsfaktor für verschiedene Regelverfahren (MTPA, MTPV) bzw. den maximal möglichen Leistungsfaktor nach dem MPF-Verfahren in Abhängigkeit der Schenkeligkeit.

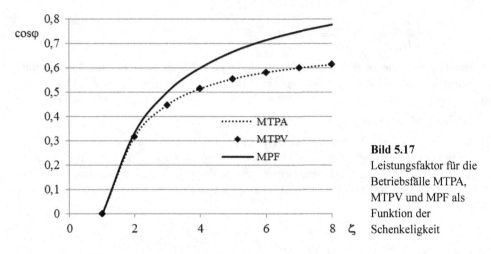

Bild 5.17
Leistungsfaktor für die Betriebsfälle MTPA, MTPV und MPF als Funktion der Schenkeligkeit

Bei Regelung nach dem MTPA (tanθ = 1) bzw. MTPV (tanθ = ζ) ist der Leistungsfaktor gleich groß. Eine Regelung nach dem MPF-Verfahren führt einerseits zu einem höheren Leistungsfaktor, andererseits aber auch zu einer deutlich Reduktion des Drehmoments gegenüber einer Regelung nach dem MTPA-Verfahren. Aus Bild 5.17 ist zudem ersichtlich, dass der Leistungsfaktor unter idealen Bedingungen maßgeblich von der Schenkeligkeit abhängt. Hohe Schenkeligkeiten führen zu höheren Leistungsfaktoren. Der Leistungsfaktor wird aber auch zunehmend durch den Strangwiderstand und auftretende Eisenverluste beeinflusst [35].

Beispiel 5.3

Von einer Synchron-Reluktanzmaschine mit Regelung nach dem MTPA-Verfahren sind folgende Daten bekannt:

$$I_N = 28,9 \text{ A} \qquad L_d = 16 \text{ mH} \qquad L_q = 3,2 \text{ mH}$$

$$n_N = 2000 \text{ min}^{-1} \qquad f_N = 100 \text{ Hz}$$

Sättigung und sämtliche Verluste können vernachlässigt werden.

a) Berechnen Sie die Polpaarzahl p, das Nennmoment M_N und die Nennleistung P_N der Maschine.

b) Zeichnen Sie für den Nennbetrieb ein vollständiges Zeigerdiagramm aller Spannungen und Ströme (Maßstäbe: m_I = 20 A/cm; m_U = 40 V/cm). Bestimmen Sie die Klemmenspannung U_{1L} und den Lastwinkel ϑ_L.

c) Bis zu welcher Drehzahl kann die Maschine nach dem MTPA-Verfahren und doppeltem Nennstrom kurzzeitig betrieben werden? (maximale Umrichterausgangsspannung 400 V)

d) Welches Drehmoment könnte die Maschine bei Nennstrom und Regelung nach dem MPF-Verfahren abgeben?

5.4.5 Stationäre Grenzkennlinien

Aus der Spannungsgleichung (5.36) ergibt sich für die maximale Strangspannung U_{1max} die maximale Drehzahl, bis zu der ein vorgegebener Ständerstrom durch den Umrichter eingeprägt werden kann.

$$ n_{gr} = \frac{U_{1max}}{2\pi p \cdot \sqrt{(I_{1d} \cdot L_d)^2 + (I_{1q} \cdot L_q)^2}} $$

Ab dieser Drehzahl gehen der Ständerstrom und damit auch das Drehmoment zurück. Bild 5.18 zeigt für die Synchronreluktanzmaschine aus Beispiel 5.3 die stationären Grenzkennlinien für Nennstrom und für doppelten Nennstrom (maximale Leiterspannung am Umrichterausgang 400 V).

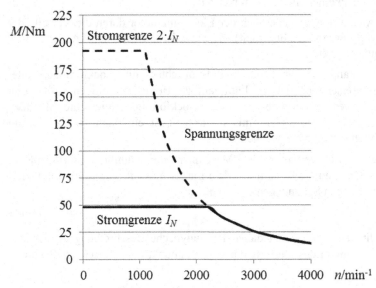

Bild 5.18
Stationäre Grenzkennlinien der Synchron-Reluktanzmaschine (Maschinendaten aus Beispiel 5.3)

5.5 Permanenterregte Synchronmaschinen

Permanenterregte Synchronmaschinen werden häufig als motorische Antriebe in Geräten der Datenverarbeitung oder im Industriebereich als Vorschubantriebe für Werkzeugmaschinen sowie als Antriebe mit hohen Anforderungen an die Dynamik, wie zum Beispiel Roboterarme, eingesetzt. Sie werden in der Literatur auch als bürstenlose Gleichstrommotoren (brushless dc motor), Elektronikmotoren oder AC Servomotoren bezeichnet.

Das Läuferfeld wird nicht durch eine durchflutete Erregerwicklung, sondern durch auf den Läufer aufgeklebte oder eingeschobene („vergrabene") Permanentmagnete (häufig Selten-Erden-Materialien mit hoher Remanenzinduktion, Verbindungen aus Neodym, Eisen und Bor) erregt.

Die Ständerwicklung wird häufig dreisträngig mit 6 Polen ausgeführt, jedoch sind auch andere Strangzahlen (ein- bis viersträngig) und andere Polzahlen üblich. Da permanenterregte Synchronmaschine vor allem als drehzahlgeregelte Antriebe dienen, aber nur bei synchroner Drehzahl ein zeitlich konstantes Drehmoment entwickeln, werden sie in der Regel an einem Frequenzumrichter betrieben. Um ein zeitlich konstantes, bei vorgegebenen Feld- und Strombelagsamplituden größtmögliches Drehmoment zu erhalten, müssen die Richtungen von Läuferfeld und Ständerdurchflutung unabhängig vom Läuferdrehwinkel einen konstanten Winkel von $\pi/2$ einschließen. Um diese Orientierung von Ständerstrombelag und Läuferfeld zu erreichen, werden die die Ströme der Ständerwicklungsstränge in Abhängigkeit von der Läuferstellung geregelt. Hierzu müssen der Läuferdrehwinkel, zum Beispiel mit Resolvern oder Magnetgabelschranken, erfasst und entsprechende Steuersignale für die Schalter (Transistoren, IGBT) der Steuerelektronik gebildet werden. Das Betriebsverhalten der Elektronikmotoren ähnelt dem einer Gleichstrommaschine.

Durch die bürstenlose Ausführung zeichnet sich der Elektronikmotor durch die Vorteile der Asynchronmaschine (Wartungsarmut, Robustheit) aus, ohne deren Nachteile (Läuferverluste, Blindleistungsbedarf) aufzuweisen.

Je nach Speisung der Ständerwicklung durch Pulsumrichter mit blockförmigen oder sinusförmigen Strömen unterscheidet sich der Läuferaufbau. Bei blockförmigen Strömen ist die räumliche Verteilung des Läuferfeldes ebenfalls blockförmig (aufgeklebte Magnete, vergl. Bild 5.1b), bei Speisung mit sinusförmigen Strömen ist ein räumlich sinusförmig verteiltes Läuferfeld üblich (vergrabene Magnete).

Nachfolgend wird das Betriebsverhalten der Maschinen mit räumlich sinusförmigem Feldverlauf beschrieben. Das Läuferfeld läuft mit dem Läufer im Luftspalt um und induziert in den Ständerwicklungssträngen Spannungen der Frequenz

$$f_1 = p \cdot n \tag{5.42}$$

Im ständerfesten Koordinatensystem lautet daher die analytische Beschreibung des Läufergrundfeldes, wenn das Maximum des Läuferfeldes zum Zeitpunkt $t = 0$ bei $x_1 = \pi/2p$ angenommen wird,

$$b_{2p}(x_1, t) = B_{2p} \cdot \sin(px_1 - \omega_1 t) \quad \text{mit} \quad \omega_1 = 2\pi f_1 = 2\pi np$$

Die Grundwelle des Läuferfeldes wird mit B_{2p} bezeichnet. Der Fluss pro Pol ist proportional zur Polfläche (Geometrie) und zur Läufergrundfeldamplitude.

$$\Phi = k_{geo} \cdot B_{2p} \tag{5.43}$$

Der Effektivwert der vom Läufergrundfeld in einem Ständerstrang induzierten Spannung ergibt sich aus dem Induktionsgesetz zu

$$U_P = \frac{2\pi}{\sqrt{2}} \cdot f_1 N_1 \xi_{1p} \Phi = \frac{2\pi}{\sqrt{2}} \cdot p \cdot n \cdot N_1 \xi_{1p} \Phi = K \cdot \Phi \cdot n \tag{5.44}$$

mit der Strangwindungszahl N_1 und dem Grundfeldwicklungsfaktor ξ_{1p}. Die Gleichung (5.44) für die induzierte Spannung entspricht der einer Gleichstrommaschine (vergl. Gl. (2.11)).

Die Konstante K ist nur von der Polpaarzahl und der effektiven Windungszahl $N_1 \xi_{1p}$ der Ständerwicklung abhängig

$$K = \frac{2\pi}{\sqrt{2}} \cdot p \cdot N_1 \xi_{1p}.$$

Da der Läuferfluss nach Gl. (5.43) nur von den geometrischen Abmessungen und der Amplitude des Läufergrundfeldes abhängig ist, ist er bei permanenterregten Motoren unabhängig von den Betriebsdaten konstant. Daher folgt aus Gl. (5.44), dass die induzierte Spannung und damit bei Leerlauf auch die Klemmenspannung proportional zur Drehzahl sein muss. Diese Änderung der Grundschwingung der Ausgangsspannung des Wechselrichters wird durch Pulsbreitenmodulation erreicht (prinzipielle Darstellung des Ausgangssignals Bild 4.20).

Mit der induzierten Spannung nach Gl. (5.44), dem Ständerwicklungswiderstand R_1, der Induktivität eines Ständerstranges $L_d = L_q$ sowie dem Ständerstrangstrom $\underline{I}_1$ lautet die Spannungsgleichung für einen Ständerwicklungsstrang

$$\underline{U}_1 = \underline{U}_P + R_1 \cdot \underline{I}_1 + j\omega_1 L_d \cdot \underline{I}_1. \tag{5.45}$$

Die Spannungsgleichung (5.45) entspricht der Spannungsgleichung (5.11) der Vollpolmaschine. Bei richtiger Einstellung des Umrichters und des Läuferlagegebers ist der Polradwinkel ϑ_L gleich dem Phasenwinkel φ des Ständerstroms und daher der Ständerstrom in Phase zur Polradspannung (Bild 5.19a).

Ist der Läuferlagegeber verdreht oder die Umrichterausgangsspannung zu groß oder zu klein, wird sich eine kleine Differenz zwischen Polradwinkel ϑ_L und Phasenwinkel φ einstellen. Der Ständerstrangstrom weist eine kleine Winkelabweichung $\varphi - \vartheta_L$ zur Polradspannung auf, wie in Bild 5.19b gezeigt ist.

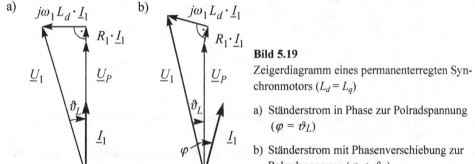

Bild 5.19

Zeigerdiagramm eines permanenterregten Synchronmotors ($L_d = L_q$)

a) Ständerstrom in Phase zur Polradspannung ($\varphi = \vartheta_L$)

b) Ständerstrom mit Phasenverschiebung zur Polradspannung ($\varphi \neq \vartheta_L$)

Aus der Spannungsgleichung (5.45) folgt die Wirkleistungsgleichung

$$m_1 U_1 I_1 \cos\varphi = m_1 R_1 I_1^2 + m_1 U_P I_1 \cos(\varphi - \vartheta_L) \tag{5.46}$$

Die aufgenommene Leistung setzt sich zusammen aus den Stromwärmeverlusten

$$P_{Cu1} = m_1 R_1 I_1^2$$

und der mechanischen Leistung

$$P = m_1 U_P I_1 \cos(\varphi - \vartheta_L)$$

Die Eisen- und Reibungsverluste wurden hierbei vernachlässigt. Aus der mechanischen Leistung kann das Drehmoment berechnet werden.

$$M = \frac{P}{2\pi n_1} = \frac{m_1 U_P I_1 \cos(\varphi - \vartheta_L)}{2\pi n_1} \tag{5.47}$$

Bei gegebenem Strom I_1 ist das abgegebene Drehmoment maximal, wenn $\underline{I}_1$ in Phase zu $\underline{U}_P$ ist ($\varphi = \vartheta_L$).

Wie bei der Gleichstrommaschine ist das Drehmoment bei konstantem Winkel zwischen Läuferflusszeiger und Ständerdurchflutungszeiger proportional zu den Amplituden von Läuferfeld (B_{2p}) und Ständerstrombelag (A_1), $M \sim B_{2p} \cdot A_1$, und kann daher wegen $B_{2p} \sim \Phi$, $A_1 \sim I_1$ in der Form

$$M = k_2 \cdot \Phi \cdot I_1$$

ausgedrückt werden. Der Proportionalitätsfaktor zwischen Drehmoment und Strom,

$$k_T = M/I_1 = k_2 \cdot \Phi, \tag{5.48}$$

wird als Drehmomentkonstante oder spezifisches Moment bezeichnet. Weitere Kenngrößen des Elektronikmotors sind die Spannungskonstante (induzierte Spannung bei 1000 min^{-1}), das Stillstandsdauerdrehmoment M_0, sowie der maximal zulässige Ständerstrom I_{1max}, der auch kurzfristig nicht überschritten werden darf (Gefahr der Entmagnetisierung der Permanentmagnete).

Beim geregelten Betrieb des Servomotors ist wegen der konstanten Drehzahl die induzierte Spannung ebenfalls konstant, so dass die Klemmenspannung lastabhängig angehoben werden muss. Für $\varphi = \vartheta_L$ ergibt sich aus Gl. (5.45)

$$U_1 = \sqrt{(U_P + R_1 I_1)^2 + (\omega_1 L_d I_1)^2}$$

$$= \sqrt{\left(U_P + R_1 \cdot \frac{M}{k_T}\right)^2 + \left(\omega_1 L_d \cdot \frac{M}{k_T}\right)^2}$$

Bild 5.20 zeigt für den geregelten Betrieb die Klemmenspannung als Funktion des Lastmoments in bezogener Darstellung.

Die Kennlinie ähnelt vor allem im Anfangsbereich der einer fremderregten Gleichstrommaschine mit konstanter Drehzahl.

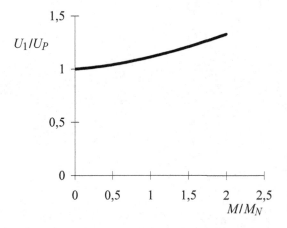

Bild 5.20
Klemmenspannung als Funktion des Lastmoments (geregelter Betrieb,
n = konstant, bezogene Darstellung)

Mit zunehmender Drehzahl steigt die induzierte Spannung an (Gl. (5.44)). Für die maximale Umrichterausgangsspannung U_{1max} ergibt sich eine lastabhängige Maximaldrehzahl, bis zu der die Phasenlage $\varphi = \vartheta_L$ aufrechterhalten werden kann.

Bei Vernachlässigung des Ständerwicklungswiderstands bilden $\underline{U}_P$, $j \cdot 2\pi \cdot p \cdot n \cdot L_d \cdot \underline{I}_1$ und die Klemmenspannung $\underline{U}_1$ ein rechtwinkliges Dreieck. Die Maximaldrehzahl, bis zu der der Strom I_1 fließen kann, beträgt

$$\frac{n_{max}}{n_N} = \sqrt{\frac{U_{1max}^2}{U_{PN}^2 + X_d^2 I_1^2}} \tag{5.49}$$

Mit X_d ist die Synchronreaktanz bei Nennfrequenz bezeichnet. Ab der Maximaldrehzahl nach Gl. (5.49) verringert sich der Strom I_1.
Aus

$$\left(U_{PN} \cdot \frac{n}{n_N}\right)^2 + \left(I_1 \cdot X_d \cdot \frac{n}{n_N}\right)^2 = U_{1max}^2$$

folgt für den Ständerstrom

$$I_1 = \frac{\sqrt{(U_{1max} \cdot n_N / n)^2 - U_{PN}^2}}{X_d} \tag{5.50}$$

Feldschwächbetrieb

Da das Läuferfeld der permanenterregten Maschine konstant ist, kann eine Feldschwächung nur durch den Ständerstrom erfolgen. Neben der drehmomentbildenden Stromkomponente I_{1q} (in Richtung der Polradspannung) ist eine feldschwächende Feldkomponente $I_{1d} < 0$ erforderlich. Bild 5.21 zeigt das prinzipielle Zeigerdiagramm.

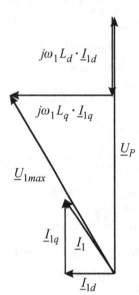

Bild 5.21
Zeigerdiagramm der permanenterregten Synchronmaschine im Feldschwächbetrieb

Berechnung des Drehmoments für I_1 = konst.

Zur Berechnung der Betriebskennlinien mit I_1 = konstant sollen der Ständerstrangwiderstand und der Unterschied zwischen Längs- und Querinduktivität vernachlässigt werden ($R_1 = 0$; $X_d = X_q$) . Für das rechtwinklige Dreieck mit den Katheten

$$U_{PN} \cdot \frac{n}{n_N} + I_{1d} \cdot X_d \cdot \frac{n}{n_N} \qquad \text{und} \qquad I_{1q} \cdot X_d \cdot \frac{n}{n_N}$$

und der Hypotenuse U_{1max} gilt

$$\left(U_{PN} \cdot \frac{n}{n_N} + I_{1d} \cdot X_d \cdot \frac{n}{n_N} \right)^2 + \left(I_{1q} \cdot X_d \cdot \frac{n}{n_N} \right)^2 = U_{1max}^2$$

$$\left(U_{PN} \cdot \frac{n}{n_N} \right)^2 + 2 \cdot U_{PN} \cdot \frac{n}{n_N} \cdot I_{1d} \cdot X_d \cdot \frac{n}{n_N} + \left(I_{1d} \cdot X_d \cdot \frac{n}{n_N} \right)^2 + \left(I_{1q} \cdot X_d \cdot \frac{n}{n_N} \right)^2 = U_{1max}^2$$

Mit $I_{1d}^2 + I_{1q}^2 = I_1^2$ ergibt sich nach Multiplikation mit $(n_N / n)^2$

$$2 \cdot U_{PN} \cdot I_{1d} \cdot X_d = \left(U_{1max} \cdot \frac{n_N}{n} \right)^2 - U_{PN}^2 - (I_1 \cdot X_d)^2$$

und damit für den feldschwächenden Strom

$$I_{1d} = \frac{\left(U_{1max} \cdot \frac{n_N}{n} \right)^2 - U_{PN}^2 - (I_1 \cdot X_d)^2}{2 \cdot U_{PN} \cdot X_d} \qquad (5.51)$$

Der drehmomentbildende Strom beträgt

$$I_{1q} = \sqrt{I_1^2 - I_{1d}^2} \ . \tag{5.52}$$

Das Drehmoment kann nach Gl. (5.47) berechnet werden, wenn statt I_1 der drehmomentbildende Strom I_{1q} eingesetzt wird.

$$M = \frac{3}{2\pi n_N} \cdot U_{PN} \cdot I_{1q}$$

Berechnung des Ständerstroms für einen Betriebspunkt mit Drehmoment M und Drehzahl n

Ist ein Betriebspunkt im Feldschwächbereich durch ein Drehmoment M und eine Drehzahl n vorgegeben, so kann der zugehörige Ständerstrom folgendermaßen ermittelt werden:
Die Ständerstromkomponente I_{1q} ist proportional zum Drehmoment.

$$I_{1q} = \frac{2\pi n_N \cdot M}{3 \cdot U_{iN}}$$

Damit folgt für die Ankathete des rechtwinkligen Dreiecks in Bild 5.21

$$\left(U_{iN} \cdot \frac{n}{n_N} + I_{1d} \cdot X_d \cdot \frac{n}{n_N} \right)^2 = U_{1max}^2 - \left(I_{1q} \cdot X_d \cdot \frac{n}{n_N} \right)^2$$

$$U_{iN} \cdot \frac{n}{n_N} + I_{1d} \cdot X_d \cdot \frac{n}{n_N} = \sqrt{U_{1max}^2 - \left(I_{1q} \cdot X_d \cdot \frac{n}{n_N} \right)^2}$$

Hieraus kann die feldschwächende Stromkomponente bestimmt werden.

$$I_{1d} = \frac{\sqrt{U_{1max}^2 - \left(I_{1q} \cdot X_d \cdot \frac{n}{n_N} \right)^2} - U_{iN} \cdot \frac{n}{n_N}}{X_d \cdot \frac{n}{n_N}}$$

Der Ständerstrom beträgt

$$I_1 = \sqrt{I_{1d}^2 + I_{1q}^2}$$

In Bild 5.22 ist der prinzipielle Verlauf der Grenzkennlinien für konstanten Ständerstrom dargestellt.

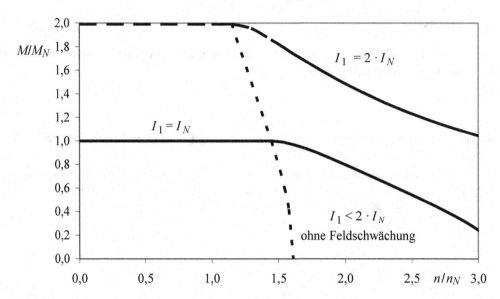

Bild 5.22
Grenzkennlinien der permanenterregten Synchronmaschine
     mit Feldschwächung ($I_1 = I_N$, $I_1 = 2 \cdot I_N$)
     ohne Feldschwächung ($I_1 < 2 \cdot I_N$)

Charakteristische Daten von permanenterregten Synchronmaschinen (Auswahl):

n_N Nenndrehzahl, typisch $n_N = 2000, 3000, 4000, 6000$ 1/min

M_N Nennmoment (S1- Betrieb, $M_N < M_0$ infolge der Eisenverluste bei Nennbetrieb)

M_0 Stillstandsdauerdrehmoment, stationär zulässiges Drehmoment im Stillstand

I_0 Stillstandsstrom, stationär zulässiger Ständerstrom im Stillstand

I_{1max} kurzzeitig zulässiger Maximalstrom, typisch $4...5 \cdot I_N$

k_E Spannungskonstante, [V/1000 min^{-1}]

k_T Drehmomentkonstante [Nm/A], spezifisches Moment

5.6 Anlauf der Synchronmaschine, Synchronisation

Generatoren werden üblicherweise durch die Antriebsmaschine hochgefahren. Wenn die Synchronmaschine ohne Ausgleichsvorgang ans Netz geschaltet werden soll, müssen Netzspannung und Generatorspannung hinsichtlich Frequenz, Amplitude, Phasenlage und Phasenfolge übereinstimmen. Die Einhaltung dieser Synchronisationsbedingungen kann auf einfache Weise zum Beispiel mit der Dunkelschaltung ermittelt werden [18]. Dabei werden zwischen Netz und Generator über die Trennstrecken des Schalters Lampen angeschlossen, die verlöschen, wenn die Synchronisationsbedingungen erfüllt sind.

Zur Synchronisation müssen die Synchronisationsbedingungen nicht exakt eingehalten werden, da die Maschinen in der Regel auch ein asynchrones Moment entwickeln (synchronisierendes Moment).

Synchronmaschinen mit massiven Polschuhen (Schenkelpolläufer), mit massivem Läuferballen (Vollpolläufer) oder mit Dämpferwicklung (Käfigwicklung) entwickeln nach dem Gesetz
über die Spaltung der Luftspaltleistung im asynchronen Betrieb ein Drehmoment, das bei
Synchronmotoren auch zum **Anlauf** genutzt werden kann. Wenn die Synchronmaschine
Pendelungen um die synchrone Drehzahl ausführt, werden diese durch die Dämpferströme
abgedämpft. Im Synchronismus werden vom mitlaufenden Ständerfeld keine Spannungen in
der Läuferwicklung induziert, so dass in den massiven Eisenteilen oder der Dämpferwicklung
keine Verluste entstehen.

Bei **unsymmetrischer Belastung** des Generators, wie zum Beispiel beim zwei- oder einpoli-
gen Kurzschluss oder bei Schieflast, induziert das gegenlaufende Ständerfeld mit doppelter
Drehzahlfrequenz im Polrad, so dass das gegenlaufende Ständerfeld abgedämpft wird.

5.7   Stoßkurzschlussstrom

Der stationäre Kurzschlussstrom der Synchronmaschine, der sich nach Abklingen der Ausgleichsvorgänge einstellt, ist nach Gl. (5.13) abhängig von der eingestellten Erregung und der
Synchronreaktanz X_d. Wie beim Transformator ist zur Berechnung des Zeitverlaufs des Aus-
gleichsvorgangs nach dem Kurzschluss das gekoppelte Spannungsdifferentialgleichungs-
system unter Berücksichtigung der Anfangsbedingungen zu lösen.

In EN 60034-1 ist festgelegt, dass der Scheitelwert des Stoßkurzschlussstroms der auf Nennspannung erregten und dann dreipolig kurzgeschlossenen Synchronmaschinen nicht mehr als
$15 \cdot \sqrt{2} \cdot I_N$ betragen darf (Ausnahme: Turbogeneratoren mit $S_N > 10$ MVA). Die hohen
Stromspitzen beim Stoßkurzschluss dürfen nicht zu schädlichen Verformungen der Ständerwicklung führen. Bei der praktischen Berechnung des Stoßkurzschlussstromes werden die
Kopplungen zwischen den Wicklungen (Ständer-, Erreger- und Dämpferwicklung) durch so
genannte transiente und subtransiente Reaktanzen erfasst. Der Kurzschlussstrom hat den prin-
zipiellen Verlauf nach Bild 5.23 (Darstellung für Kurzschluss im Spannungsnulldurchgang).

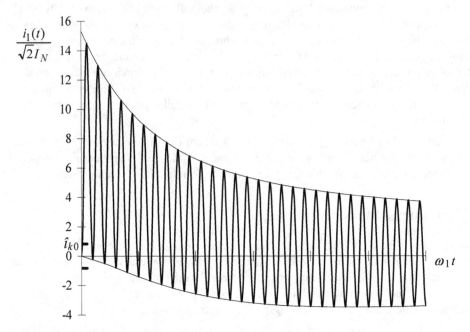

Bild 5.23
Zeitverlauf des Kurzschlussstromes

Der Kurzschlussstrom klingt relativ langsam ab (Zeitkonstanten bis etwa 2 s). In der Darstellung in Bild 5.23 ist der Ausgleichsvorgang noch nicht beendet, denn am Ende des dargestellten Zeitintervalls beträgt der Strom noch etwa $3,5 \cdot \sqrt{2} \cdot I_N$ und ist damit noch deutlich größer als der Dauerkurzschlussstrom (Größenordnung $i_{k0} = 0,5...0,8$).

6 Regelungsstrukturen in der Antriebstechnik

Die so genannte Kaskadenregelung ist das effektivste Verfahren zur Regelung elektrischer Antriebe. Der innere Regelkreis ist die Stromregelung, der äußere Regelkreis die Drehzahlregelung. Bild 6.1 zeigt das Prinzip der Kaskadenregelung.

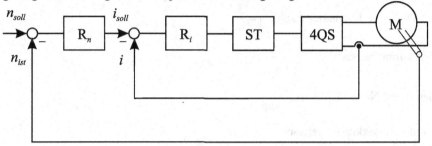

Bild 6.1
Prinzip der Kaskadenregelung

R_n	Drehzahlregler	4QS	Stromrichter (4- Quadranten- Steller)
R_i	Stromregler	M	Motor
ST	Steuerung		

Die in Bild 6.1 gezeigte Kaskadenregelung kann nur unter der Voraussetzung funktionieren, dass der innere Regelkreis (Stromregelkreis) deutlich kleinere Zeitkonstanten aufweist, als der äußere Regelkreis (Drehzahlregelung).

Anforderungen an den Regelkreis

Es gibt keine eindeutigen Kriterien, nach denen ein „optimaler" Regelkreis ausgelegt werden kann. Einige Anforderungen können jedoch formuliert werden:

a) Regelabweichung
Keine bleibende Regelabweichung. Diese Forderung bedingt einen Integral- Anteil im Regler.

b) Stabilität
Der Regelkreis soll stabil sein, Überschwingungen bei Sollwertänderungen oder Störgrößenänderungen sollen nicht zu groß sein.

c) Dynamik
Störungen sollen schnell ausgeregelt werden, Sollwerte sollen schnell erreicht werden.

Diese Forderungen führen auf einen PI-Regler mit der Übertragungsfunktion

$$F_R(s) = V_R \cdot \frac{1 + s \cdot T}{s \cdot T} = V_R \cdot \left(1 + \frac{1}{s \cdot T}\right) \tag{6.1}$$

Am Beispiel der Gleichstrommaschine mit konstantem Fluss soll das Prinzip der Kaskadenregelung erläutert werden (Strukturbild der Gleichstrommaschine: siehe Bild 2.22).

Statt der physikalischen Größen sollen normierte Größen verwendet werden. Als Normierungsgrößen werden gewählt

- für die Spannung: Nennspannung, $u = \dfrac{U}{U_N}$

- für das Drehmoment: Nennmoment, $m = \dfrac{M}{M_N}$

- für die Drehzahl: Leerlaufdrehzahl, $n = \dfrac{n}{n_0}$

- für den Strom: Nennstrom, $i = \dfrac{I}{I_N}$

- für den Fluss: Nennfluss, $k_1\Phi = \dfrac{k_1\Phi}{k_1\Phi_N}$

Damit gilt für den Ankerkreiswiderstand

$$r_A = \frac{R_A}{U_N / I_N} \tag{6.2}$$

Die Übertragungsfunktion des ersten Blocks im Strukturbild 2.22 lautet

$$F_A(s) = \frac{1}{r_A} \cdot \frac{1}{1 + s \cdot T_A} \tag{6.3}$$

Für den Zusammenhang zwischen Strom und Drehmoment ergibt sich

$$F_2(s) = \frac{M / M_N}{I / I_N} = 1$$

Der dritte Block stellt die Bewegungsgleichung dar. Die Übertragungsfunktion in nicht- normierter Form lautet

$$n(s) = \frac{\Sigma M}{J_{res} \cdot 2\pi \cdot s} \; ,$$

woraus sich

$$\frac{n(s)}{n_0} = \frac{\Sigma M}{M_N} \cdot \frac{M_N}{J_{ges} \cdot 2\pi \cdot n_0 \cdot s}$$

ergibt. Mit der Abkürzung

$$T_J = \frac{J_{res} \cdot 2\pi \cdot n_0}{M_N} \tag{6.4}$$

lautet die Übertragungsfunktion mit normierten Größen

$$F_3(s) = \frac{1}{T_J \cdot s}$$

Die Übertragungsfunktion der Rückführung ($U_i = k_1\Phi n$) lautet für Nennfluss in normierter Form

$$F_4(s) = 1$$

Mit den Rechenregeln für rückgekoppelte Strecken (Strecke: $F_S(s)$, Rückführung $F_R(s)$),

$$F(s) = \frac{F_S(s)}{1 + F_S(s) \cdot F_R(s)}$$

kann der Zusammenhang zwischen der Führungsgröße u und der Ausgangsgröße n in der Form

$$F(s) = \frac{F_1(s) \cdot F_2(s) \cdot F_3(s)}{1 + F_1(s) \cdot F_2(s) \cdot F_3(s) \cdot F_4(s)} = \frac{1}{1 + s \cdot r_A T_J + s^2 \cdot r_A T_A T_J}$$

angegeben werden.

Bild 6.2 verdeutlicht, dass die Rückkopplung der induzierten Spannung (gestrichelt gezeichnet) die Kaskadenregelung erschwert.

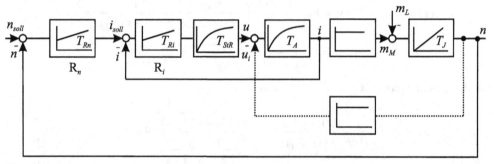

Bild 6.2
Strukturbild der strom- und drehzahlgeregelten Gleichstrommaschine

Zur Auslegung des Stromregelkreises soll unterstellt werden, dass sich die Drehzahl so langsam ändert, dass die Rückkopplung der induzierten Spannung vernachlässigt werden darf.

6.1 Auslegung des Stromreglers nach dem Betragsoptimum

Es wird angestrebt, den Führungsfrequenzgang bis zu möglichst hohen Frequenzen konstant zu halten und danach monoton abfallen zu lassen, Hierdurch wird erreicht, dass trotz kurzer Einschwingzeit kein unzulässiges Überschwingen auftritt. Dieses Ziel wird bei PI-Reglern erreicht, wenn die Zeitkonstante des Reglers gleich der größten Zeitkonstante der Strecke ist.

Der Stromrichter soll vereinfachend als PT_1- Glied nachgebildet werden. Die Zeitkonstante kann näherungsweise gleich der halben Pulsdauer gesetzt werden. Für einen 6pulsigen Stromrichter beträgt die Zeitkonstante bei einer Netzfrequenz von 50 Hz $T_{StR} = 20$ ms/12.

$$F_{StR}(s) = V_{StR} \cdot \frac{1}{1 + s \cdot T_{StR}}$$

Der Ankerkreis der Gleichstrommaschine hat die Übertragungsfunktion

$$F_A(s) = \frac{1}{r_A} \cdot \frac{1}{1 + s \cdot T_A} \qquad (6.3)$$

Die Übertragungsfunktion des Stromreglers lautet in Analogie zu Gl. (6.1)

$$F_{Ri}(s) = V_{Ri} \cdot \frac{1 + s \cdot T_{Ri}}{s \cdot T_{Ri}} . \qquad (6.5)$$

Da im Allgemeinen die Ankerzeitkonstante T_A größer als die Zeitkonstante T_{StR} des Stromrichters ist ($T_A > T_{StR}$), gilt bei Reglerauslegung nach dem Betragsoptimum für die Konstanten der Übertragungsfunktion des Stromreglers

$$T_{Ri} = T_A \qquad (6.6)$$

$$V_{Ri} = \frac{r_A}{V_{StR}} \cdot \frac{T_A}{2 \cdot T_{StR}} \qquad (6.7)$$

Somit ergibt sich für die Reihenschaltung von Stromregler, Stromrichter und Ankerkreis

$$F_{Ri}(s) \cdot F_{StR}(s) \cdot F_A(s) = V_{Ri} \cdot \frac{1 + s \cdot T_{Ri}}{s \cdot T_{Ri}} \cdot \frac{V_{StR}}{1 + s \cdot T_{StR}} \cdot \frac{1}{r_a \cdot (1 + s \cdot T_A)}$$

$$= \frac{1}{s \cdot 2 T_{StR}} \cdot \frac{1}{1 + s \cdot T_{StR}}$$

Für den geschlossenen Regelkreis ergibt sich

$$F_i(s) = \frac{F_{Ri}(s) \cdot F_{StR}(s) \cdot F_A(s)}{1 + F_{Ri}(s) \cdot F_{StR}(s) \cdot F_A(s)} = \frac{\dfrac{1}{s \cdot 2 T_{StR}} \cdot \dfrac{1}{1 + s \cdot T_{StR}}}{1 + \dfrac{1}{s \cdot 2 T_{StR}} \cdot \dfrac{1}{1 + s \cdot T_{StR}}}$$

$$= \frac{1}{s^2 \cdot 2 T_{StR}^2 + s \cdot 2 T_{StR} + 1} \qquad (6.8)$$

Dies ist die Übertragungsfunktion eines PT$_2$- Glieds mit

$$\omega_0 = \frac{1}{\sqrt{2} \cdot T_{StR}} \qquad \text{und} \qquad D = \frac{1}{\sqrt{2}}$$

Für die folgende Auslegung des Drehzahlreglers soll die Übertragungsfunktion des Stromregelkreises durch ein PT$_1$- Glied angenähert werden.

$$F_{ersi}(s) = \frac{1}{1 + s \cdot T_{ersi}} \qquad (6.9)$$

mit

$$T_{ersi} = 2 \cdot T_{StR} \qquad (6.10)$$

Bild 6.3 zeigt die Sprungantworten des Stromregelkreises und der Ersatzfunktion.

$i_{soll}(t) = 1$ für $t > 0$ bzw. im Bildbereich $i_{soll}(s) = \dfrac{1}{s}$

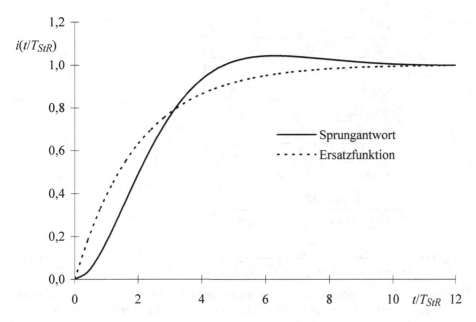

Bild 6.3
Sprungantworten des Stromregelkreises und der Ersatzfunktion

6.2 Auslegung des Drehzahlreglers nach dem symmetrischen Optimum

Die Übertragungsfunktion des Drehzahlreglers lautet in Analogie zu Gl. (6.1)

$$F_{Rn}(s) = V_{Rn} \cdot \frac{1 + s \cdot T_{Rn}}{s \cdot T_{Rn}}$$

Die Auslegung des Drehzahlreglers erfolgt nach den Regeln des **symmetrischen Optimums** (besseres Verhalten bei Störungen). Hierbei wird für die Zeitkonstante des Reglers das Vierfache der Summe der Zeitkonstanten der Strecke gewählt. Unter Verwendung der Ersatzfunktion nach Gl. (6.9) ist für die Reglerparameter zu wählen:

$$T_{Rn} = 4 \cdot T_{ersi} \tag{6.11}$$

$$V_{Rn} = \frac{T_J}{2 \cdot T_{ersi}} \tag{6.12}$$

Damit ergibt sich für die Übertragungsfunktion des Drehzahlregelkreises

$$F_n(s) = \frac{F_{Rn}(s) \cdot F_{ersi}(s) \cdot \dfrac{1}{s \cdot T_J}}{1 + F_{Rn}(s) \cdot F_{ersi}(s) \cdot \dfrac{1}{s \cdot T_J}}$$

$$= \frac{\dfrac{T_J}{2 \cdot T_{ersi}} \cdot \dfrac{1 + s \cdot 4T_{ersi}}{s \cdot 4T_{ersi}} \cdot \dfrac{1}{1 + s \cdot T_{ersi}} \cdot \dfrac{1}{s \cdot T_J}}{1 + \dfrac{T_J}{2 \cdot T_{ersi}} \cdot \dfrac{1 + s \cdot 4T_{ersi}}{s \cdot 4T_{ersi}} \cdot \dfrac{1}{1 + s \cdot T_{ersi}} \cdot \dfrac{1}{s \cdot T_J}}$$

$$= \frac{\dfrac{1 + s \cdot 4T_{ersi}}{s^2 \cdot 8T_{ersi}^2} \cdot \dfrac{1}{1 + s \cdot T_{ersi}}}{1 + \dfrac{1 + s \cdot 4T_{ersi}}{s^2 \cdot 8T_{ersi}^2} \cdot \dfrac{1}{1 + s \cdot T_{ersi}}}$$

$$= \frac{1 + s \cdot 4T_{ersi}}{s^2 \cdot 8T_{ersi}^2 \cdot (1 + s \cdot T_{ersi}) + 1 + s \cdot 4T_{ersi}}$$

$$F_n(s) = \frac{1 + s \cdot 4T_{ersi}}{1 + s \cdot 4T_{ersi} + s^2 \cdot 8T_{ersi}^2 + s^3 \cdot 8T_{ersi}^3} \tag{6.13}$$

Da dieser Regelkreis zu großen Überschwingungen (etwa 43%) neigt, muss das Zählerpolynom der Übertragungsfunktion nach Gl. (6.13) kompensiert werden. Der Sollwert wird mit

$$F_{Gln}(s) = \frac{1}{1 + s \cdot 4T_{ersi}}$$

geglättet. Der Überschwinger wird auf etwa 8% reduziert. Bild 6.4 zeigt das Strukturbild der Sollwertglättung.

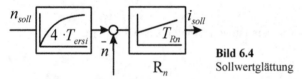

Bild 6.4
Sollwertglättung

Damit lautet die Übertragungsfunktion des Drehzahlregelkreises

$$F_n(s) = \frac{1}{1 + s \cdot 4T_{ersi} + s^2 \cdot 8T_{ersi}^2 + s^3 \cdot 8T_{ersi}^3}$$

Bild 6.5 zeigt die Sprungantwort des Drehzahlregelkreises.

$$n_{soll}(t) = 1 \text{ für } t > 0 \text{ bzw. im Bildbereich } n_{soll}(s) = \frac{1}{s}$$

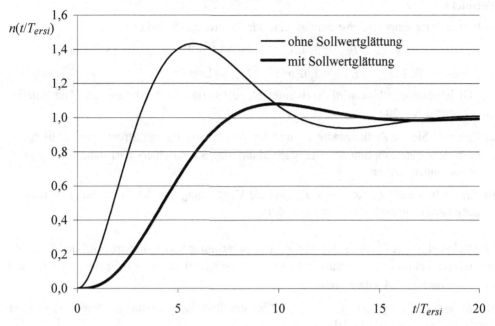

Bild 6.5
Sprungantworten des Drehzahlregelkreises ohne und mit Sollwertglättung

Zum Schutz von Stromrichter und Maschine muss der Stromsollwert begrenzt werden. Statt der Glättung des Drehzahlsollwerts soll dieser als Rampenfunktion vorgegeben werden.

$$n_{soll}(t) = n_a + (n_e - n_a) \cdot \frac{t}{t_A}$$

Bild 6.6 zeigt die Struktur des Regelkreises mit Sollwertbegrenzung.

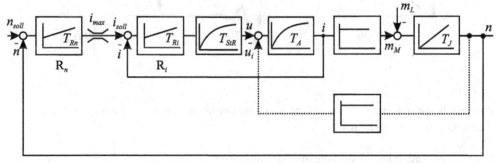

Bild 6.6
Strukturbild der strom- und drehzahlgeregelten Gleichstrommaschine mit Sollwertbegrenzung

Beispiel 6.1

Folgende Daten einer Gleichstrommaschine der Baugröße 225 sind bekannt:

$U_N = 460$ V $\qquad I_N = 294$ A $\qquad P_N = 129$ kW $\qquad n_N = 1530$ 1/min

$R_A = 0,069\ \Omega \qquad L_A = 3,02$ mH $\qquad J_{res} = 4$ kgm^2

Die Gleichstrommaschine wird durch eine voll gesteuerte B6- Brücke gespeist. Die Netzfrequenz beträgt $f_N = 50$ Hz.

a) Ermitteln Sie die Zeitkonstante T_{Ri} und die Verstärkung V_{Ri} des Stromreglers (Auslegung nach dem Betragsoptimum). Die Verstärkung des Stromrichters darf dabei zu $V_{StR} = 1$ angenommen werden.

b) Ermitteln Sie die Zeitkonstante T_{Rn} und die Verstärkung V_{Rn} des Drehzahlreglers (Auslegung nach dem symmetrischen Optimum).

Nachfolgend ist das Ergebnis der numerischen Berechnung von Ankerstrom $i(t)$ und Drehzahl $n(t)$ während eines Leerhochlaufs in $t_A = 0,25$ s von $n_a = 0$ auf $n_e = 0,5 \cdot n_0$ mit Lastsprung $M_L = M_N$ nach $t = 0,4$ s dargestellt.

Die Strombegrenzung beträgt $i_{max} = 2,0$. Zum Vergleich ist zusätzlich der Stromsollwert vor der Strombegrenzung dargestellt.

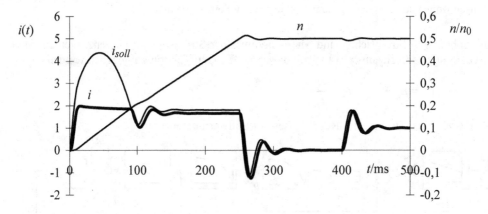

Bild 6.7

Zeitverläufe von Ankerstrom $i(t)$ und Drehzahl $n(t)$ bei Leerhochlauf von $n_a = 0$ auf $n_e = 0,5 \cdot n_0$ (Lastsprung $M_L = M_N$ bei $t = 0,4$ s)

Deutlich erkennbar ist die Wirkung der Strombegrenzung (maximaler Sollwert vor der Strombegrenzung: $I_{soll} \approx 4,5 \cdot I_N$, Istwert auf $2 \cdot I_N$ begrenzt). Der Lastsprung bei $t = 0,4$ s ruft nur einen sehr geringen Drehzahleinbruch hervor; die Störung wird sehr schnell ausgeregelt.

7 Dynamik der Drehmomentübertragung

7.1 Starr gekuppelte Antriebe

Zunächst soll ein Antrieb mit starrer Kupplung betrachtet werden. Die Elastizität der drehmomentübertragenden Elemente, wie zum Beispiel Kupplungen und Wellen, soll zunächst vernachlässigt werden. Einige Arbeitsmaschinen, wie zum Beispiel Kolbenkompressoren, weisen ein zeitlich nicht konstantes Lastmoment auf.

Das Lastmoment soll in der allgemeinen Form

$$m_L(t) = M_{L0} + \sum_\nu \widehat{M}_{L\nu} \sin(\nu\omega t + \varphi_{L\nu}) \tag{7.1}$$

beschrieben werden. M_{L0} ist das zeitlich konstante Moment; die zeitliche Änderung wird durch eine Fourierreihe beschrieben. Für eine der Lastmomentharmonischen der Ordnungszahl ν lautet das quasistationäre Motormoment

$$m_{M\nu}(t) = \widehat{M}_{M\nu} \sin(\nu\omega t + \varphi_{M\nu}). \tag{7.2}$$

Bei Asynchronmaschinen ist das Motormoment näherungsweise linear vom Schlupf abhängig (siehe Abschnitt 4.5).

$$m_M(\omega) = \frac{M_N}{s_N} \cdot s = \frac{M_N}{s_N} \cdot \frac{\omega_1/p - \omega}{\omega_1/p} \tag{7.3}$$

Die Auflösung nach der Kreisfrequenz der mechanischen Drehung ergibt

$$\omega = \frac{\omega_1}{p} - \frac{s_N \omega_1}{p \cdot M_N} \cdot m_M(\omega) \tag{7.4}$$

Gleichung (7.4) wird nach der Zeit differenziert.

$$\frac{d\omega}{dt} = -\frac{s_N \omega_1}{p \cdot M_N} \cdot \frac{dm_M(\omega)}{dt} \tag{7.5}$$

Für das Pendelmoment nach Gl. (7.2) ergibt sich aus Gl. (7.5)

$$\frac{d\omega}{dt} = -\widehat{M}_{M\nu} \cdot \frac{s_N \omega_1}{p \cdot M_N} \cdot \nu\omega \cdot \cos(\nu\omega t + \varphi_{M\nu})$$

Durch Einsetzen in die Bewegungsgleichung

$$m_M(t) - m_L(t) = J \cdot \alpha = J \cdot \frac{d\omega}{dt}$$

folgt

$$\widehat{M}_{M\nu} \cdot \sin(\nu\omega t + \varphi_{M\nu}) - \widehat{M}_{L\nu} \cdot \sin(\nu\omega t + \varphi_{L\nu}) = -J \cdot \widehat{M}_{M\nu} \cdot \frac{s_N \omega_1}{p \cdot M_N} \cdot \nu\omega \cdot \cos(\nu\omega t + \varphi_{M\nu})$$

Für den Zusammenhang zwischen den Amplituden der Harmonischen von Lastmoment und Motormoment ergibt sich

$$\hat{M}_{Mv} \cdot \left(\sin(v\omega t + \varphi_{Mv}) + J \cdot \frac{s_N \omega_1}{p \cdot M_N} \cdot v\omega \cdot \cos(v\omega t + \varphi_{Mv}) \right) = \hat{M}_{Lv} \cdot \sin(v\omega t + \varphi_{Lv}) \quad (7.6)$$

Zur Abkürzung soll der Ausdruck

$$J \cdot \frac{s_N \omega_1}{p \cdot M_N} = J \cdot \frac{\omega_{2N}}{p \cdot M_N} = T_{2M} \tag{7.7}$$

als mechanische Läuferzeitkonstante T_{2M} bezeichnet werden. Dieser Ausdruck gilt auch für umrichtergespeiste Asynchronmaschinen im Konstantflussbereich.

Mit $\cos\varphi = \sin(\pi/2 + \varphi)$ lautet Gl. (7.6)

$$\hat{M}_{Mv} \cdot \left(\sin(v\omega t + \varphi_{Mv}) + T_{2M} \cdot v\omega \cdot \sin(\pi/2 + v\omega t + \varphi_{Mv}) \right) = \hat{M}_{Lv} \cdot \sin(v\omega t + \varphi_{Lv})$$

Der allgemeine Ausdruck für die Summe zweier Sinusfunktionen lautet

$$A_1 \cdot \sin(\omega t + \varphi_1) + A_2 \cdot \sin(\omega t + \varphi_2) = A \cdot \sin(\omega t + \varphi)$$

mit der Amplitude

$$A = \sqrt{A_1^2 + A_2^2 + 2 A_1 A_2 \cdot \cos(\varphi_2 - \varphi_1)}$$

und der Phasenlage

$$\varphi = \arctan\left(\frac{A_1 \sin(\varphi_1) + A_2 \sin(\varphi_2)}{A_1 \cos(\varphi_1) + A_2 \cos(\varphi_2)} \right) \quad \text{für Nenner} > 0, \text{Nenner} < 0: +\pi$$

Wegen $\varphi_2 - \varphi_1 = \pi/2$ ist $\cos(\varphi_2 - \varphi_1) = 0$ und daher

$$\hat{M}_{Mv} = \frac{\hat{M}_{Lv}}{\sqrt{1 + (T_{2M} \cdot v\omega)^2}} \tag{7.8}$$

$$\varphi_{Mv} = -\arctan(T_{2M} v\omega) + \varphi_{Lv} \tag{7.9}$$

Beispiel 7.1

Das Lastmoment eines einzylindrigen Kolbenkompressors hat näherungsweise den Verlauf nach Bild 7.1.

Amplitude des Lastmoments $\hat{M}_L = 155\,\text{Nm}$ Kompressordrehzahl $n_L = 281...1124\ 1/\text{min}$
Als Antrieb dient ein umrichtergespeister vierpoliger Motor mit

Nennmoment $M_N = 144$ Nm, Nenndrehzahl $n_N = 1460\ 1/\text{min}$.

Gesamtträgheitsmoment $J_{res} = 0,17\ \text{kgm}^2$ (Motor: $J_M = 0,15\ \text{kgm}^2$ (Baugröße 180))

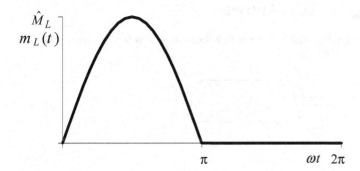

Bild 7.1
Drehmomentverlauf eines einzylindrigen Kolbenkompressors

Berechnen Sie die Amplitude des Motormoments für $n_L = 281$ min^{-1} und für $n_L = 1124$ min^{-1}.

Die Fourierreihe des Lastmoments lautet

$$m_L(t) = \frac{\hat{M}_L}{\pi} + \frac{\hat{M}_L}{2} \cdot \sin \omega t - \frac{2\hat{M}_L}{\pi} \cdot \sum_{\nu} \frac{1}{(2\nu-1)\cdot(2\nu+1)} \cdot \cos 2\nu\omega t$$

Bild 7.2 zeigt die Fourierreihendarstellungen von Lastmoment und Motormoment für Motordrehzahlen von 281 min^{-1} und 1124 min^{-1} (Amplituden und Phasenwinkel siehe Tabelle 9.4).

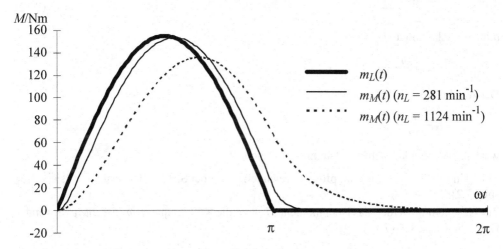

Bild 7.2
Fourierreihendarstellungen von Lastmoment und Motormoment

Der Effektivwert des Lastmoments beträgt $M_{Leff} = 0,5 \cdot 155$ Nm = 77,5 Nm. Für die Drehzahl von $n = 281$ min^{-1} ist der Effektivwert des Motormomentes etwa gleich dem des Lastmoments. Bei einer Drehzahl von $n = 1124$ min^{-1} ist nicht nur der Maximalwert mit $\hat{M}_M = 136$ Nm deutlich kleiner, sondern auch der Effektivwert ($M_{Meff} = 70$ Nm).

7.2   Drehelastisch gekuppelte Antriebe

Bild 7.3 zeigt einen drehelastisch gekuppelten Antrieb, bestehend aus Motor, dreheleastischer Welle und Arbeitsmaschine.

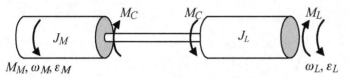

Bild 7.3
Drehelastisch gekuppelter Antrieb

Die Bewegungsgleichung für den Motor (Index M) lautet

$$M_M - M_C = J_M \cdot \frac{d\omega_M}{dt} \,.$$

(7.10)

Mit M_C ist das Moment am motorseitigen Ende der als masselos unterstellten Welle bezeichnet.

$$M_C = C \cdot (\varepsilon_M - \varepsilon_L) + k_d \cdot (\omega_M - \omega_L)$$

(7.11)

Die Federkonstante C einer zylindrischen Welle aus Stahl mit dem Durchmesser d_W und der Länge l_W beträgt

$$C = \frac{\pi \cdot d_W^4}{32} \cdot \frac{G}{l_W}$$

(7.12)

mit dem Schubmodul G,

$$G = 83 \cdot 10^9 \, \frac{\mathrm{N}}{\mathrm{m}^2} \quad (\text{Stahl})\,.$$

Der Ausdruck

$$I_P = \frac{\pi \cdot d_W^4}{32}$$

wird als polares Flächenträgheitsmoment bezeichnet.

Mit k_d in Gl. (7.11) ist die Dämpfung bezeichnet; sie ist bei Stahlwellen sehr klein (siehe Beispiel 7.2).

Zur Normierung werden das Nennmoment M_N und die Kreisfrequenz $\omega_1/p = 2\pi n_1$ verwendet. Damit lautet die Gl. (7.10)

$$\frac{M_M}{M_N} - \frac{M_C}{M_N} = m_M - m_C = \frac{J_M \omega_1}{p \cdot M_N} \cdot \frac{d}{dt}\left(\frac{\omega_M}{\omega_1 / p}\right)$$

(7.13)

Mit der mechanischen Motorzeitkonstante T_M

$$T_M = \frac{J_M \omega_1}{p \cdot M_N}$$

(7.14)

lautet die Übertragungsfunktion zwischen der Motorkreisfrequenz und der Differenz zwischen Motormoment und Federmoment

$$\frac{\omega_M}{\omega_1 / p} = \frac{1}{s \cdot T_M} \cdot \left(m_M - m_C \right) \tag{7.15}$$

Die Normierung von Gl. (7.11) ergibt

$$\frac{M_C}{M_N} = m_C = \frac{C \cdot \omega_1}{p \cdot M_N} \int \frac{\omega_M - \omega_L}{\omega_1 / p} \, dt + \frac{k_d \omega_1}{p \cdot M_N} \cdot \frac{\omega_M - \omega_L}{\omega_1 / p} \tag{7.16}$$

Im Bildbereich lautet die Übertragungsfunktion

$$m_C = \frac{C \cdot \omega_1}{p \cdot M_N} \cdot \frac{\omega_M - \omega_L}{\omega_1 / p} \cdot \frac{1}{s} + \frac{k_d \omega_1}{p \cdot M_N} \cdot \frac{\omega_M - \omega_L}{\omega_1 / p} \tag{7.17}$$

$$= \frac{\omega_M - \omega_L}{\omega_1 / p} \cdot \frac{k_d \omega_1}{p \cdot M_N} \cdot \left(1 + \frac{C \cdot \omega_1}{p \cdot M_N} \cdot \frac{p \cdot M_N}{k_d \omega_1} \cdot \frac{1}{s} \right)$$

Mit den Abkürzungen T_C für die Federzeitkonstante,

$$T_C = \frac{k_d}{C}$$

und

$$V_C = \frac{k_d \omega_1}{p \cdot M_N}$$

ergibt sich

$$m_C = \frac{\omega_M - \omega_L}{\omega_1 / p} \cdot V_C \cdot \left(1 + \frac{1}{s \cdot T_C} \right) \tag{7.18}$$

Die Bewegungsgleichung für die Last (Index L) lautet

$$M_C - M_L = J_L \cdot \frac{d\omega_L}{dt}$$

woraus sich der Zusammenhang zwischen der Winkelgeschwindigkeit der Last und der Differenz zwischen Federmoment und Lastmoment in Analogie zu Gl. (7.15) zu

$$\frac{\omega_L}{\omega_1 / p} = \frac{1}{s \cdot T_L} \cdot \left(m_C - m_L \right) \tag{7.19}$$

ergibt. Zur Abkürzung wurde die mechanische Zeitkonstante der Last

$$T_L = \frac{J_L \omega_1}{p \cdot M_N} \tag{7.20}$$

eingeführt. Damit ergibt sich für den drehelastisch gekuppelten Antrieb das Strukturbild 7.4.

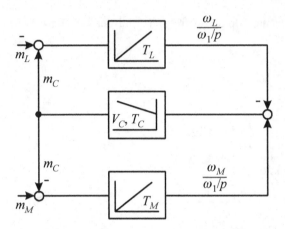

Bild 7.4
Strukturbild des drehelastisch gekuppelten Antriebs

Durch Einsetzen von $\dfrac{\omega_M}{\omega_1/p}$ nach Gl. (7.15) und $\dfrac{\omega_L}{\omega_1/p}$ nach Gl. (7.19) in Gl. (7.18) ergibt sich

$$m_C = \left[\frac{1}{s \cdot T_M} \cdot (m_M - m_C) - \frac{1}{s \cdot T_L} \cdot (m_C - m_L) \right] \cdot V_C \cdot \left(1 + \frac{1}{s \cdot T_C} \right) \tag{7.21}$$

Zur Berechnung der Reaktion des Systems auf einen Laststoß soll das Motormoment zunächst als konstant unterstellt werden ($m_M = 0$).

$$m_C = \left[\frac{-m_C}{s \cdot T_M} - \frac{m_C}{s \cdot T_L} \right] \cdot V_C \cdot \left(1 + \frac{1}{s \cdot T_C} \right) + \frac{m_L}{s \cdot T_L} \cdot V_C \cdot \left(1 + \frac{1}{s \cdot T_C} \right)$$

$$m_C \cdot \left(1 + \left(\frac{1}{s \cdot T_M} + \frac{1}{s \cdot T_L} \right) \cdot V_C \cdot \left(1 + \frac{1}{s \cdot T_C} \right) \right) = \frac{m_L}{s \cdot T_L} \cdot V_C \cdot \left(1 + \frac{1}{s \cdot T_C} \right)$$

$$\frac{m_C}{m_L} = \frac{\dfrac{V_C}{s \cdot T_L} \cdot \left(1 + \dfrac{1}{s \cdot T_C} \right)}{1 + \left(\dfrac{1}{s \cdot T_M} + \dfrac{1}{s \cdot T_L} \right) \cdot V_C \cdot \left(1 + \dfrac{1}{s \cdot T_C} \right)} \tag{7.22}$$

Nach Erweiterung des Bruchs mit $s \cdot T_L \cdot s \cdot T_C$ ergibt sich

$$\frac{m_C}{m_L} = \frac{V_C \cdot (1 + s \cdot T_C)}{s^2 \cdot T_L T_C + \left(\dfrac{T_L}{T_M} + 1 \right) \cdot V_C \cdot (1 + s \cdot T_C)}$$

$$= \frac{T_M}{T_L + T_M} \cdot \frac{V_C \cdot (1 + s \cdot T_C)}{s^2 \cdot \dfrac{T_M T_L}{T_M + T_L} \cdot T_C + s \cdot V_C T_C + V_C}$$

$$= \frac{T_M}{T_L + T_M} \cdot \frac{1 + s \cdot T_C}{s^2 \cdot \frac{T_M T_L}{T_M + T_L} \cdot \frac{T_C}{V_C} + s \cdot T_C + 1}$$

Durch Koeffizientenvergleich des Nennerpolynoms mit

$$\frac{s^2}{\omega_0^2} + 2d \cdot \frac{s}{\omega_0} + 1$$

folgt für die Resonanzkreisfrequenz ω_0

$$\omega_0 = \sqrt{\frac{V_C}{T_C} \cdot \frac{T_L + T_M}{T_L \cdot T_M}} = \sqrt{C \cdot \frac{J_L + J_M}{J_L \cdot J_M}} \tag{7.23}$$

und für das Dämpfungsmaß d

$$d = \frac{1}{2} \cdot \omega_0 \cdot T_C = \frac{1}{2} \cdot \sqrt{C \cdot \frac{J_L + J_M}{J_L \cdot J_M} \cdot \frac{k_d}{C}} \tag{7.24}$$

Das Dämpfungsmaß d ist bei Stahlwellen normalerweise sehr klein ($d \approx 0,01 \dots 0,05$). Mit ω_0 nach Gl. (7.23) und d nach Gl. (7.24) lautet die Übertragungsfunktion endgültig

$$\frac{m_C}{m_L} = \frac{T_M}{T_L + T_M} \cdot \frac{1 + 2d \cdot \frac{s}{\omega_0}}{\frac{s^2}{\omega_0^2} + 2d \cdot \frac{s}{\omega_0} + 1} . \tag{7.25}$$

Für einen Laststoß $m_L(s) = M_L/s$ ergibt die Rücktransformation von Gl (7.25) in den Zeitbereich

$$m_C(t) = M_L \cdot \frac{J_M}{J_M + J_L} \cdot \left[1 - \frac{\omega_0}{\omega_d} \cdot e^{-d\omega_0 t} \cdot \sin\left(\omega_d t + \arctan \frac{-\omega_d}{d \cdot \omega_0} + \pi \right) \right] \tag{7.26}$$

mit der gedämpften Eigenkreisfrequenz ω_d,

$$\omega_d = \omega_0 \cdot \sqrt{1 - d^2} . \tag{7.27}$$

Wegen der geringen Dämpfung unterscheiden sich ω_d und ω_0 im Allgemeinen kaum. Zur Berechnung der Übertragungsfunktion

$$\frac{\omega_M}{\omega_1 / p}$$
$$m_M$$

wird $\dfrac{\omega_L}{\omega_1 / p}$ nach Gl. (7.19) in Gl. (7.18) eingesetzt.

$$m_C = \frac{\omega_M}{\omega_1/p} \cdot V_C \cdot \left(1 + \frac{1}{s \cdot T_C}\right) - \frac{1}{s \cdot T_L} \cdot m_C \cdot V_C \cdot \left(1 + \frac{1}{s \cdot T_C}\right)$$

Die Auflösung nach dem Federmoment ergibt

$$m_C = \frac{\omega_M}{\omega_1/p} \cdot \frac{V_C \cdot \left(1 + \dfrac{1}{s \cdot T_C}\right)}{1 + \dfrac{1}{s \cdot T_L} \cdot V_C \cdot \left(1 + \dfrac{1}{s \cdot T_C}\right)}$$

Durch Einsetzen des Federmoments in Gl. (7.15) folgt

$$\frac{\omega_M}{\omega_1/p} = \frac{1}{s \cdot T_M} \cdot \left[m_M - \frac{\omega_M}{\omega_1/p} \cdot \frac{V_C \cdot \left(1 + \dfrac{1}{s \cdot T_C}\right)}{1 + \dfrac{1}{s \cdot T_L} \cdot V_C \cdot \left(1 + \dfrac{1}{s \cdot T_C}\right)} \right]$$

Nach einigen Umformungen ergibt sich

$$\frac{\dfrac{\omega_M}{\omega_1/p}}{m_M} = \frac{s^2 \cdot \dfrac{T_L \cdot T_C}{V_C} + s \cdot T_C + 1}{s \cdot (T_M + T_L) \cdot \left[s^2 \cdot \dfrac{T_C}{V_C} \dfrac{T_L \cdot T_M}{T_L + T_M} + s \cdot T_C + 1 \right]} \tag{7.28}$$

Der Ausdruck in den eckigen Klammern im Nenner entspricht dem Nennerpolynom der Übertragungsfunktion m_C/m_L nach Gl. (7.22) mit der Eigenfrequenz nach Gl. (7.23) und dem Dämpfungsmaß nach Gl. (7.24).

Zur Berechnung des Amplitudengangs ist in Gl. (7.28) $s = j\omega$ zu setzen und der Betrag der Übertragungsfunktion zu berechnen. In Bild 7.5 ist der Amplitudengang dargestellt.

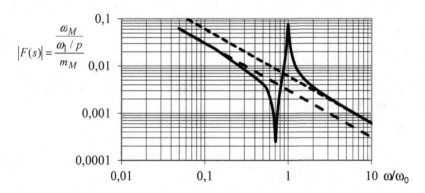

Bild 7.5 Amplitudengang (normierte Darstellung)

An einem Beispiel sollen die abgeleiteten Beziehungen angewendet werden.

Beispiel 7.2[3]

Bild 7.6 zeigt die Prinzipdarstellung eines Zementmühlenantriebs mit Asynchronmotor.

Der Motor wird im stationären Betrieb mit Nennmoment belastet.

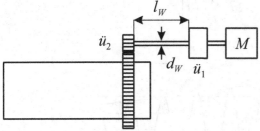

Bild 7.6
Prinzipdarstellung eines Zementmühlenantriebs

| Motor: | Nennleistung | $P_N = 800\ \text{kW}$ | Nenndrehzahl | $n_N = 992\ 1/\text{min}$ |
| | Trägheitsmoment[4] | $J_M = 210\ \text{kgm}^2$ | | |

Zementmühle: Trägheitsmoment $J_L = 65\ 000\ \text{kgm}^2$

Welle: Länge $l_W = 3{,}5\ \text{m}$ Durchmesser $d_W = 0{,}1\ \text{m}$

Dämpfungsmaß $d = 0{,}02$ Übersetzungen $\ddot{u}_1 = 10,\ \ddot{u}_2 = 5$

a) Berechnen Sie die Federkonstante C. Wie groß ist im stationären Betrieb der Verdrehwinkel der Welle ($\Delta\varepsilon_{stat} = (\varepsilon_M - \varepsilon_L)_{stat}$)?

b) Berechnen Sie die Eigenfrequenz des Systems.

c) Ermitteln Sie die auf die Wellendrehzahl bezogenen Trägheitsmomente J_M^* und J_L^* sowie die Sprungantwort auf einen Laststoß $m_L(t) = M_L$ für $t < 0$.

$$\frac{m_C(t)}{\dfrac{M_L}{\ddot{u}_2} \cdot \dfrac{J_M^*}{J_L^* + J_M^*}} = \frac{m_C(t)}{m_L^{**}}$$

d) Das Lastmoment enthält ein drehzahlfrequentes Pendelmoment $m_P(t) = \hat{M}_P \cdot \sin(2\pi n_L t)$.

Berechnen Sie die Amplitude des Wellenmoments, bezogen auf $\dfrac{\hat{M}_P}{\ddot{u}_2}$.

In Bild 7.7 ist der Zeitverlauf des Wellenmoments (bezogen) nach einem Laststoß dargestellt. Bild 7.8 zeigt den Amplitudengang als Funktion des Verhältnisses ω/ω_0.

---

[3] Vogel, J.: Elektrische Antriebstechnik. VEB Verlag Technik, Berlin, 4. Auflage, 1988

[4] Anmerkung: moderner Motor $J_M = 44\ \text{kgm}^2$

$$\left| F(s = j\omega) \right| = \frac{\hat{M}_C}{\dfrac{\hat{M}_P}{\ddot{u}_2}} = \frac{J_M^*}{J_M^* + J_L^*} \cdot \left| \frac{1 + 2d \cdot \dfrac{j\omega}{\omega_0}}{\dfrac{(j\omega)^2}{\omega_0^2} + 2d \cdot \dfrac{j\omega}{\omega_0} + 1} \right|$$

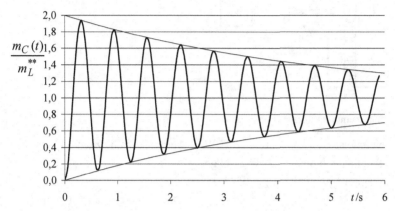

Bild 7.7
Wellenmoment (bezogen) nach einem Sprung des Lastmoments

Wegen der kleinen Dämpfung klingt der Wechselanteil nur langsam ab. Der Maximalwert wird nach etwa einer halben Periode erreicht; er beträgt wegen $J_M^* \gg J_L^*$ nahezu das Doppelte des Laststoßes (in Bild 7.7: $m_{Cmax} / m_L^{**} = 1{,}94$ für $\omega t \approx \pi$; $M_{Cmax} = 1{,}73 \cdot M_L / \ddot{u}_2$).

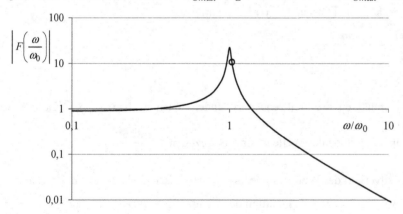

Bild 7.8

Amplitudengang $\left| F\left(\dfrac{\omega}{\omega_0} \right) \right| = \dfrac{\hat{M}_C}{\hat{M}_P / \ddot{u}_2}$

Wegen der geringen Dämpfung ergibt sich eine hohe Resonanzüberhöhung. Die Anregung erfolgt resonanznah.

8 Arbeitsmaschinen

Nachfolgend werden einige Arbeitsmaschinen mit ihren Drehmoment-Drehzahl-Kennlinien vorgestellt.

Pumpen und Lüfter

Ein großer Teil aller Arbeitsmaschinen sind Pumpen und Lüfter. Bei Lüftern ist die Druckerzeugung Δp näherungsweise proportional zum Quadrat der Drehzahl. Da der Volumenstrom linear von der Drehzahl abhängt, folgt, dass sich die Leistung mit der dritten Potenz der Drehzahl ändert.

$$P_{L\ddot{u}fter} \sim n^3$$

Das Antriebsmoment steigt demnach quadratisch mit der Drehzahl.

$$M_{L\ddot{u}fter} \sim n^2$$

Zur Überwindung von Reibung und Druckabfall in Krümmern kann noch ein konstanter Drehmomentanteil hinzukommen. Bei Pumpen muss zusätzlich zur Druckerzeugung zur Überwindung der Strömungswiderstände der Druck des zu fördernden Mediums aufgebracht werden, so dass die gesamte Druckdifferenz mit der Förderhöhe ΔH, der Dichte ρ des zu fördernden Mediums, der Erdbeschleunigung g und einer Konstanten K in der Form $\Delta p = \Delta H \rho g + K n^2$ beschrieben werden kann. Das Antriebsmoment enthält also neben dem quadratisch ansteigenden auch einen konstanten Anteil

$$M_{Pumpe} = M_0 + M_2 \cdot \left(\frac{n}{n_N} \right)^2$$

Die Antriebsleistung beträgt

$$P_{Pumpe} = 2\pi n \cdot \left(M_0 + M_2 \cdot \left(\frac{n}{n_N} \right)^2 \right) = 2\pi n \cdot M_0 + 2\pi n_N \cdot M_2 \cdot \left(\frac{n}{n_N} \right)^3$$

Hebezeuge, Aufzüge

Bei Hebezeugen hängt das erforderliche Antriebsmoment nur von der Hublast ab.

$$M_{Kran} = m \, g \, D/2 = \text{konstant}$$

Die erforderliche Antriebsleistung steigt linear mit der gewünschten Hubgeschwindigkeit.

Wicklerantriebe, Werkzeugmaschinen

Bei Wickler- oder Haspelantrieben ist bei konstanter Aufwickelgeschwindigkeit eine konstante Zugkraft erforderlich (Bild 8.1).

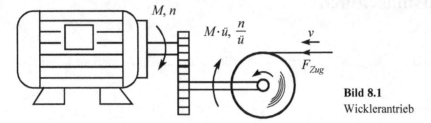

Bild 8.1
Wicklerantrieb

Die Antriebsleistung beträgt

$$P_{Wickler} = F_{Zug} \cdot v = \text{konstant},$$

so dass sich für das Drehmoment

$$M_{Wickler} = \frac{F_{Zug} \cdot v}{2\pi n}$$

ergibt. Das Antriebsmoment nimmt umgekehrt proportional zur Drehzahl ab. Ähnliche Verhältnisse gelten auch für Hauptspindelantriebe von Werkzeugmaschinen.

Bild 8.2 zeigt für die verschiedenen Arbeitsmaschinen das Drehmoment (links) sowie die Antriebsleistung als Funktion der Drehzahl in prinzipieller Darstellung.

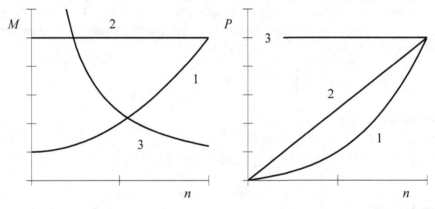

Bild 8.2
a) Antriebsmoment $M = f(n)$ b) Antriebsleistung $P = f(n)$
1: Lüfter, Pumpen, 2: Hebezeuge, Aufzüge 3: Wickler, Werkzeugmaschinen

9 Lösungen der Beispiele

9.1 Lösung zu Beispiel 2.1

a) $M_N = \dfrac{P_N}{2\pi n_N} = 2521\,\text{Nm}$ $R_A = \dfrac{U_N - \dfrac{P_N}{I_N}}{I_N} = 28,4\,\text{m}\Omega$ $U_{iN} = \dfrac{P_N}{I_N} = 372,4\,\text{V}$

b) $n_M = \dfrac{\ddot{u} \cdot v}{\pi \cdot D_{Tr}} = 1419\ \text{min}^{-1}$ $\sin\alpha = \dfrac{h}{l} = 0,335$

$M_M = \dfrac{1}{4 \cdot \ddot{u}} \cdot \left[10 \cdot (m_{Gv} - m_{Gl}) \cdot g \cdot \sin\alpha \cdot \dfrac{D_{Tr}}{2} + M_R \right] = 1307\ \text{Nm}$

$I = \dfrac{M_M}{M} \cdot I_N = 503,8\,\text{A}, \quad U_i = \dfrac{n_M}{n_N} \cdot U_{iN} = 385,6\,\text{V}$

$U = U_i + I \cdot R_A = 399,9\,\text{V}$ $\dfrac{3600\ \text{s/h}}{l/v} \cdot 10\ \text{Gondeln} \cdot \dfrac{24\ \text{Pers.}}{\text{Gondel}} = 2723\ \dfrac{\text{Pers.}}{\text{h}}$

c) $J_{res}^* = m_{Seil} \cdot \left(\dfrac{D_{Tr}}{2} \right)^2 + 10 \cdot (m_{Gv} + m_{Gl}) \cdot \left(\dfrac{D_{Tr}}{2} \right)^2 + 2 \cdot J_{Tr} = 663000\ \text{kgm}^2$

$J_{res} = \dfrac{1}{\ddot{u}^2} \cdot J_{res}^* = 223,2\,\text{kgm}^2 \quad \text{(auf Motorwelle bezogen)}$

d) $M_b = \dfrac{1}{2} \cdot \left(J_{res} \cdot \dfrac{d\omega}{dt} + 4 \cdot M_M \right) = \dfrac{1}{2} \cdot \left(J_{res} \cdot \dfrac{2 \cdot \ddot{u} \cdot a}{D_{Tr}} + 4 \cdot M_M \right) = 3029\ \text{Nm (je Motor)}$

$I_b = \dfrac{M_b}{M_N} \cdot I_N = 1168\,\text{A}$ $t_A = \dfrac{v_{GNot}}{a} = 26,7\,\text{s}$

e) $U(t = 0) = I_b \cdot R_A = 33,1\,\text{V}, \quad n = \dfrac{\ddot{u} \cdot v_{GNot}}{\pi \cdot D_{Tr}} = 946\ \text{min}^{-1}$

$U_{ib}(v = 4\ \text{m/s}) = \dfrac{n}{n_N} \cdot U_{iN} = 257\,\text{V}, \quad U(t = t_A) = U_{ib} + I_b \cdot R_A = 290,2\,\text{V}$

f) $M = 2 \cdot 1307\ \text{Nm} = 2614\ \text{Nm}, \qquad I = \dfrac{M}{M_N} \cdot I_N = 1008\,\text{A}$ $U = U_{ib} + I \cdot R_A = 285,6\,\text{V}$

$P_V = I^2 \cdot R_A = 28,8\,\text{kW}$

g) $M_b = \dfrac{1}{2} \cdot \left(J_{res} \cdot \dfrac{d\omega}{dt} + 4 \cdot M \right) = \dfrac{1}{2} \cdot \left(J_{res} \cdot \dfrac{2 \cdot \ddot{u} \cdot a}{D_{Tr}} + 4 \cdot M \right) = 1507\ \text{Nm} \ (a = -0,4\ \text{m/s}^2)$

9.2   Lösung zu Beispiel 2.2

a) $M_N = \dfrac{P_N}{2\pi n_N} = 1023\,\text{Nm}$ $U_{iN} = \dfrac{P_N}{I_N} = 533{,}3\,\text{V}$ $R_A = \dfrac{U_N - U_{iN}}{I_N} = 0{,}296\,\Omega$

$k_1\Phi = \dfrac{U_{iN}}{n_N} = 28{,}6\,\text{Vs}$

b) $I = 80\,\text{A} = 0{,}355 \cdot I_N$: $k_1\Phi = 0{,}47 \cdot k_1\Phi_N = 13{,}4\,\text{Vs}$, $U_i = U_N - I \cdot R_A = 576{,}3\,\text{V}$

$n = \dfrac{U_i}{k_1\Phi} = 2580\,\dfrac{1}{\text{min}}$ $M = \dfrac{k_1\Phi}{2\pi} \cdot I = 170{,}6\,\text{Nm}$ $P = 2\pi nM = 46{,}1\,\text{kW}$

$v = \dfrac{\pi \cdot D \cdot n}{\ddot{u}} = 15{,}5\,\dfrac{\text{m}}{\text{s}} = 55{,}8\,\dfrac{\text{km}}{\text{h}}$ $F_W = \dfrac{2 \cdot P}{v} = 5948\,\text{N}$

c) $I = 1{,}6 \cdot I_N \Rightarrow U = I \cdot R_A = 106{,}6\,\text{V}$

d) $k_1\Phi = 1{,}17 \cdot k_1\Phi_N \Rightarrow$ $M = 1{,}6 \cdot 1{,}17 \cdot M_N = 1919\,\text{Nm}$

e) $J_{res} = J_{Mot} + \dfrac{1}{2} \cdot m \cdot \left(\dfrac{v}{\omega}\right)^2 = J_{Mot} + \dfrac{1}{2} \cdot m \cdot \left(\dfrac{D}{2}\right)^2 \cdot \dfrac{1}{\ddot{u}^2} = 62{,}8\,\text{kgm}^2$ (je Motor)

$\Sigma M = J_{res} \cdot \dfrac{d\omega}{dt}$ $\Sigma M = 1{,}6 \cdot 1{,}17 \cdot M_N - \dfrac{1}{2} \cdot \dfrac{F_W(v=0) \cdot D}{2 \cdot \ddot{u}} = 1747\,\text{Nm}$

$\dfrac{d\omega}{dt} = \dfrac{\Sigma M}{J_{res}} = 27{,}8\,\dfrac{1}{\text{s}^2}$ $\dfrac{dn}{dt} = \dfrac{1}{2\pi} \cdot \dfrac{d\omega}{dt} = 4{,}42\,\dfrac{1}{\text{s}^2}$ $a = \dfrac{\pi \cdot D}{\ddot{u}} \cdot \dfrac{dn}{dt} = 1{,}59\,\dfrac{\text{m}}{\text{s}^2}$

9.3   Lösung zu Beispiel 2.3

a) $R_A = \dfrac{U - U_{iN}}{I_N} = 0{,}2\,\Omega$ mit $U_{iN} = \dfrac{P_N}{I_N} = 210\,\text{V}$

b) $B = \dfrac{\mu_0}{\delta''} \cdot \dfrac{N_E}{2p} \cdot I_{EN} = \dfrac{4\pi \cdot 10^{-7}\,\text{Vs/Am}}{2 \cdot 10^{-3}\,\text{m}} \cdot 1200 \cdot 1\,\text{A} = 0{,}754\,\dfrac{\text{Vs}}{\text{m}^2}$

$\Phi = \alpha \cdot \tau \cdot l \cdot B = 0{,}68 \cdot 0{,}12\,\text{m} \cdot 0{,}15\,\text{m} \cdot 0{,}754\,\dfrac{\text{Vs}}{\text{m}^2} = 9{,}23\,\text{mVs}$

$n_N = \dfrac{U_{iN}}{k_1\Phi_N} = \dfrac{210\,\text{V}}{432 \cdot 9{,}23\,\text{mVs}} = 3160\,\dfrac{1}{\text{min}}$

$A_N = \dfrac{z \cdot I_N / 2a}{2p \cdot \tau} = \dfrac{2 \cdot N_S \cdot k \cdot I_N / 2a}{2p \cdot \tau} = \dfrac{432 \cdot 50\,\text{A} / 4}{4 \cdot 0{,}12\,m} = 11250\,\dfrac{\text{A}}{\text{m}}$

$B_{max} = B \cdot \left(1 + \dfrac{\alpha \cdot \tau \cdot A_N}{2N_E / 2p \cdot I_{EN}}\right) = 0{,}754\,\text{T} \cdot \left(1 + \dfrac{0{,}68 \cdot 0{,}12\,\text{m} \cdot 11250\,\text{A/m}}{2 \cdot 1200 \cdot 1\,\text{A}}\right) = 1{,}042\,\text{T}$

$$U_{s0} = \frac{U_N}{\alpha \cdot k / 2p} = \frac{220\,\text{V}}{0{,}68 \cdot 72 / 4} = 18\,\text{V}$$

$$U_{sm} = \frac{U_{iN}}{\alpha \cdot k / 2p} + \frac{I \cdot R_A}{k / 2p} = \frac{210\,\text{V}}{0{,}68 \cdot 72 / 4} + \frac{50\,\text{A} \cdot 0{,}2\,\Omega}{72 / 4} = 17{,}7\,\text{V}$$

$$U_{smax} = \frac{B_{max}}{B} \cdot U_{sm} = \frac{1{,}042\,\text{T}}{0{,}754\,\text{T}} \cdot 17{,}7\,\text{V} = 24{,}5\,\text{V}$$

c) Im Feldschwächbetrieb mit $I = I_N$ ist wegen $U_i = U - I_N R_A = U_{iN}$ die induzierte Spannung gleich der bei Bemessungsbetrieb und daher

$\Phi = \Phi_N \cdot n_N / n$.

Bei Vernachlässigung der Sättigung gilt daher für die Drehzahlabhängigkeit des Erreger-stroms

$$I_E(n) = I_{EN} \cdot \frac{n_N}{n}$$

$$U_{smax} = U_{sm} \cdot \left(1 + \frac{\alpha \cdot \tau \cdot A_N}{2N_E / 2p \cdot I_{EN} \cdot n_N} \cdot n_{gr}\right) \overset{!}{=} U_{szul}$$

$$\frac{n_{gr}}{n_n} = \left(\frac{U_{szul}}{U_{sm}} - 1\right) \cdot \frac{2N_E / 2p \cdot I_{EN}}{\alpha \cdot \tau \cdot A_N} = \left(\frac{30\,\text{V}}{17{,}7\,\text{V}} - 1\right) \cdot \frac{2 \cdot 1200 \cdot 1\,\text{A}}{0{,}68 \cdot 0{,}12\,\text{m} \cdot 11250\,\dfrac{\text{A}}{\text{m}}} = 1{,}82$$

$n_{gr} = 5750\,\text{min}^{-1}$

d) $U_{szul} = U_{sm} \cdot \left(1 + \dfrac{\alpha \cdot \tau \cdot A_N}{2N_E / 2p \cdot I_{EN} \cdot n_N} \cdot n\right) \Rightarrow I \cdot n = \text{konst.} \Rightarrow I = I_N \cdot \dfrac{n_{gr}}{n}$

e) Für die einzelnen Drehzahlbereiche ergeben sich die stationär zulässigen Betriebsdaten nach Tabelle 9.1.

Tabelle 9.1
Stationäre Betriebsgrenzen der Gleichstrommaschine

n	Φ	I	M	P	U
$0 < n < n_N$	Φ_N	I_N	M_N	$P_N \cdot \dfrac{n}{n_N}$	$U_{iN} \cdot \dfrac{n}{n_N} + I_N \cdot R_A$
$n_N < n < n_{gr}$	$\Phi_N \cdot \dfrac{n_N}{n}$	I_N	$M_N \cdot \dfrac{n_N}{n}$	P_N	U_N
$n_{gr} < n < n_{max}$	$\Phi_N \cdot \dfrac{n_N}{n}$	$I_N \cdot \dfrac{n_{gr}}{n}$	$M_N \cdot \dfrac{n_N \cdot n_{gr}}{n^2}$	$P_N \cdot \dfrac{n_{gr}}{n}$	U_N

$P(n_{max}) = 10\,\text{kW}$

Darstellung der Grenzkennlinien nach Tabelle 9.1: siehe Bild 2.17.

9.4 Lösung zu Beispiel 3.1

a) $R_{Fe} = \dfrac{U_{1N}}{P_0} = 4{,}07\,k\Omega$ $\qquad\qquad$ $I_{Fe} = \dfrac{U_{1N}}{R_{Fe}} = 0{,}056\,A$

$\quad\ I_\mu = \sqrt{I_{10}^2 - I_{Fe}^2} = 0{,}16\,A$ $\qquad$ $\cos\varphi_0 = \dfrac{I_{Fe}}{I_{10}} = 0{,}332$

$\quad\ Z_N = \dfrac{U_{1N}}{I_{1N}} = 165\,\Omega$ $\qquad\qquad$ $X_{1h} = \dfrac{U_{1N}}{I_\mu} = 1{,}437\,k\Omega$

$\quad\ R_k = \dfrac{P_k}{I_{1N}^2} = 8{,}28\,\Omega$ $\qquad\qquad$ $R_2' = R_k - R_1 = 3{,}98\,\Omega$

$\quad\ Z_k = \dfrac{U_{1k}}{I_{1N}} = 26{,}7\,\Omega$ $\qquad\qquad$ $X_k = \sqrt{Z_k^2 - R_k^2} = 25{,}4\,\Omega$

$\quad\ \cos\varphi_k = \dfrac{R_k}{Z_k} = 0{,}31$ $\qquad\qquad$ $u_k = \dfrac{U_{1k}}{U_{1N}} = 16{,}1\,\%$

$\quad\ u_R = u_k \cdot \cos\varphi_k = 5\,\%$ $\qquad\qquad$ $u_X = u_k \cdot \sin\varphi_k = 15{,}3\,\%$

$\quad\ X_{1\sigma} = X_{2\sigma}' = X_k/2 = 12{,}7\,\Omega$

b) $\ddot{u} = \sqrt{\dfrac{R_2'}{R_2}} = 9{,}6$ $\qquad\qquad$ $U_{20} = \dfrac{U_{1N}}{\ddot{u}} = 23{,}9\,V$

c) $L_1 = L_{1h} + L_{1\sigma} = \dfrac{X_{1h} + X_{1\sigma}}{2\pi f_1} = 4{,}61\,H$

$\quad\ L_2' = L_1 = L_2 \cdot \ddot{u}^2 \ \Rightarrow\ L_2 = \dfrac{L_1}{\ddot{u}^2} = 0{,}05\,H \quad M = \dfrac{L_{1h}}{\ddot{u}} = 0{,}476\,H$

$\quad\ \sigma = 1 - \dfrac{M^2}{L_1 \cdot L_2} = 0{,}017$

d) $\underline{U}_1 = 230\,V \cdot e^{j0}$ $\qquad$ $\underline{I}_\mu = 0{,}16\,A \cdot e^{-j\pi/2}$ $\qquad$ $\underline{I}_{Fe} = 0{,}056\,A \cdot e^{j0}$

$\quad\ \underline{I}_{10} = 0{,}17\,A \cdot e^{-j70{,}6^0}$ $\qquad$ $\underline{U}_{1k} = 37{,}1\,V \cdot e^{j0}$ $\qquad$ $\underline{I}_k = 1{,}39\,A \cdot e^{-j71{,}9^0}$

$\quad\ R_k \cdot \underline{I}_k = 11{,}5\,V \cdot e^{-j71{,}9^0}$ $\qquad$ $jX_k \cdot \underline{I}_k = 35{,}3\,V \cdot e^{j18{,}1^0}$

e) $a = \dfrac{P_{Fe}}{P_k} = 0{,}81$ $\qquad\qquad$ $i_0 = \dfrac{I_{10}}{I_{1N}} = 12\,\%$

9.5 Lösung zu Beispiel 3.2

a) $\underline{Z}_L = 1,4\,\Omega + j1,05\,\Omega$ $\underline{Z}_L' = \ddot{u}^2 \cdot Z_L = 129\,\Omega + j96,8\,\Omega$

b) Annahme: $\underline{U}_2' = 200\,\text{V} \cdot e^{j0}$

$$\underline{I}_2' = -\frac{\underline{U}_2'}{\underline{Z}_L'} = 1,23\,\text{A} \cdot e^{j143,1^0} \qquad -R_2'\underline{I}_2' = 4,92\,\text{V} \cdot e^{-j36,9^0}$$

$$-jX_{2\sigma}'\underline{I}_2' = 16\,\text{V} \cdot e^{j53,1^0}$$

$$\underline{U}_{1h} = \underline{U}_2' - R_2'\underline{I}_2' - jX_{2\sigma}'\underline{I}_2' = 213,4\,\text{V} + j9,58\,\text{V} = 213,6\,\text{V} \cdot e^{j2,6^0}$$

$$\underline{I}_{Fe} = \frac{\underline{U}_{1h}}{R_{Fe}} = 0,052\,\text{A} \cdot e^{j2,6^0} \qquad \underline{I}_\mu = \frac{\underline{U}_{1h}}{jX_{1h}} = 0,148\,\text{A} \cdot e^{-j87,4^0}$$

$$\underline{I}_1 = -\underline{I}_2' + \underline{I}_{Fe} + \underline{I}_\mu = 1,05\,\text{A} - j0,89\,\text{A} = 1,37\,\text{A} \cdot e^{-j40,3^0}$$

$$\underline{U}_1 = \underline{U}_{1h} + jX_{1\sigma}\underline{I}_1 + R_1\underline{I}_1 = 229,9\,\text{V} \cdot e^{j4,8^0} \text{ (Annahme } U_2' = 200\,\text{V stimmte)}$$

9.6 Lösung zu Beispiel 3.3

$$I_{1Na} = \frac{S_{Na}}{\sqrt{3} \cdot U_{1N}} = 11,5\,\text{A} \qquad I_{1Nb} = \frac{S_{Nb}}{\sqrt{3} \cdot U_{1N}} = 18,2\,\text{A}$$

$$R_{ka} = \frac{P_{ka}}{3 \cdot I_{1Na}^2} = 11,6\,\Omega \qquad R_{kb} = \frac{P_{kb}}{3 \cdot I_{1Nb}^2} = 6,8\,\Omega$$

$$Z_{ka} = \frac{u_{ka} \cdot U_{1N}}{\sqrt{3} \cdot I_{1Na}} = 40,0\,\Omega \qquad Z_{ka} = \frac{u_{ka} \cdot U_{1N}}{\sqrt{3} \cdot I_{1Nb}} = 38,1\,\Omega$$

$$X_{ka} = \sqrt{Z_{ka}^2 - R_{ka}^2} = 38,3\,\Omega \qquad X_{kb} = \sqrt{Z_{kb}^2 - R_{kb}^2} = 37,5\,\Omega$$

$$\frac{\underline{I}_{1a}}{\underline{I}_{1b}} = \frac{\underline{Z}_{kb}}{\underline{Z}_{ka}} = \frac{R_{kb} + jX_{kb}}{R_{ka} + jX_{ka}} = 0,952 \cdot e^{j6,5^0}$$

$$\frac{\underline{I}_{1b} + \underline{I}_{1a}}{\underline{I}_{1a}} = \left(1 + \frac{\underline{I}_{1b}}{\underline{I}_{1a}}\right) = \left(1 + \frac{\underline{Z}_{ka}}{\underline{Z}_{kb}}\right) = \frac{R_{ka} + R_{kb} + j(X_{ka} + X_{kb})}{R_{kb} + jX_{kb}} = 2,04 \cdot e^{-j3,4^0}$$

$$|\underline{I}_{1a} + \underline{I}_{1b}| = 2,04 \cdot I_{1Na} = 23,5\,\text{A} \qquad S_{zul} = 2,04 \cdot S_{Na} = 816\,\text{kVA} = 0,79 \cdot (S_{Na} + S_{Nb})$$

Die zulässige Summenscheinleistung beträgt lediglich 79% der Summe der Bemessungsscheinleistungen.

Überschlägige Berechnung:

$$I_{1a} = I_{1Na}, U_{1ka} = u_{ka} \cdot U_{1N} = u_{kb} \cdot U_{1N} \cdot \frac{I_{1b}}{I_{1Nb}} \quad \Rightarrow \quad I_{1b} = \frac{u_{ka}}{u_{kb}} \cdot I_{1Nb}$$

$$S_b = S_{Nb} \cdot \frac{I_{1b}}{I_{1Nb}} = S_{Nb} \cdot \frac{u_{ka}}{u_{kb}} \qquad\qquad S_{zul} \approx S_{Na} + \frac{u_{ka}}{u_{kb}} \cdot S_{Nb} = 814 \, \text{kVA}$$

9.7 Lösung zu Beispiel 4.1

Maßstäbe: $m_I \;\; = 35 \, \text{A/cm}$
$\qquad\qquad m_P \;\; = \sqrt{3} \, U_N \, m_I = 24{,}2 \, \text{kW/cm}$
$\qquad\qquad m_M \;\; = m_P \, / \, 2\pi n_1 = 154{,}4 \, \text{Nm/cm}$

a) SOK zeichnen aus Bemessungspunkt und Kurzschlusspunkt:

Bemessungspunkt: $I_N = 66 \, \text{A} \equiv 1{,}9 \, \text{cm}, \qquad \varphi_N = \arccos(0{,}84) = 32{,}9^\circ$

Kurzschlusspunkt: $P_k = 67{,}7 \, \text{kW} \equiv 2{,}8 \, \text{cm},$

$\qquad\qquad\qquad\;\; I_k = I_A = 401 \, \text{A} \equiv 11{,}5 \, \text{cm}, \quad I_A / I_N = 6{,}1$

$$\cos\varphi_k = \frac{P_k}{\sqrt{3} U_N I_k} = 0{,}244 \qquad \varphi_k = 75{,}9^\circ$$

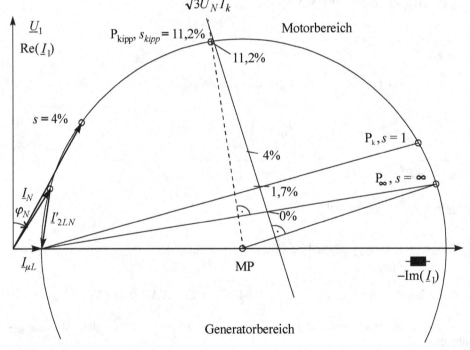

Bild 9.1
Stromortskurve zu Beispiel 4.1

b) $X_h = \dfrac{U_N}{I_0 / \sqrt{3}} = 25,2 \, \Omega$

Kreisdurchmesser $I_\varnothing = 11,1 \text{ cm} \cdot 35 \text{ A/cm} = 388,5 \text{ A}$

$$X_k = \frac{U_N}{I_\varnothing / \sqrt{3}} = 1,79 \, \Omega$$

$I'_{2Lk} = 10,7 \text{ cm} \cdot 35 \text{ A/cm} = 374,5 \text{ A}$ $\qquad$ $P_{Cu1k} = 3 \cdot R_1 \cdot \left(\dfrac{I'_{2Lk}}{\sqrt{3}}\right)^2 = 39,4 \text{ kW}$

$$P_{Cu2k} = P_k - P_{Cu1k} = 28,3 \text{ kW} = 3 \cdot R'_2 \cdot \left(\frac{I'_{2Lk}}{\sqrt{3}}\right)^2 \quad \Rightarrow \quad R'_2 = 0,202 \, \Omega$$

c) aus SOK: $I'_{2N} = 1,6 \text{ cm} \cdot 35 \text{ A/cm} = 56 \text{ A}$ (Leiterstrom)

$P_{Cu1N} = 3 \cdot R_1 \cdot \left(\dfrac{I'_{2N}}{\sqrt{3}}\right)^2 = 0,88 \text{ kW}$ $\qquad$ $P_{Cu2N} = 3 \cdot R'_2 \cdot \left(\dfrac{I'_{2N}}{\sqrt{3}}\right)^2 = 0,63 \text{ kW}$

$$M_N = \frac{P_N}{2\pi n_N} = 240 \text{ Nm}$$

d) $M_A = \dfrac{P_{Cu2k}}{2\pi n_1} = 180 \text{ Nm}, \quad \dfrac{M_A}{M_N} = 0,75$

e) mit Parametergerade: $s_N \equiv 0,7 \text{ cm}, \; s_{kipp} = 4,7 \text{ cm}/0,7 \text{ cm} \cdot s_N = 11,2\%$

  $M_{kipp} = 4,7 \text{ cm} \cdot 154,4 \text{ Nm/cm} = 726 \text{ Nm}, \; M_{kipp} / M_N = 3,03$

f) Punkt einzeichnen mit Hilfe der Parametergerade:

$s \equiv \dfrac{4\%}{s_N} \cdot 0,7 \text{ cm} = 1,7 \text{ cm}$

$I_{1L} = 3,8 \text{ cm} \cdot 35 \text{ A/cm} = 133 \text{ A}, \; I'_{2L} = 3,5 \text{ cm} \cdot 35 \text{ A/cm} = 122,5 \text{ A}$

$P_{Cu1} = 3 \cdot R_1 \cdot \left(\dfrac{I'_{2L}}{\sqrt{3}}\right)^2 = 4,2 \text{ kW}$ $\qquad$ $P_{Cu2} = 3 \cdot R'_2 \cdot \left(\dfrac{I'_{2L}}{\sqrt{3}}\right)^2 = 3,03 \text{ kW}$

$P_\delta = \dfrac{P_{Cu2}}{s} = 75,8 \text{ kW}$ $\qquad\qquad$ $M = \dfrac{P_\delta}{2\pi n_1} = 483 \text{ Nm}$

$P = (1-s) \cdot P_\delta = 72,8 \text{ kW}$

9.8   Lösung zu Beispiel 4.2

a) Maßstäbe: $m_I = 173,2 \text{ A/cm}$

  $m_P = \sqrt{3} \, U_N \, m_I = 120 \text{ kW/cm}$

  $m_M = m_P / 2\pi n_1 = 764 \text{ Nm/cm}$

SOK zeichnen aus Nennpunkt, Anlaufpunkt

b) $s_N = (n_1 - n_N)/n_1 = 0,8\%$, $M_N = P_N/(2\pi n_1(1 - s_N)) = 1284$ Nm

c) Konstruktion P_∞: $M_A \equiv 402$ Nm$/764$ Nm/cm $= 0,53$ cm; antragen an P_k

Parametergerade einzeichnen und parametrieren:

$s_N \equiv 0,7$ cm, $s_{kipp} = 4,3$ cm$/0,7$ cm $\cdot s_N = 4,9\%$

$M_{kipp} = 5,1$ cm $\cdot 764$ Nm/cm $= 3900$ Nm $= 3,04\,M_N$

$I'_{2k} = 10,8$ cm$/\sqrt{3} \cdot 173,2$ A/cm $= 1080$ A

$P_k = \sqrt{3}\,U_N I_k \cos\varphi_k = 136,5$ kW, $P_{Cu2k} = 2\pi n_1 M_A = 63,1$ kW

$P_{Cu1k} = P_k - P_{Cu2k} = 73,4$ kW,

$$R_1 = \frac{P_{Cu1k}}{3 \cdot I'^2_{2k}} = 21\,\text{m}\Omega \qquad R'_2 = \frac{P_{Cu2k}}{3 \cdot I'^2_{2k}} = 18,1\,\text{m}\Omega$$

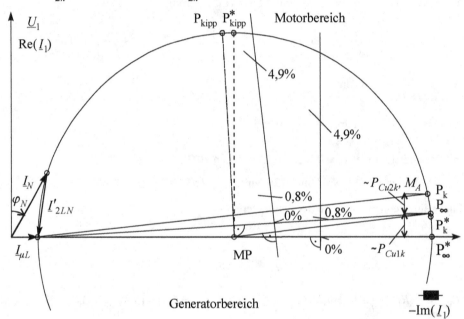

Bild 9.2
Stromortskurve zu Beispiel 4.2

d) Kreisdurchmesser $\quad I_\varnothing = 10,8$ cm $\cdot 173,2$ A/cm $= 1870$ A

$$X_k = U_N/(I_\varnothing/\sqrt{3}) = 0,37\ \Omega$$

$s_{kipp} = 4,9\%$ (wie in b), $M_{kipp} = 3912$ Nm (aus b): $M_{kipp} = 3900$ Nm)

e) $P_k^* \approx P_{Cu2k} = 63,1$ kW $\equiv 0,5$ cm ($P_{Cu1k} = 0$), $I_k^* \approx I_k$

$$\cos\varphi_k^* = \frac{P_k^*}{\sqrt{3}U_N I_k} = 0,054$$

f) neue Parametergerade ($\perp$ zur Imaginärachse):

$s_N \equiv 0,5$ cm, $s_{kipp} = 3,0$ cm $/0,5$ cm $\cdot s_N = 4,8\%$,

$M_{kipp} = 5,4$ cm $\cdot 764$ Nm $/$cm $= 4126$ Nm $= 3,21\ M_N$,

rechnerisch (Gl. 4.42b), (4.43b)): $s_{kipp} = 4,9\%$, $M_{kipp} = 4141$ Nm

g) $\dfrac{2}{\dfrac{s_N}{s_{kipp}} + \dfrac{s_{kipp}}{s_N}} = 0,32$ $\dfrac{M}{M_{kipp}} = 0,31$ (gute Übereinstimmung)

9.9   Lösung zu Beispiel 4.3

a) $R_2' = 0,5 \cdot R_{KL} \cdot \left(\dfrac{U_N}{U_{20}}\right)^2 = 24,5\,\text{m}\Omega$

b) Maßstäbe: m_I $= 125$ A$/$cm

                m_P $= \sqrt{3}\ U_N\ m_I = 86,6$ kW$/$cm

                m_M $= m_P / 2\pi n_1 = 827$ Nm $/$cm

Kurzschlusspunkt auf Nennspannung umrechnen:

$I_{1k} = (U_N / U_k) \cdot 232$ A $= 1314$ A, $P_k = (U_N / U_k)^2 \cdot 6590$ W $= 215,2$ kW

Stromortskurve zeichnen aus Leerlaufpunkt und Kurzschlusspunkt (siehe Bild 9.3).

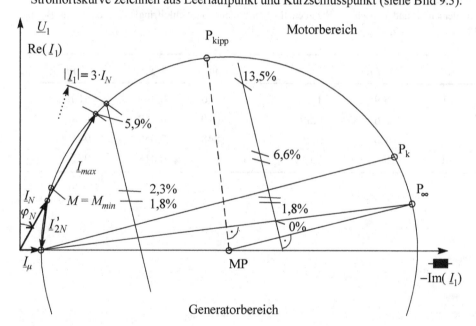

Bild 9.3
Stromortskurve zu Beispiel 4.3

c) Ablesen aus SOK: $M_A \equiv 1,3$ cm $= 1075$ Nm

$$M_{kipp} \equiv 4{,}55 \text{ cm} = 3763 \text{ Nm}$$

Kreisdurchmesser: $I_\varnothing \equiv 10{,}3 \text{ cm}$, $I_\varnothing = 1288 \text{ A}$

$$X_k = \frac{U_N / \sqrt{3}}{I_\varnothing} = 0{,}18\,\Omega \qquad X_h = \frac{U_N / \sqrt{3}}{I_0} = 3{,}2\,\Omega \qquad s_{kipp} = \frac{R_2'}{\sqrt{R_1^2 + X_k^2}} = 13{,}5\%$$

Parametergerade einzeichnen:

$s_{kipp} \equiv 3{,}75 \text{ cm}$, $s_N \equiv 0{,}5 \text{ cm}$; $s_N = 0{,}5 \text{ cm}/3{,}75 \text{ cm} \cdot 13{,}5\% = 1{,}8\%$

$M_N = P_N / 2\pi n_1 (1 - s_N) = 1070 \text{ Nm}$, ablesen: $\varphi_N = 29° \Rightarrow \cos\varphi_N = 0{,}87$

d) $M_{Mmin} = 1{,}25\, M_N = 1340 \text{ Nm} \equiv 1{,}6 \text{ cm}$, ablesen: $s_{min} = 2{,}3\,\%$

oder $s_{min} \approx M_{Mmin} / M_N \cdot s_N = 2{,}25\%$, weitere Rechnung mit $s_{min} = 2{,}3\,\%$

$I_1 = 3 \cdot I_N = 567 \text{ A} \equiv 4{,}5 \text{ cm}$, ablesen: $s(I_1 = 3 \cdot I_N) = 6{,}6\,\%$

$$N = \frac{\ln(s_{min})}{\ln\left(\dfrac{s_{min}}{s(I_1 = 3 \cdot I_N)}\right)} - 1 = 3 \qquad s_{max} = s_{min}^{N/(N+1)} = 5{,}9\%$$

ablesen $I_{max} = 520 \text{ A} = 2{,}75 \cdot I_N$

Tabelle 9.2 zeigt für die einzelnen Stufen die jeweils erforderlichen Vorwiderstände sowie die Umschaltdrehzahlen.

Tabelle 9.2

Vorwiderstände und Umschaltdrehzahlen für den Anlauf des Schleifringläufermotors aus Beispiel 4.3 ($M_{Mmin} = 1{,}25\, M_N$, $I_{max} = 520 \text{ A}$)

Stufe	R_V / R_2	s_a^*	n_a / min^{-1}	s_e^*	n_e / min^{-1}
1	15,9	1	0	0,390	610
2	5,6	0,39	610	0,152	848
3	1,6	0,152	848	0,059	941
4	0	0,059	941	0,018	982

9.10 Lösung zu Beispiel 4.4

M_{kipp} = 3763 Nm (aus Beispiel 4.3), $J_{res} = J_M + J_L$ = 109,2 kgm^2

$A_k = \dfrac{1}{2} J_{res} \cdot (2\pi n_1)^2 = 0,6 \cdot 10^6$ Ws $\quad s_{kipp}$ = 13,5 %

Q_2 nach Gl. (4.61); Q_1 nach Gl. (4.62)

Wärmemenge in der Läuferwicklung: $Q_{2Wi} = Q_2 \cdot R_2 / (R_2 + R_V)$

Wärmemenge im Vorwiderstand: $\quad Q_{2R_V} = Q_2 \cdot R_V / (R_2 + R_V)$

$$t_A = J_{res} \cdot \frac{2\pi n_1}{2 M_{kipp}} \left[s_{kipp} \cdot \ln \frac{s_a}{s_e} + \frac{s_a^2 - s_e^2}{2 \cdot s_{kipp}} \right] \tag{4.58}$$

s_{kipp} für die einzelnen Stufen nach Gl. (4.48) berechnen mit R_V nach Tabelle 9.2,
$s_{kipp}(R_V = 0)$ = 13,5%

Tabelle 9.3
Hochlaufzeiten und Wärmemengen (Schleifringläufermotor aus Beispiel 4.3 mit Schwungmasse $J_L = 20 \cdot J_M$, $M_L = 0$)

Stufe	s_{kipp}	Δt_A	Q_2/kWs	Q_{2Wi}/kWs	Q_{2R_V}/kWs	Q_1/kWs
1	2,28	3,54	507,7	30,0	477,6	33,4
2	0,89	1,38	77,2	11,7	65,5	13,0
3	0,35	0,55	11,7	4,5	7,2	5,0
4	0,135	0,38	2,0	2,0	0	2,2
Σ		5,85	598,6	48,2	550,3	53,6
ohne R_V		6,57	598,6	598,6	0	666,8

Stufenanlauf

$\Delta\vartheta_1 = Q_1 / c_{W1} \cdot G_{Wi1}$ = 1,9 K, $\Delta\vartheta_2 = Q_{2Wi} / c_{W2} \cdot G_{Wi2}$ = 1,8 K

theoretische Erwärmungen für $R_V = 0$:

$\Delta\vartheta_1 = Q_1 / c_{W1} \cdot G_{Wi1}$ = 23 K, $\Delta\vartheta_2 = Q_2 / c_{W2} \cdot G_{Wi2}$ = 22 K

Bei geringfügig verkürzter Hochlaufzeit nehmen die Wicklungserwärmungen um etwa 92% ab.

9.11 Lösung zu Beispiel 4.5

a) $n_{max} = v / (\pi d_{min})$ = 1146 min^{-1}, $\qquad M_{min} = F_{Zug} \cdot d_{min} / 2 =$ 42,5 N

b) $n_{min} = v / (\pi d_{max})$ = 229 min^{-1}, $\qquad M_{max} = F_{Zug} \cdot d_{max} / 2$ = 212,5 N

c) $V(t) = B \cdot d_p \cdot l(t) = B \cdot d_p \cdot v \cdot t = \dfrac{\pi}{4} \cdot B \cdot \left(d_{Tr}^2(t) - d_{min}^2 \right) \Rightarrow d_{Tr}(t) = \sqrt{\dfrac{4 \cdot d_p \cdot v}{\pi} \cdot t + d_{min}^2}$

$d_{Tr}(t) = d_{max} \Rightarrow t_{ges} = 714$ s

d) Maßstäbe: m_I $= 20$ A/cm

m_P $= \sqrt{3}\ U_N\ m_I = 13,9$ kW/cm

m_M $= m_P / 2\pi n_1 = 132,3$ Nm/cm

SOK zeichnen aus Bemessungspunkt und Kipppunkt:

Bemessungspunkt: $I_N = 39$ A $\equiv 1,95$ cm, $\varphi_N = \arccos(0,83) = 33,9°$

$M_N = P_N / 2\pi n_N = 215,3$ Nm

Kipppunkt: $M_{kipp} = 3,4\ M_N = 732$ Nm $\equiv 5,5$ cm (Kreisradius)

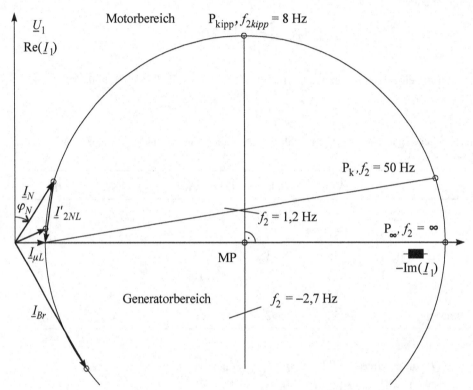

Bild 9.4
Stromortskurve zu Beispiel 4.5

$$X_k = \frac{m_1}{2\pi n_1} \cdot \frac{U_N^2}{2 \cdot M_{kipp}} = 3,13\,\Omega \qquad s_{kipp} = s_N \cdot \left(m_{kipp} + \sqrt{m_{kipp}^2 - 1} \right) = 0,16$$

$$R_2' = s_{kipp} \cdot X_k = 0,5\,\Omega$$

Im Feldschwächbereich würde die SOK um den Faktor f_N / f_1 "schrumpfen". Soll die gezeichnete SOK verwendet werden:

neue Maßstäbe:
$$m_I^* = m_I \cdot f_N / f_1$$
$$m_P^* = \sqrt{3}\, U_N\, m_I^* = m_P \cdot f_N / f_1$$
$$m_M^* = m_P^* / 2\pi n_1^* = m_M \cdot (f_N / f_1)^2$$

Parametrierung:
Kreispunkt mit Schlupf s bei Speisefrequenz f_N hat bei f_1 den Schlupf $s^* = s \cdot f_N / f_1$.

e) $M_{kipp}(f_1) = M_{kipp}(f_N) \cdot (f_N / f_1)^2$, $s_{kipp}(f_1) = s_{kipp}(f_N) \cdot f_N / f_1$

Zu Beginn ist $M = M_{min}, f_1 = f_{1a}$ und damit

$$s_a = \frac{M_{min}}{2 \cdot M_{kipp}(f_N) \cdot (f_N / f_{1a})^2} \cdot s_{kipp}(f_N) \cdot \frac{f_N}{f_{1a}}$$

Einsetzen in $f_{1a} = p\,n_{max} + s_a f_{1a}$, auflösen nach f_{1a}:

$$f_{1a} = \frac{M_{kipp}(f_N) \cdot f_N}{M_{min} \cdot s_{kipp}(f_N)} - \sqrt{\left[\frac{M_{kipp}(f_N) \cdot f_N}{M_{min} \cdot s_{kipp}(f_N)}\right]^2 - \frac{p \cdot n_{max} \cdot 2 \cdot M_{kipp}(f_N) \cdot f_N}{M_{min} \cdot s_{kipp}(f_N)}} = 57{,}6\,\text{Hz}$$

f) $m_I^* = 17{,}4\,\text{A/cm}$, $m_P^* = 12\,\text{kW/cm}$, $m_M^* = 99{,}7\,\text{Nm/cm}$,

$P = F_{Zug} \cdot v = 5{,}1\,\text{kW}$

Wegen $P / P_N = 0{,}23$ Ausschnitt aus SOK zeichnen mit vierfachem Maßstab (Bild 9.5)

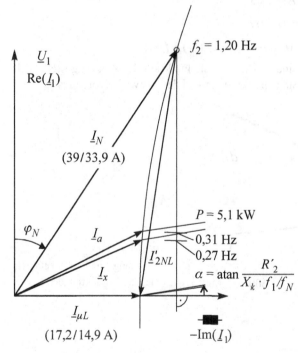

Bild 9.5
Ausschnitt aus der Stromortskurve zu
Beispiel 4.5

Angabe der Ströme
1. Wert für $m_I = 5\,\text{A/cm}$ (50 Hz)
2. Wert für $m_I^* = 4{,}35\,\text{A/cm}$ (57,6 Hz)

Parallele zur Geraden der mechanischen Leistung einzeichnen im Abstand
$P \equiv 4 \cdot 5{,}1\,\text{kW} / 12\,\text{kW/cm} = 1{,}7\,\text{cm}$.
Ablesen: $I_a = 3{,}9\,\text{cm} \cdot 5\,\text{A/cm} \cdot (50\,\text{Hz}/57{,}6\,\text{Hz}) = 16{,}9\,\text{A}$
$f_2 = 1{,}7\,\text{cm} / 6{,}5\,\text{cm} \cdot 1{,}2\,\text{Hz} = 0{,}31\,\text{Hz}$

$$s = f_2 / f_1 = 0,54\%,\ n = f_{1a}/p \cdot (1-s) = 1146\ 1/\text{min} = n_{max}$$

g) Konstantflussbereich ab $f_1 = 50$ Hz, Parallele zur Geraden der mechanischen Leistung einzeichnen im Abstand

$P \equiv 4 \cdot 5,1$ kW / 13,9 kW /cm = 1,5 cm

Ablesen: $I_x = 3,8$ cm $\cdot$ 5 A /cm = 19 A,

$\qquad\qquad f_{2x} = 1,45$ cm / 6,5 cm $\cdot$ 1,2 Hz = 0,27 Hz

$\qquad\qquad s_x = f_2/f_1 = 0,54\%,\ n_x = f_N/p \cdot (1 - s_x) = 995\ 1/\text{min}$

$$d_{Tr}(t_x) = \frac{v}{\pi n_x} = 0,288\,\text{m} \qquad\qquad t_x = \left((d_{Tr}(t_x))^2 - d_{min}^2\right)\cdot \frac{\pi}{4 \cdot d_p \cdot v} = 9,7\,\text{s}$$

h) $n = n_{min} = 229\ 1/\text{min},\ M = M_{max} = 212,5$ Nm $\approx M_N$

$\Rightarrow f_2 = f_{2N} = f_N \cdot s_N = 1,2$ Hz, $f_1 = p \cdot n_{min} + f_2 = 12,65$ Hz,

$U = 12,65$ Hz / 50 Hz $\cdot$ 400 V = 101 V

i) $J_{max} = 1/32 \cdot \pi \rho B \cdot (d_{max}^4 - d_{min}^4) = 566$ kgm^2 $M_{Br} = -J_{max} \cdot 2\pi \cdot n_{min} / t_{Br} = -445$ Nm

$$f_{2Br} = f_{2kipp} \cdot \left(\frac{M_{kipp}}{M_{Br}} + \sqrt{\left(\frac{M_{kipp}}{M_{Br}}\right)^2 - 1} \right) = -2,7\,\text{Hz}$$

ablesen: $I_{Br} = 4$ cm $\cdot$ 20 A/cm = 80 A = 2,05 $\cdot I_N$

$n(t) = n_{min} - n_{min} \cdot t / t_{Br},\ f_1(t) = p\, n(t) + f_{2Br}$

$U(t) = U_N / f_N \cdot f_1(t) = U_N / f_N \cdot (p \cdot (n_{min} - n_{min} \cdot t / t_{Br}) + f_{2Br})$

Spannung und Wickeldurchmesser sind in Bild 9.6 als Funktion der Zeit dargestellt. Bild 9.7 zeigt das Drehmoment und den Ständerstrom während des Aufwickelvorgangs

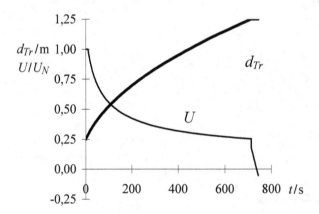

Bild 9.6
Spannung und Wickeldurchmesser als Funktion der Zeit

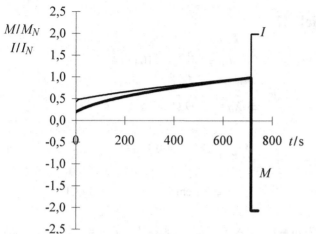

Bild 9.7
Ständerstrom und Drehmoment als Funktion der Zeit

9.12 Lösung zu Beispiel 4.6

$$P_{VN} = (1 - \eta_N)\,/\,\eta_N \cdot P_N = 8117 \text{ W}$$

$$P_{VelN} = P_{VN} - P_{ReibN} = 7062 \text{ W}$$

$$\frac{M}{M_N} \approx \sqrt{\frac{1}{ED}} = 1,58 \cdot M_N$$

$$P_{Vel} \approx (P_{VelN} - P_{FeN}) \cdot 1/ED + P_{FeN} = 14,9 \text{ kW}$$

$$P_{0el} \approx P_{FeN} = 1,9 \text{ kW}$$

$$R_{th} = \Delta\vartheta_{M\infty N}\,/P_{VelN} = 60 \text{ K}/7062 \text{ W} = 8,5 \text{ K/kW}$$

$$C_{th} = c_W \cdot m = 350 \text{ Ws/kgK} \cdot 1200 \text{ kg} = 420 \text{ kWs/K}$$

$$\tau_{th} = R_{th} \cdot C_{th} = 3570 \text{ s}$$

Kleinere Maschinen haben wegen des günstigeren Oberflächen- Volumen- Verhältnisses kleinere Zeitkonstanten.

$$\Delta\vartheta_{M\infty} = (P_{Vel}\,/P_{VelN}) \cdot \Delta\vartheta_{M\infty N} = 126 \text{ K}$$

$$\Delta\vartheta_{M\infty L} = (P_{0el}\,/P_{VelN}) \cdot \Delta\vartheta_{M\infty N} = 16 \text{ K}$$

$$\Delta\vartheta_{max} = 62,2 \text{ K} \qquad \Delta\vartheta_{min} = 57,8 \text{ K}$$

Die Abweichungen von der mittleren Motorübertemperatur sind mit ± 2,2 K gering. Die Abweichungen der Wicklungsübertemperatur von ihrem Mittelwert sind jedoch wesentlich größer, da die Zeitkonstante für die Wicklungserwärmung wesentlich kleiner ist.

9.13 Lösung zu Beispiel 5.1

a) $P_N = S_N \cdot \cos\varphi_N = -200\,\text{MW}$ $I_N = \dfrac{S_N}{\sqrt{3}\,U_N} = 10459\,\text{A}$

$I_{k0} = 0{,}63 \cdot I_N = 6589\,\text{A} = \dfrac{U_N/\sqrt{3}}{X_d} \Rightarrow X_d = 1{,}209\,\Omega$

$Z_N = \dfrac{U_N/\sqrt{3}}{I_N} = 0{,}76\,\Omega$ $X_{1\sigma} = 0{,}2 \cdot Z_N = 0{,}152\,\Omega$ $X_h = X_d - X_{1\sigma} = 1{,}06\,\Omega$

b) $\dfrac{U_N/\sqrt{3}}{X_d} = 6589\,\text{A} \equiv 3{,}3\,\text{cm}$ $I_N \equiv 5{,}2\,\text{cm}$ $\varphi_N = 143{,}1^0$

    $\vartheta_{LN} = 32^0$ $\dfrac{U_{PN}}{X_d} \equiv 7{,}7\,\text{cm} \equiv 15400\,\text{A} \Rightarrow U_{PN} = 18{,}6\,\text{kV}$ $I'_{EN} = \dfrac{U_{PN}}{X_h} = 17{,}6\,\text{kA}$

c) Stromortskurve siehe Bild 9.8

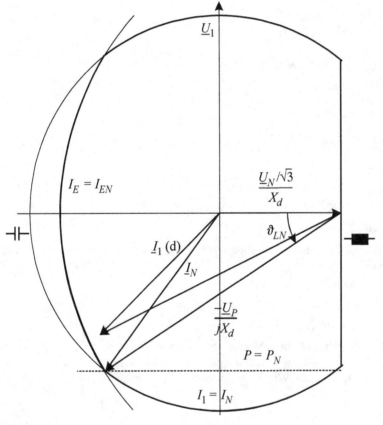

Bild 9.8
Stromortskurve zu Beispiel 5.1

d) $I = \dfrac{S}{\sqrt{3}\,U_N} = 9204\,\text{A} \equiv 4{,}6\,\text{cm}$ $\varphi = \arccos(-0{,}7) = 134{,}4^0$

$I'_E = \dfrac{7{,}4\,\text{cm}}{7{,}7\,\text{cm}} \cdot I'_{EN} = 16{,}8\,\text{kA}$ zulässig $(I < I_N,\ I'_E < I'_{EN})$

9.14 Lösung zu Beispiel 5.2

a) $I_N = \dfrac{S_N}{\sqrt{3}\,U_N} = 641{,}5\,\text{A}$ $Z_N = \dfrac{U_N}{\sqrt{3}\,I_N} = 5{,}67\,\Omega$

$X_{hd} = x_{hd} \cdot Z_N = 10{,}77\ \Omega$ $X_{hq} = x_{hq} \cdot Z_N = 5{,}67\ \Omega$ $X_{1\sigma} = x_{1\sigma} \cdot Z_N = 0{,}51\ \Omega$

b) $U_1 = U_N/\sqrt{3} = 3637\,\text{V} \equiv 3{,}6\,\text{cm}$ $I_N \equiv 3{,}2\,\text{cm}$ $\varphi_N = 143{,}1^0$

$X_{1\sigma} \cdot I_N = 327\,\text{V} \equiv 0{,}3\,\text{cm}$ $X_{hq} \cdot I_N = 3637\,\text{V} \equiv 3{,}6\,\text{cm}$

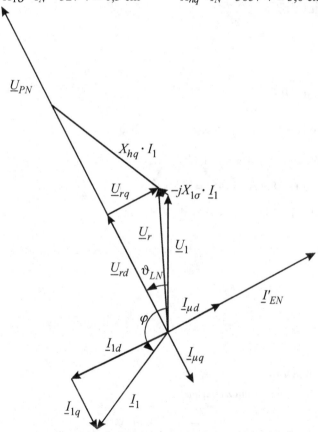

Bild 9.9
Zeigerdiagramm zu Beispiel 5.2

$U_r = 3843$ V (3,8 cm) $\qquad\qquad$ $U_{rd} = 3513$ V (3,5 cm) $\qquad\qquad$ $U_{rq} = 1556$ V (1,6 cm)

$I_{1d} = 580$ A (2,9 cm)

$U_P = U_{rd} + X_{hd} \cdot I_{1d} = 9760$ V (9,8 cm) $\qquad\qquad$ $\vartheta_{LN} = 27,8^0$

$$M_N = \frac{-3}{2\pi \cdot \dfrac{50}{8\,\mathrm{s}}} \cdot \frac{6300\,\mathrm{V}}{\sqrt{3}} \cdot \left[\frac{9760\,\mathrm{V}}{11,28\,\Omega} \cdot \sin 27,8^0 + \frac{6300\,\mathrm{V}}{\sqrt{3} \cdot 2} \cdot \left(\frac{1}{6,18\,\Omega} - \frac{1}{11,28\,\Omega} \right) \cdot \sin(2 \cdot 27,8)^0 \right]$$

$\qquad = -112,1$ kNm $- 30,5$ kNm $= -142,6$ kNm $\qquad\qquad$ $M_{rel} = -30,5$ kNm

Kontrolle: $M_N = \dfrac{S_N \cdot \cos\varphi_N}{2\pi n_1} = -142,6\,\mathrm{kNm}$

M_{relmax} für $\vartheta_L = 45^0$: $|M_{relmax}| = 37$ kNm

9.15 Lösung zu Beispiel 5.3

a) $\quad p = \dfrac{f_N}{n_N} = \dfrac{100\,\mathrm{Hz}}{2000/60\,\mathrm{s}^{-1}} = 3$

$\quad M = \dfrac{m_1 \cdot p}{2} \cdot I_1^2 \cdot \left(L_d - L_q \right) \cdot \sin 2\theta$

$\quad\quad = \dfrac{3 \cdot 3}{2} \cdot (28,9\,\mathrm{A})^2 \cdot (0,016\,\mathrm{H} - 0,0032\,\mathrm{H}) \cdot \sin 2 \cdot 45° = 48,1\,\mathrm{Nm}$

$\quad P = 2\pi n \cdot M = 2\pi \cdot 2000/60\,\mathrm{s}^{-1} \cdot 48,1\,\mathrm{Nm} = 10\,\mathrm{kW}$

b) $\quad X_d \cdot I_{1d} = 2\pi \cdot 100\,\mathrm{Hz} \cdot 0,016\,\mathrm{H} \cdot 28,9\,\mathrm{A} \cdot \sin 45° = 205\,\mathrm{V} \triangleq 5,1\,\mathrm{cm}$

$\quad X_q \cdot I_{1q} = 2\pi \cdot 100\,\mathrm{Hz} \cdot 0,0032\,\mathrm{H} \cdot 28,9\,\mathrm{A} \cdot \cos 45° = 41\,\mathrm{V} \triangleq 1\,\mathrm{cm}$

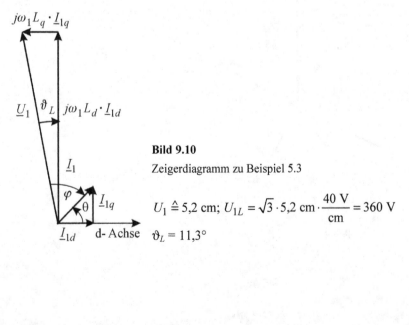

Bild 9.10

Zeigerdiagramm zu Beispiel 5.3

$U_1 \triangleq 5,2$ cm; $U_{1L} = \sqrt{3} \cdot 5,2\,\mathrm{cm} \cdot \dfrac{40\,\mathrm{V}}{\mathrm{cm}} = 360\,\mathrm{V}$

$\vartheta_L = 11,3°$

c) $n = \dfrac{1}{2\pi p} \cdot \sqrt{\dfrac{U_{1\max}^2}{\left(\dfrac{2 \cdot I_N}{\sqrt{2}}\right)^2 \cdot \left(L_d^2 + L_q^2\right)}}$

$= \dfrac{1}{2\pi \cdot 3} \cdot \sqrt{\dfrac{\left(400\,\text{V}/\sqrt{3}\right)^2}{\left(\dfrac{2 \cdot 28,9\,\text{A}}{\sqrt{2}}\right)^2 \cdot \left((0,016\,\text{H})^2 + (0,0032\text{H})^2\right)}} = 1102\,\text{min}^{-1}$

d) $\theta = \arctan\sqrt{\zeta} = \arctan\sqrt{\dfrac{0,016\,\text{H}}{0,0032\,\text{H}}} = 65,9°$

$I_{1d} = I_1 \cdot \cos\theta = 28,9\,\text{A} \cdot \cos 65,9° = 11,8\,\text{A} \qquad I_{1q} = I_1 \cdot \sin\theta = 28,9\,\text{A} \cdot \sin 65,9° = 26,4\,\text{A}$

$M = \dfrac{m_1 \cdot p}{2} \cdot I_1^2 \cdot \left(L_d - L_q\right) \cdot \sin 2\theta$

$= \dfrac{3 \cdot 3}{2} \cdot (28,9\,\text{A})^2 \cdot (0,016\,\text{H} - 0,0032\,\text{H}) \cdot \sin 2 \cdot 65,9° = 35,9\,\text{Nm}$

9.16 Lösung zu Beispiel 6.1

a) $T_{Ri} = T_A = \dfrac{L_A}{R_A} = \dfrac{3,02\,\text{mH}}{0,069\,\Omega} = 43,8\,\text{ms} \qquad r_A = \dfrac{R_A}{U_N/I_N} = \dfrac{0,069\,\Omega}{460\,\text{V}/294\,\text{A}} = 0,0441$

$T_{StR} = \dfrac{1}{2 \cdot 6 \cdot 50\,\text{Hz}} = 1,667\,\text{ms} \qquad V_{Ri} = \dfrac{r_A}{V_{StR}} \cdot \dfrac{T_A}{2 \cdot T_{StR}} = \dfrac{0,0441}{1} \cdot \dfrac{43,8\,\text{ms}}{2 \cdot 1,667\,\text{ms}} = 0,579$

$F_{Ri}(s) = V_{Ri} \cdot \dfrac{1 + s \cdot T_{Ri}}{s \cdot T_{Ri}} = 0,579 \cdot \dfrac{1 + s \cdot 43,8\,\text{ms}}{s \cdot 43,8\,\text{ms}} = \dfrac{13,2\,\text{s}^{-1} + s \cdot 0,579}{s}$

b) $T_{Rn} = 4 \cdot T_{ersi} = 4 \cdot 2 \cdot T_{StR} = 8 \cdot 1,667\,\text{ms} = 13,3\,\text{ms}$

$k_1\Phi_N = \dfrac{P_N}{I_N \cdot n_N} = \dfrac{129\,\text{kW}}{294\,\text{A} \cdot \dfrac{1530}{60}\dfrac{1}{\text{s}}} = 17,2\,\text{Vs} \qquad n_0 = \dfrac{U_N}{k_1\Phi_N} = \dfrac{460\,\text{V}}{17,2\,\text{Vs}} = 1605\dfrac{1}{\text{min}}$

$M_N = \dfrac{P_N}{2\pi n_N} = \dfrac{129\,\text{kW}}{2\pi \cdot \dfrac{1530}{60}\dfrac{1}{\text{s}}} = 805\,\text{Nm}$

$T_J = \dfrac{J_{res} \cdot 2\pi n_0}{M_N} = \dfrac{4\,\text{kgm}^2 \cdot 2\pi \cdot 26,7\,\text{s}^{-1}}{805\,\text{Nm}} = 0,833\,\text{s} \quad V_{Rn} = \dfrac{T_J}{2 \cdot T_{ersi}} = \dfrac{0,833\,\text{s}}{4 \cdot 1,667\,\text{ms}} = 124,9$

$F_{Rn}(s) = V_{Rn} \cdot \dfrac{1 + s \cdot T_{Rn}}{s \cdot T_{Rn}} = 124,9 \cdot \dfrac{1 + s \cdot 13,3\,\text{ms}}{s \cdot 13,3\,\text{ms}} = \dfrac{9391\,\text{s}^{-1} + s \cdot 124,9}{s}$

9.17 Lösung zu Beispiel 7.1

Amplituden der ersten Pendelmomente (Last):

$$\hat{M}_{L1} = \frac{\hat{M}_L}{2} = 0{,}5 \cdot \hat{M}_L, \hat{M}_{L2} = -\frac{2\hat{M}_L}{\pi} \cdot \frac{1}{1 \cdot 3} = -0{,}21 \cdot \hat{M}_L, \ \hat{M}_{L4} = -\frac{2\hat{M}_L}{\pi} \cdot \frac{1}{3 \cdot 5} = -0{,}042 \cdot \hat{M}_L$$

Kompressordrehzahl $n_L = 281$ 1/min

$$f_{L1} = \frac{281}{60} \frac{1}{s} = 4{,}68\,\text{Hz}, \ f_{L2} = 2 \cdot 4{,}68\,\text{Hz} = 9{,}36\,\text{Hz}, \ f_{L4} = 4 \cdot 4{,}68\,\text{Hz} = 18{,}7\,\text{Hz}$$

$$f_{2N} = f_1 - p \cdot n_N = 1{,}33\,\text{Hz} \quad T_{2M} = J_{res} \cdot \frac{2\pi \cdot f_{2N}}{p \cdot M_N} = 0{,}17\,\text{kgm}^2 \cdot \frac{2\pi \cdot 1{,}33\,\text{Hz}}{2 \cdot 144\,\text{Nm}} = 4{,}95\,\text{ms}$$

$$\hat{M}_{M1} = \frac{\hat{M}_{L1}}{\sqrt{1 + (T_{2M} \cdot 2\pi f_{L1})^2}} = \frac{0{,}5 \cdot 155\,\text{Nm}}{\sqrt{1 + (4{,}95\,\text{ms} \cdot 2\pi \cdot 4{,}68\,\text{Hz})^2}} = \frac{0{,}99 \cdot 155\,\text{Nm}}{2} = 76{,}7\,\text{Nm}$$

$$\varphi_{L1} = 0, \ \varphi_{M1} = -\arctan(T_{2M} \cdot 2\pi f_{L1}) = -\arctan(4{,}95\,\text{ms} \cdot 2\pi \cdot 4{,}68\,\text{Hz}) = -8{,}3^0$$

$$\hat{M}_{M2} = \frac{\hat{M}_{L2}}{\sqrt{1 + (T_{2M} \cdot 2\pi f_{L2})^2}} = \frac{-2 \cdot 155\,\text{Nm}/(3 \cdot \pi)}{\sqrt{1 + (4{,}95\,\text{ms} \cdot 2\pi \cdot 9{,}36\,\text{Hz})^2}} = -31{,}6\,\text{Nm}$$

$$\varphi_{L2} = \pi/2, \ \varphi_{M2} = -\arctan(T_{2M} \cdot 2 \cdot 2\pi f_{L1}) + \pi/2 = 73{,}8^0$$

In Tabelle 9.4 sind die Ergebnisse der Berechnung für beide Kompressordrehzahlen für weitere Harmonische von Lastmoment und Motormoment sowie die Phasenverschiebungen aufgeführt ($v^* = 2 \cdot v$ für $v > 1$). Darstellung der Zeitfunktionen: Bild 7.2.

Tabelle 9.4

Amplituden der Motormomente und Phasenwinkel für $n_L = 281$ 1/min, $n_L = 1124$ 1/min

			$n_L = 281\ \text{min}^{-1}$		$n_L = 1124\ \text{min}^{-1}$	
v^*	$\hat{M}_{Lv}$/Nm	$\varphi_{Lv}/^0$	$\hat{M}_{Mv}$/Nm	$\varphi_{Mv}/^0$	$\hat{M}_{Mv}$/Nm	$\varphi_{Mv}/^0$
1	77,5	0	76,7	-8,3	67,0	-30,2
2	-32,9	90	-31,6	73,8	-21,4	40,7
4	-6,6	90	-5,7	59,8	-2,6	23,2
6	-2,8	90	-2,1	48,9	-0,8	16,0
8	-1,6	90	-1,0	40,7	-0,3	12,1
10	-1,0	90	-0,6	34,5	-0,2	9,7
12	-0,7	90	-0,3	29,8	-0,1	8,1
14	-0,5	90	-0,2	26,1	-0,1	7,0

Die Grundschwingungen von Lastmoment und Motormoment sind für $n_L = 281$ 1/min nahezu betragsgleich, bei $n_L = 1124$ 1/min ist die Amplitude des Motormoments deutlich geringer.

9.18 Lösung zu Beispiel 7.2

a) $C = \dfrac{\pi \cdot d_W^4}{32} \cdot \dfrac{G}{l_W} = \dfrac{\pi \cdot (0,1\,\text{m})^4}{32} \cdot \dfrac{83 \cdot 10^9\,\text{N/m}^2}{3,5\,\text{m}} = 233\,\text{kNm}$

$M_{NW} = \ddot{u}_1 \cdot \dfrac{P_N}{2\pi n_N} = 10 \cdot \dfrac{800\,\text{kW}}{2\pi \cdot 992/60\,1/\text{s}} = 77\,\text{kNm} \quad \Delta\varepsilon_{stat} = \dfrac{180^0}{\pi} \cdot \dfrac{77\,\text{kNm}}{233\,\text{kNm}} = 19^0$

Anmerkung: für den angegebenen Wellendurchmesser beträgt die Torsionsspannung

$\tau_t = \dfrac{M_{NW}}{\dfrac{\pi d_W^4}{32}} \cdot \dfrac{d_W}{2} = \dfrac{M_{NW} \cdot 16}{\pi d_W^3} = \dfrac{77 \cdot 10^3\,\text{Nm} \cdot 16}{\pi \cdot (0,1\,\text{m})^3} = 392\,\dfrac{\text{N}}{\text{mm}^2}$

zulässig für ST 60: $\tau_{tzul} = 200\,\dfrac{\text{N}}{\text{mm}^2}$ (Wellendurchmesser zu klein!)

b) $J_M^* = \ddot{u}_1^2 \cdot J_M = 21000\,\text{kgm}^2 \quad J_L^* = J_L / \ddot{u}_2^2 = 2600\,\text{kgm}^2$

$\omega_0 = \sqrt{C \cdot \dfrac{J_L^* + J_M^*}{J_L^* \cdot J_M^*}} = 10,031\,\text{s}^{-1}$

c) $\omega_d = \omega_0 \cdot \sqrt{1 - d^2} = 10,029\,\text{s}^{-1}$; mit $m_L^{**} = \dfrac{M_L}{\ddot{u}_2} \cdot \dfrac{J_M^*}{J_L^* + J_M^*}$: Zeitverlauf nach Bild 7.7

d) $\dfrac{\hat{M}_C}{\hat{M}_P / \ddot{u}_2} = |F(s = j\omega)| = \dfrac{J_M^*}{J_M^* + J_L^*} \cdot \dfrac{\sqrt{1 + \left(2d\dfrac{\omega}{\omega_0}\right)^2}}{\sqrt{\left(1 - \left(\dfrac{\omega}{\omega_0}\right)^2\right)^2 + \left(2d\dfrac{\omega}{\omega_0}\right)^2}}$

für $\omega = \dfrac{2\pi n_N}{\ddot{u}_1} = 10,388\,\dfrac{1}{s} : \dfrac{\omega}{\omega_0} = 1,0356 \qquad |F(s = j\omega)| = 10,7$

Amplitudengang: siehe Bild 7.8.

Formelzeichen

$2a$ Zahl der parallelen Ankerzweige (GM)
$2a = 2p$ bei Schleifenwicklungen (eingängig)
$2a = 2$ bei Wellenwicklungen (eingängig)

a Beschleunigung

a Verhältnis zwischen lastunabhängigen und lastabhängigen Verlusten (Tr, AsM)

A Fläche, Strombelag (GM: Ankerstrombelag), Polfläche

A_k kinetische Energie der bewegten Massen bei synchroner Drehzahl, $A_k = \frac{1}{2} \cdot J \cdot (2\pi n_1)^2$

B magnetische Induktion

B_p Grundfeldamplitude

C Kapazität, Federkonstante

d Dämpfungsmaß

D Bohrungsdurchmesser

f_N Netzfrequenz, Bemessungsfrequenz

f_1 Ständerfrequenz

f_2 Läuferfrequenz

I Strom, Ankerstrom (GM)

I_A Anlaufstrom (AsM)

I_E Erregerstrom (GM, SyM)

I_{Fe} Wirkanteil des Leerlaufstroms (Tr)

I_k Kurzschlussstrom, $I_k = I_A$ (AsM, SyM)

I_{E0} Leerlauferregerstrom (SyM)

I_{K0} Leerlaufkurzschlussstrom (SyM)

I_1 Primärstrom (Tr), Ständerstrom (AsM)

I_{10} Leerlaufstrom (Tr)

I_2 Sekundärstrom (Tr), Läuferstrom (AsM)

I'_2 Sekundärstrom (Tr), Läuferstrom (AsM); bezogen

I_μ Magnetisierungsstrom (Tr, AsM, SyM)

J Trägheitsmoment

k Zahl der Kommutatorstege (GM)

k_1 $= z/a \cdot p$, Maschinenkonstante (GM)

k_2 $k_1/2\pi$, Maschinenkonstante (GM)

l Blechpaketlänge

L_A Ankerkreisinduktivität (GM)

L_h Hauptinduktivität (AsM)

L_{1h} Hauptinduktivität (Tr)

L_1 Induktivität der Primärwicklung (Tr), $L_1 = L_{1h} + L_{1\sigma}$

$L_{1\sigma}$ Streuinduktivität der Primärwicklung (Tr), der Ständerwicklung (AsM, SyM)

$L_{2\sigma}$ Streuinduktivität der Sekundärwicklung (Tr), der Läuferwicklung (AsM)

$L'_{2\sigma}$ Streuinduktivität der Sekundärwicklung (Tr), der Läuferwicklung (AsM); bezogen

M Drehmoment, Gegeninduktivität (Tr)

M_{kipp} Kippmoment (AsM, SyM)

M_A Anlaufmoment (AsM)

M_N Bemessungsdrehmoment (GM, AsM)

m_1 Strangzahl, Drehstrom: $m_1 = 3$ (AsM, SyM)

n Drehzahl

n_0 Leerlaufdrehzahl, $n_0 = U / k_1 \Phi$ (GM)

n_1 synchrone Drehzahl, $n_1 = f_1 / p$ (AsM, SyM)

N_E Erregerwindungszahl (GM, SyM)

N_1 Ständerstrangwindungszahl (AsM), Windungszahl der Primärwicklung (Tr)

N_2 Läuferstrangwindungszahl (AsM), Windungszahl der Sekundärwicklung (Tr)

p Polpaarzahl

P	Wirkleistung	U_r	Spannung des res. Luftspaltfeldes
P_{Cu}	Kupferverluste	U_s	Stegspannung (GM):
P_{Fe}	Eisenverluste		U_{s0}: Leerlauf
P_k	Stromwärmeverluste im Kurz-schluss (Tr, AsM)		U_{smax}: Maximalwert
			U_{sm}: Mittelwert:
$\mathrm{P_k}$	Kurzschlusspunkt (AsM)	U_1	Spannung der Primärwicklung (Tr),
$\mathrm{P_{kipp}}$	Kipppunkt (AsM)		der Ständerwicklung (AsM, SyM)
P_N	Bemessungsleistung (mechanisch)	U_2	Spannung der Sekundärwicklung
P_0	Leerlaufverluste (Tr, AsM)		(Tr)
$\mathrm{P_0}$	Leerlaufpunkt (AsM)	U_{20}	sekundärseitige Leerlaufspannung
$\mathrm{P_\infty}$	ideeller Kurzschlusspunkt, $s = \infty$ (AsM)		(Tr), Läuferstillstandsspannung (AsM)
P_δ	Luftspaltleistung	U_2'	Spannung der Sekundärwicklung
Q_1	Wärmemenge in der Ständerwick-lung (AsM)		(Tr), bezogen
		u_k	relative Kurzschlussspannung (Tr)
Q_2	Wärmemenge im Läuferkreis (AsM)	$ü$	Übersetzungsverhältnis (Tr, AsM, SyM), Getriebeübersetzung
R	Bohrungsradius	V	magnetische Spannung
R_a	Ankerwicklungswiderstand (GM)	X_d	synchrone Längsreaktanz
r_A	Ankerkreiswiderstand (normiert)	X_q	synchrone Querreaktanz
R_A	Ankerkreiswiderstand (GM)	X_h	Hauptreaktanz (AsM, SyM)
R_E	Erregerwicklungswiderstand (GM)	X_k	resultierende Streureaktanz (Tr,
R_{Fe}	"Eisenwiderstand" (Tr)		AsM)
R_V	Vorwiderstand	x_1	Ständerkoordinate
R_1	Widerstand der Primärwicklung (Tr), der Ständerwicklung (AsM, SyM)	x_2	Läuferkoordinate
		X_{1h}	Hauptreaktanz (Tr)
		Y	resultierender Wicklungsschritt (GM)
R_2	Widerstand der Sekundärwicklung (Tr), der Läuferwicklung (AsM)		Leitwert
		Y_1	erster Wicklungsschritt (GM)
R_2'	Widerstand der Sekundärwicklung (Tr), der Läuferwicklung (AsM), bezogen	Y_2	zweiter Wicklungsschritt (GM)
		z	Gesamtzahl der Ankerleiter am Umfang (GM)
S	Scheinleistung, Stromdichte	Z	Impedanz
s	Schlupf (AsM), $s = (n_1 - n)/n_1$, $s = f_2/f_1$ Laplace-Operator	Z_N	Nennimpedanz (Tr, SyM)
		α	Polbedeckungsgrad (GM)
		2α	Zonenbreite (AsM, SyM)
s_{kipp}	Kippschlupf (AsM)	δ	Luftspalt
t_A	Anlaufzeit	δ''	magnetisch wirksamer Luftspalt
T_A	Ankerzeitkonstante (GM)	μ_0	Permeabilität des Vakuums,
U	Klemmenspannung (GM)		$\mu_0 = 4\pi \cdot 10^{-7}$ Vs/Am
U_d	Gleichrichterausgangsspannung, Zwischenkreisspannung	μ_r	relative Permeabilität
		η	Wirkungsgrad
U_E	Erregerspannung (GM)		
U_i	induzierte Spannung		
U_P	Polradspannung		

τ	Polteilung	Φ	Fluss pro Pol (GM), magn. Fluss
	im Bogenmaß: $\tau = 2\pi/2p$,	Θ	Durchflutung
	als Länge: $\tau = \pi \cdot D/2p$	ϑ_L	Polradwinkel
τ_1	Leerlaufzeitkonstante (Tr),	ϑ	Temperatur
	$\tau_1 = L_1/R_1$	$\Delta\vartheta$	Übertemperatur
τ_k	Kurzschlusszeitkonstante (Tr),	ξ	Wicklungsfaktor (AsM, SyM)
	$\tau_k = L_k/R_k$	ω	Kreisfrequenz ($2\pi f$, AsM), Winkel-
τ_{th}	thermische Zeitkonstante		geschwindigkeit ($2\pi n$, GM, AsM)

Indizes

a	Anfang
av	Mittelwerte
A	Anker, Anlauf
b	Blind
Δ	Dreieck
e	Ende
E	Erreger
el	elektrisch
g	gegen
i	induziert
k	Kurzschluss
L	Last, Leiter
m	mit
M	Motor
res	resultierend
S	Schwungmasse
th	thermisch
V	Verluste
W	Wirk
Y	Stern
0	Leerlauf
1	primär (Tr), Ständer (AsM)
2	sekundär (Tr), Läufer (AsM, SyM)

Literaturverzeichnis

1   Frost & Sullivan: European Low Power Rated Drives, Regional Analysis, Report 6401-17, 2001

2   Auinger, H.: Elektrische Maschinen. Elektrotechnik in Nordbayern, VDE-Bezirksverein Nordbayern e. V., (1986) S.64-49

3   Stölting, H.- D., Beisse, A.: Elektrische Kleinmaschinen. B. G. Teubner, Stuttgart, 1987

4   Moczala, H. u.a.: Elektrische Kleinstmotoren und ihr Einsatz. Expert Verlag, Grafenau, 1979

5   Seinsch, H.- O.: Grundlagen elektrischer Maschinen und Antriebe. B. G. Teubner, Stuttgart, Leipzig, 3. Auflage, 1993

6   Janus, R.: Transformatoren. vde-Verlag Frankfurt, Verlags- und Wirtschaftsgesellschaft der Elektrizitätswerke m. b. H., 2. Auflage, 2005

7   Komitee 311: Drehende elektrische Maschinen. vde-Verlag Berlin, Offenbach, 8. Auflage 2011

8   Giersch, H.- U., Harthus, H., Vogelsang, N.: Elektrische Maschinen mit Einführung in die Leistungselektronik, B. G. Teubner, Stuttgart, 3. Auflage, 1991

9   Lehmann, R.: AC-Servo- Antriebstechnik. Franzis- Verlag, München, 1990

10 Kleinrath, H.: Stromrichtergespeiste Drehfeldmaschinen. Springer- Verlag, Wien, New York, 1980

11 EN 60079-0 (2014): Explosionsgefährdete Bereiche, Teil 0: Betriebsmittel - Allgemeine Anforderungen

12 EN 60079-7 (2007): Explosionsgefährdete Bereiche, Teil 7: Geräteschutz durch erhöhte Sicherheit „e"

13 EN 60079-1 (2015): Explosionsgefährdete Bereiche, Teil 1: Geräteschutz durch druckfeste Kapselung „d"

14 Fischer, R.: Elektrische Maschinen. Carl Hanser Verlag, München, Wien, 10. Auflage, 2000

15 Bödefeld, T., Sequenz, H.: Elektrische Maschinen. Springer Verlag Wien, New York, 1971

16 EN 60034 (VDE 0530): Drehende Elektrische Maschinen

   Teil 1: (2015):   Bemessung und Betriebsverhalten (IEC 60034-1:2010)

   Teil 4: (2009):   Verfahren zur Ermittlung der Kenngrößen von Synchronmaschinen durch Messungen (IEC 60034-4:2008)

   Teil 5: (2007):   Schutzarten aufgrund der Gesamtkonstruktion von drehenden elektrischen Maschinen (IEC 60034-5:2006)

   Teil 7: (2001):   Klassifizierung der Bauarten, der Aufstellungsarten und der Klemmenkasten- Lage (IEC 60034-7:2001)

   Teil 8: (2014):   Anschlussbezeichnungen und Drehsinn (IEC 60034-8:2007+A1:2014)

17 Müller, G.: Elektrische Maschinen. VCH Verlagsgesellschaft, Weinheim, 1995

18 Jordan, H., Weis, M.: Synchronmaschinen II. Friedr. Vieweg + Sohn, Braunschweig, 1971

19 DIN EN 60076-1: Leistungstransformatoren Teil 1: Allgemeines, 2012

20 Jordan, H., Weis, M.: Asynchronmaschinen. Friedr. Vieweg + Sohn, Braunschweig, 1969

21 IEC 60034-2 (2014): Rotating electrical machines – Part 2: Methods for determining losses and efficiency from tests

22 Jordan, H., Richter, E., Röder, G.: Ein einfaches Verfahren zur Messung der Zusatzverluste in Asynchronmaschinen. ETZ-A, Bd. 88 (1967), Heft 23, S. 577 – 583

23 EN 60079-15 (2011): Explosionsfähige Athmosphäre Teil 15: Geräteschutz durch Schutzart "n"

24 Schröder, D.: Elektrische Antriebe - Grundlagen. Springer- Verlag, Berlin, 4. Auflage, 2009

25 Vogel, J.: Elektrische Antriebstechnik. Hüthig-Verlag, Heidelberg, 6. Auflage, 1998

26 IEC 60034-30 (2014): Rotating electrical machines - Part 30: Efficiency classes of single-speed, three-phase, cage-induction motors (IE-code)

27 IEC/TS 60034-31 (2010): Rotating electrical machines - Part 31: Selection of energy-efficient motors including variable speed applications - Application guide

28 Lipo, T. A.: Synchronous Reluctance Machines – A Viable Alternative for AC Drives? SM100, Conference on the Evolution and Modern Aspects of Synchronous Machines, and Electric Machines and Power Systems, vol. 19, pp. 659-671, 1991

29 Staton, D. A.; Miller T. J. E.; Wood, S. E.: Maximizing the saliency ratio of the synchronous reluctance motor, Electric Power Applications, IEE Proceedings B, vol. 140, No. 4, July 1993, pp. 249-259

30 Miller, T. J. E.; Hutton, A.; Cossar C.; Staton, D. A.: Design of a Synchronous Reluc-
    tance Motor Drive, IEEE Transactions of Industry Applications, vol. 27, No. 4, 1991

31 Moghaddam, Reza R.: Synchronous Reluctance Machine (SynRM) in Variable Speed
    Drives (VSD) Applications – Theoretical and Experimental Reevaluation, Doctoral
    Thesis, KTH, Stockholm, 2011

32 Moghaddam, Reza R.: Synchronous Reluctance Machine (SynRM) Design, Master
    Thesis, KTH, Stockholm, 2007

33 Haataja, J.: A Comparative Performance Study of Four-Pole Induction Motors and
    Synchronous Reluctance Motors in Variable speed Drives, Doctoral Thesis,
    Lappeenranta, Finland, 2003

34 Betz, R.E.; Jovanovic, M.; Lagerquist, R.; Miller, T.J.E.: Aspects of the Control of
    Synchronous Reluctance Machine Including Saturation and Iron Losses, Industry Appli-
    cations Society Annual Meeting, 1992, Conference Record of the 1992 IEEE pp. 456 –
    463

35 Betz, R.E.: Control of Synchronous Reluctance Machines, Department of electronics an
    Electrical Engineering, University of Glasgow, IEEE, 1991

36 Chiba, A.; Fukao, T.: A Closed-Loop Operation of Super High-Speed Reluctance Motor
    for Quick Torque Response, IEEE Transactions on Industry Applications, vol. 28, no. 3,
    1992

37 Matsuo, T.; Lipo, T. A.: Field Oriented Control of Synchronous Reluctance Machine,
    University of Wisconsin-Madison, IEEE, 1993

38 DIN EN 50598-1:2015-05: Ökodesign für Antriebssysteme, Motorstarter, Leistungs-
    elektronik und deren angetriebene Einrichtungen - Teil 1: Allgemeine Anforderungen zur
    Erstellung von Normen zur Energieeffizienz von Ausrüstungen mit Elektroantrieb nach
    dem erweiterten Produktansatz (EPA) mit semi-analytischen Modellen (SAM)

39 DIN EN 50598-2:2015-05: Ökodesign für Antriebssysteme, Motorstarter, Leistungs-
    elektronik und deren angetriebene Einrichtungen - Teil 2: Indikatoren für die Energieef-
    fizienz von Antriebssystemen und Motorstartern

40 DIN EN 50598-3:2015-09: Ökodesign für Antriebssysteme, Motorstarter, Leistungs-
    elektronik und deren angetriebene Einrichtungen - Teil 3: Quantitativer Ökodesign-
    Ansatz mittels Ökobilanz einschließlich Produktkategorieregeln und des Inhaltes von
    Umweltdeklarationen

Sachwortverzeichnis

Printed in the United States
By Bookmasters

Printed in the United States
By Bookmasters